地球の生きものたち
〔決定版〕

Life on Earth
地球の生きものたち
David Attenborough ［決定版］
デイヴィッド・アッテンボロー
日高敏隆／今泉吉晴／羽田節子／樋口広芳 訳

早川書房

まえがき　7

1　生物の限りない多様性　11
2　海の先駆者　39
3　最初の森林　69
4　昆虫たちの世界　99
5　海の征服者　121
6　陸への招待　147
7　爬虫類の出現　171
8　大空の支配者　193
9　卵，袋，胎盤　229
10　さまざまな哺乳類　253
11　狩るものと狩られるもの　277
12　木の上の生活　297
13　人　類　321

むすび　339

謝　辞　344
訳者あとがき　345
索　引　347

まえがき

　私ははじめて熱帯にでかけたときのことを，今もまざまざと思いだす。飛行機から一足降りて，西アフリカのあのむし暑いしめった大気の中に身をゆだねたときは，まるでスチーム・ランドリーに迷いこんだかのようだった。大気中の湿気はあまりにもひどく，肌もワイシャツも数分でびしょぬれになってしまった。ハイビスカスの生垣が空港の建物をかこんでいた。あたりにはタイヨウチョウが緑と青の羽毛をきらめかせてたわむれており，深紅の花から花へ勢いよく飛び移っては，羽ばたきながら花の蜜を吸うのがみられた。その生垣の一枝にカメレオンがしがみついているのに気づいたのは，こうしてかなり長いこと鳥たちをながめたあとのことだった。カメレオンはじっとしていたが，そのとびだした眼をたえず動かして，飛びかう昆虫を追っていた。生垣のそばで私は草のようなものをふみつけた。驚いたことに，その葉はたちまちおりたたまれて，茎にぴったりとはりつき，緑の草は裸の小枝に姿をかえた。それはオジギソウだったのだ。かなたには浮葉性の水草におおわれた溝があった。浮葉性の水草の間にのぞく黒々とした水は魚たちで波だち，栗色の鳥が，かんじきをつけた人間のようにひどく用心深げに長い指のある肢をもちあげて，浮葉の上を歩いていた。私はゆくさきざきで，思いもかけぬ豊富なパターンと色彩にでく

花の上にとまっているナイルタイヨウチョウ（*Hedydipna platura*）の雄の成鳥。西アフリカ，ガンビア共和国。

わした。こうして自然界の美しさと豊かさをあらためて思い知らされ，そのとりことなってしまったのである。

この最初の旅以来，私は何とかして熱帯にまいもどる算段をつけた。ふつう，その目的はこの限りなく多様な世界の一部をフィルムにおさめることだった。このため私は，めったに人目にふれないめずらしい野生動物をみつけて映画にとるために何ヵ月も旅をし，自然が与えてくれる最も驚くべき光景をながめるという幸運にめぐまれた。ニューギニアではディスプレーをするフウチョウが鈴なりの木を，マダガスカルでは森の中をとびまわる大きなキツネザルを，そしてインドネシアの小さな島ではジャングルの中をまるであの神話の中のドラゴンのように歩きまわる世界最大のトカゲを目にする機会を得たのである。

われわれのとっていた映画は，ある動物がどのようにして食物をみつけ，身を守り，交尾するのか，まわりの動植物のコミュニティーにどのように適合しているのか，といったその動物の生活をドキュメントしようとするものだった。

しかしその後私は，われわれのグループでは，以前とはいくぶんちがったやりかたで動物を描いた一連の映画をとってみようと思いたった。それは，ナチュラル・ヒストリー（自然誌）の映画であるだけでなく，ヒストリー・オヴ・ネイチャー（自然史）の映画でもある。つまり，動物界全体をみわたし，動物の大きなグループを1つずつとりあげて，それらが生物の誕生から今日までの長いドラマの中でどんな役割を演じてきたのかを考えてみようとするものである。この本はその映画の制作にかけた3年間の旅と調査から生まれた。

30億年の歴史を約300ページに圧縮し，数万種をふくむ動物の1グループを1章で述べるには，大幅な省略をせざるを得ない。私のやりかたは，1つのグループの歴史における最も重要な筋を1本つかみ，他の論点がどれほど魅惑的にみえようと断固それを無視して，もっぱらその筋を追おうとつとめることであった。

ところがこのやりかたは，実際には存在しないのに動物界に目的があるかのような印象を与えるおそれがある。ダーウィンが強調しているように，進化の推進力はきびしい自然淘汰によって起こる偶発的な遺伝的変化が無数の世代にわたって積み重ねられることにある。こうしたプロセスの結果を述べるには，いかんながら，動物自身が意図的に変化をもたらそうとしたかのようなことばをつかうほうが楽である。たとえば，魚は乾いた陸地にあがって鰭を肢に変えようとしたとか，爬虫類は飛びたいと考えて鱗を羽毛に変えようとつとめ，ついに鳥になったとかいったたぐいである。これを支持する客観的な証拠はいっさいない。私は，進化のプロセスを適度に簡略に述べはしたが，ほかに何かほのめかすようなことばをつかうことはつとめて避けたつもりである。

意外なことに，生物の歴史の主要なできごとはほとんどすべて，現生の動物を利用して実際の主役であった祖先の動物を描くという手法で述べることができる。現生の肺魚は，肺がどのようにして発達してきたかをおしえてくれる。マメジカは5000万年前の森林で木の葉を食べていた最初の有蹄類に相当する。だが，この役柄の性格をはっきりさせておかないと誤解が生じることがある。ある現生の動物が，数億年前の岩の中で化石になって

まえがき

いる種と同一である場合も稀にはあるかもしれない。その動物は，このような長大な期間変化せずに続いてきた環境内のあるニッチ（生態的地位）をたまたま占めており，そのニッチにきわめて理想的に適応していたために変化する原因がなかったのだろう。だが，たいていの場合，現生の種は，その祖先と本質的な特性をわかちもっているにせよ，彼らとは多くの点で異なっている。肺魚やマメジカは基本的にはその祖先に似ているが，けして同一ではない。

"現生種にそっくりな祖先型"ということばでこのちがいをいちいち強調するのは，いたずらにわずらわしく味けない。だが，私が現生種の名をつかって古代の動物をさしている場合には，かならずこの限定句があるものと解釈していただきたい。

言うまでもなく，本書の初版が書かれて以来，自然史を拡充しその謎を解き明かす，科学上の新たな発見があいついでなされている。異なる生物のグループを結びつける新種が——生きた状態で，あるいは化石となって——発見された。そのうちのいくつかは，文字どおり驚天動地のものだった。最も驚くべきはおそらく，中国で発見された，体の各部を羽毛でおおわれていたことがはっきりみてとれる小形恐竜のものだろう。この発見によって，鳥と飛翔の起原をめぐって進化生物学者がたたかわせていた侃々諤々の議論の1つが，きっぱり解決されてしまった。生命の起原そのものに関する発見も，驚くべきものだ。オーストラリアをはじめとして，北カナダのアヴァロン半島をふくむ多くの場所で発掘され

エディアカラ紀（5億7500万年前）のスプリッギナの印象化石。オーストラリア。

た化石の場合は，これまで知られていなかったあらゆる生命体の息づく5億6500万年前の海底が，信じられないほどの完璧な保存状態でみつかったのだった。

　近年，生命史に多大な光をあててきた，新たな科学分野がある――分子遺伝学である。自然淘汰による進化を論じたダーウィンの『種の起原』刊行のほぼ1世紀後，クリックとワトソンにより，個々の動物が形成される際の遺伝的青写真の伝達役をはたす，デオキシリボ核酸――略してDNA――の構造が解明された。それによって，生物の身体的な特徴が世代から世代へと伝えられるメカニズムが明らかになった。

　はじめてすみずみまで読み解かれた「青写真」は，小さな蠕虫(ぜんちゅう)のものだった。それがなしとげられると，つづいて設定された大きな目標が，人間のDNA解読である。その達成には，国際的な協力と競争をもってしても，多数の年月が必要だった。しかし今日ではある生物種の遺伝的同一性を確認するには，携帯電話ほどの大きさの機器があれば，数時間で足りる。こうした知識や技法を駆使することで，あらゆる謎が解き明かせるようになった――種々の生物間の類縁関係のみならず，進化史においてあるできごとがいつ起こったか，さらにはそのできごとがどのように進行したのかをつぶさに知ることも。だから，われわれがこの後みていく物語に登場するさまざまな動物グループがどんな関係にあるのかもいまやわかっているし，古生物についても信憑性あるもの言いが可能になった。そうした新たな洞察については，この新版において，以下のページのしかるべきところで紹介しよう。

　本書で物語られる生命史において動物が登場したら，それが何ものなのかすぐわかるよう，生物名についてはラテン語の学名ではなく，日常言語で用いられる名前をもちいた。より専門的な文献でその動物について知りたい場合は，巻末の索引で学名を検索されたい。時代を示す際には，古典的地質学でつかわれている時代区分名をつかわず，何百万年前というように絶対年数であらわした。本文のもとになった事実をあきらかにし学説を提唱した多数の研究者の名はあえてあげなかった。これは物語をできるだけ明快なものにしようとしてのことである。動物の観察を楽しむわれわれすべてが研究者たちに負っている恩義を過小評価するつもりは毛頭ない。多くの研究者とその仕事は，たいへん価値のある洞察を与えてくれる。すなわち，自然のあらゆるあらわれの中でその連続性を理解し，自然における自分たちの位置を認識する能力を，われわれに与えてくれるのである。

1

生物の限りない多様性

　未知の動物を発見することは，むずかしいことではない。南アメリカの熱帯林で1日を費やしてみれば，それがよくわかるだろう。丸太をひっくりかえし，樹皮の下をのぞき，しめった落葉の中を調べ，そして夜になったら白いスクリーンの前に水銀灯を照らし，あれこれとためしてみるといい。数百種類の小さな生きものがあなたの手もとに集まるはずである。ガ，毛虫，クモ，ゾウムシ，ホタル，ハチに変装した無害なチョウ，アリのような形をしたハチ，歩く小枝（ナナフシ），翅をひろげて飛ぶ木の葉（コノハムシ）など，その種類の豊かさは驚くばかりである。そして，その中にまだ新種として記載されていない種があることは，まずまちがいない。むずかしいのは，新種と出会うことではなく，むしろこうした新種を選びだせるほどそのグループに通じている専門家をみつけることなのである。

　温室内のように湿気の多いほの暗いジャングルの中に，いったい何種の動物がすんでいるのか，それに答えられる人はまずいないだろう。そこには，地球上のほかのどこよりも豊富な，変化にとんだ動植物の集団がみられる。サルの仲間，齧歯類，クモ類，ハチドリ類，チョウ類といった，動物の大きな分類群の数が多いばかりでなく，それぞれの分類群

生物の限りない多様性

に属する種類もきわめて豊富で変化にとんでいる。オウム類は40種をこえ，サルの仲間は70種以上，ハチドリ類は300種，そしてチョウの仲間となると実に数万種を数える。そこでは，特に注意深い人でなくても，自分が100種類ものカにさされていることに気づくはずである。

22歳のイギリスのナチュラリスト，チャールズ・ダーウィンが，ロンドンの海軍本部の送り出した軍艦ビーグル号に乗り組んで世界一周の調査旅行に加わり，リオ・デ・ジャネイロ郊外のこのような熱帯林にやってきたのは，1832年のことだった。ある日，彼はあるせまい区域内で68種もの小形の甲虫を集めた。1つの仲間の動物にこれほど多様な種があろうとは，思いもよらないことだった。ことさらそれを集めようとしていたわけではなかったので，彼が日記にしるしているとおり，"その完全な目録が，どれほどの長さになるかと考えるだけで，昆虫学者は心の平静を失ってしまうくらいだった"。彼の時代の一般的認識によれば，あらゆる種は不変であり，どの種も神によってそれぞれ別々につくられたものだった。ダーウィンは無神論者ではなかった。ケンブリッジでは神学を専攻していたくらいである。けれど彼は，とてつもなく多様な種があることを目のあたりにして，すっかり困惑してしまった。

その後の3年間，ビーグル号は南アメリカの東岸沿いに南下し，ケープ・ホーンをまわって，チリの沿岸を再び北へ向かった。そしてさらに，本土から約1000キロ離れた太平洋上にある，人里離れたガラパゴス諸島にやってきた。この島々で，種の創造に関する疑問が再びダーウィンの心の中に頭をもたげはじめた。ここでまた新たな多様性にぶつかったからである。ガラパゴスの動物は，彼が本土でみかけた動物に大まかな点では似ていたが，こまかい点がちがっていた。頸の長い黒いウはブラジルの川面を飛んでいるウに似ていた。だが，このガラパゴスのウは翼がごく短いうえ，翼の羽毛が未発達なため飛ぶことができなかった。また，背に鱗でできたとさかをもつ大形のトカゲ，イグアナが何種かいた。南アメリカ大陸にいるイグアナは木に登り，木の葉を食べていたが，この群島には植物らしい植物がないので，1つの種は海草を食物にし，なみはずれて長い強力な爪で波間の岩にしがみついていた。さらに，南アメリカ本土のものにそっくりなカメがいた。だがそれは，本土のカメの何倍も大きく，人が乗れるほど巨大だった。ガラパゴスの副知事をつとめていたあるイギリス人は，諸島内にもさまざまな種類があって，各島のカメには少しずつちがいがあるので，どの島のカメであるかいいあてることができるのだと，ダーウィンに教えてくれた。比較的水にめぐまれ，地面に餌となる植物が育つ島にすむカメは，甲羅の前縁がゆるやかにカーブして頸のすぐ上におおいかぶさっていた。ところが，乾燥した島にすんでいて，サボテンの枝や木の葉にとどくように頸をのばさねばならないカメは，ずっと頸が長く，甲羅の前部が高くめくれあがっていて，頸をほぼ垂直にのばせるようになっていた。

種は永久に固定したものではないのではないか，という疑いがダーウィンの心にめばえはじめた。おそらく何万年もの昔，南アメリカ大陸の鳥や爬虫類は植物のいかだにたまたま乗っかって川を下り，海へ出て，ガラパゴス諸島にやってきたにちがいない。ここにや

海中のウミイグアナ（*Amblyrhynchus cristatus*）。エクアドル，ガラパゴス諸島，フェルナンディナ島。

ってきたのち，彼らは代を重ねるにつれて，新しいすみかに適応するように変化し，現在の種になったのではなかろうか。

彼らと本土のいとこたちとのちがいは，ほんの小さなものにすぎない。けれど，もしこのような変化が実際に起こったのであれば，非常に長い年月のうちには，その効果が動物界に蓄積し，大きな変形を引き起こすこともありえないことではない。魚が筋肉質の鰭を発達させ，陸地に這いあがって両生類になったのかもしれない。両生類が水を通さない皮膚を発達させて爬虫類になったのかもしれない。そして類人猿に似たある生きものが2本足で立ち，人間の祖先になったのかもしれない。

実は，この考えはまったく新しいものではなかった。ダーウィン以前にも，地球上のすべての生物はたがいに類縁関係があるのではないか，といった人はたくさんいた。だが，ダーウィンの画期的な点は，そのするどい洞察力でこれらの変化を引き起こしたしくみをみぬいたことにあった。そうすることによって，彼は哲学的な推測をことがらの詳細な記述におきかえたのだ。それは検証しうる豊富な証拠に支えられており，進化の事実はもはや動かしがたいものとなったのである。

簡単にいえば，彼の論旨はこうだった。同じ種の全個体はけっして同じではない。たとえば，巨大なリクガメ（ガラパゴスゾウガメ）の産んだ一腹の卵の中には，ほかのきょうだいよりも頸が長くなるような遺伝的素質をもったものがいる。彼らはほかのものよりも木の葉にとどきやすいので，頸の短いきょうだいたちが餓死するような乾燥した時期にも生きのびることができる。こうしてその環境に最もよく適応した個体が選ばれて，その性質を子孫に伝えることができる。さらに多くの世代を経ると，乾燥した島のカメは水にめぐまれた島のカメより頸が長くなる。こうしてある種から別の種ができる，というわけである。

この概念がダーウィンの頭の中ではっきりとした形をとるようになったのは，彼がガラパゴス諸島を後にしてずいぶんたってからのことだった。25年間，彼は苦心してそれを支える証拠を集めた。だが，48歳になるまでそれを発表しようとはしなかった。そのときでさえ，東南アジアを歩いていたもう1人のナチュラリスト，アルフレッド・ウォレスが同じ考えを表明したため，やっと重い腰をあげるというぐあいだった。彼は，その本に『自然淘汰による種の起原，あるいは生存競争における有利な品種の保存』*The Origin of Species by Means of Natural Selection, or the Preservation of Favoured Races in the Struggle for Life*という標題をつけ，自説をくわしく述べたのである。

それ以来，自然淘汰説は討論され，ためされ，みがきをかけられ，条件をつけられ，練りあげられてきた。そして，遺伝学，分子生物学，個体群生態学，行動学の最近の諸発見がこの説に新たな側面を加えた。この自然淘汰説は，まさに自然界を理解する鍵といえる。それは，生物には長い連続した歴史があること，その間に動植物は世界中に進出し，世代を重ねるうちに変化してきたことを教えてくれるのである。

こうした歴史を裏づける直接的証拠の出所は，とりあえず2つ挙げられる。1つは，あらゆる生物の細胞にふくまれる遺伝物質。もう1つは，地球の記録保管所である堆積岩で

防御姿勢のエスパニョラゾウガメ（*Chelonoidis nigrahoodensis*）。ガラパゴス諸島，エスパニョラ島。

生物の限りない多様性

ある。ほとんどの動物は死後に存在の痕跡をとどめない。その肉は腐り，殻や骨は粉々になってちらばってしまう。けれどほんのときたま，何万という数の中の1，2の個体が別の運命をたどることがある。たとえば，ある爬虫類が沼にはまりこんで死んだとする。その体は腐るが，骨は泥の中に沈む。やがて，枯れた植物が底につもってその骨をおおう。そして幾世紀もの年月がたち，さらに植物がたまると，その堆積物が泥炭になる。海面の変化にともなって，沼は沈水し，泥炭の上に砂の層がたまる。さらに長い年月を経るうちにこの泥炭は圧縮され，石炭に変わる。だが，この爬虫類の骨はあいかわらずその中に残っている。上に重なった沈澱物の重みとその中を循環する鉱物質にとむ溶液が，骨の燐酸カルシウムに化学変化を引き起こす。ついには，その骨は石に変わるが，ゆがむことはあるにせよ，生きていたときの輪郭をそのままとどめる。こまかい細胞の構造まで残していて，顕微鏡でその断面を見たり，かつてそれらをとりまいていた血管や神経の形をたどったりできる場合もある。まれに，皮膚や羽の色までわかることもある。

化石ができるのにいちばん都合のよい場所は，砂岩や石灰岩のような堆積物がゆっくりとつもってゆく海や湖の中である。陸上では，岩石は堆積によってつくられてゆくのではなく，浸食によってくずされてゆくのがふつうである。砂丘のような堆積物が生まれて保存されることはめったにないことなのだ。したがって，陸生生物で化石になる可能性があるのは，たまたま水中に落ちたものだけである。そして，これは大部分の陸生の生きものにとって例外的なできごとであるため，過去の時代に生きていた陸生の動植物の完全な分布域を示す証拠を化石から知ることは，とてもできそうにない。彼らにくらべれば，魚，軟体動物，ウニ，サンゴなどの海生動物は，保存される可能性がはるかに大きい。それでも，化石化に必要な厳密な物理・化学的条件のもとで死ぬのは，これらのうちのごく少数である。さらに，こうして化石になったもののうち，現在地表に露出している岩の中に存在しているのは，そのまたごく一部にすぎない。そして，これらの少数の化石のほとんどが，化石採集者の手にはいる前に洗い流されてしまう。だが，まさに驚くべきことは，これほどみこみがないにもかかわらず，集まった化石の数がたいへんに多く，しかもその化石による記録が詳細で理路整然としていることなのである。

さて，こうした化石の年代は，いったいどうしてわかるのだろうか？　放射線が発見されて以来，われわれは岩の中に地質学的時計があることを知った。いくつかの元素は時代を経るにつれて崩壊し，その際に放射線を発する。そして，カリウムはアルゴンに，ウランは鉛に，ルビジウムはストロンチウムに変わる。この変化の速度は推定可能である。したがって，ある岩の中の一次元素に対する二次元素の割合をはかれば，最初の無機物がつくられた時代を計算することができるのである。また，崩壊速度の異なる元素が幾組かあるので，検算してみることもできる。

しかしながら，非常に複雑な分析方法を要するこの技術は，専門家にしかあつかえないものである。これに対し，単純な理屈を利用してもっと簡単に多数の岩の比較的な年代をきめる方法がある。岩が層をなしていてあまり乱れていなければ，下の層のほうが上の層よりも年代が古いことになる。したがって，地殻を深く掘り進めば，生物の歴史を追い，

ジュラ紀前期（1億9500万年前～1億7200万年前）の岩石中のアンモナイトの化石（*Arnioceras semicostatum*）。イギリス，ヨークシャー地方，ロビンフッド湾。

次見開き
グランド・キャニオンを形成したコロラド川によってけずり出された，ほとんど水平な堆積岩の地層。アメリカ。

動物の系統をその祖先にまでたどることができる，というわけである。

　地球の陸地の表面にみられる最も深い裂け目は，合衆国西部にあるグランド・キャニオンである。コロラド川がその水路をきざむことによってけずられた岩々は，断面にほぼ水平の層を幾重にもおりなしている。岩々は，黄，赤，茶色に，また明け方の光の中では桃色に，そして遠く影になった部分はときおり蒼く，その色と姿をさまざまに変える。地面はひどく乾燥しており，丈の低い灌木とときおりみられるネズの木が，点々と崖の表面を飾っているにすぎない。岩の層はやわらかい層もかたい層もあって，くっきりとわかれている。そのほとんどは砂岩と石灰岩で，かつて北アメリカのこのあたり一帯をおおっていた浅い海の底でできたものである。これらの岩の層をよく調べてみると，水平な層がくずれているところがみつかる。これは，地面が隆起したために海が後退して海底が干上がり，その結果そこにたまった堆積物が浸食された跡である。その後，地面は再び沈下して海水が流れこみ，また堆積がはじまった。ところどころにこのようなギャップがあるものの，化石の物語の大筋は明らかである。

　ラバに乗ると，1日行程の軽い旅でグランド・キャニオンの淵から谷底までおりてゆくことができる。最初に通りかかる岩は，すでに2億年ほど前のものだ。その岩には哺乳類や鳥類の化石はなく，爬虫類の痕跡がみとめられる。小道のすぐわきには，砂岩質の石の表面に一筋の足跡がついているのがみられる。それは小さな四つ足動物，たぶん海岸を走ったトカゲのような爬虫類の足跡であろう。同じレベルの他の岩には，シダ類の葉や昆虫の翅の跡がみられる。

　グランド・キャニオンの中ほどまでおりると，4億年前の石灰岩に出会う。ここにはもう爬虫類はみられず，甲をもったみなれない魚の骨がある。さらに1時間ほど下ると，つまりさらに1億年前の岩には，脊椎動物の痕跡はもはやまったくない。少数の貝や蠕虫（ぜんちゅう）が，当時は海底の泥だったこの岩に這い跡の模様を残しているばかりである。道のりの4分の3までおりると，まだ石灰岩の層がつづいてはいるが，もうどこにも生物のいた形跡はみあたらない。高くそびえる岩々の間をぬって，コロラド川が青々と流れる深い峡谷の底におりたつのは，夕暮れもまぢかにせまったころである。そこはグランド・キャニオンの上の淵からほぼ1キロ下の地点にあたり，まわりの岩々は20億年というとほうもない年月を経たものである。ここでごく初期の生物の証拠をみつけたいと願うのは人情かもしれない。しかし，いかなる生命の名残りもまったくみあたらないのである。暗色で粒子のこまかいこの岩は，上方の岩のように水平の層をなしてはおらず，ねじれ，ゆがみ，薄紅色の花崗岩の岩脈で切り裂かれている。

　生物の痕跡がみあたらないのは，これらの岩とすぐ上の石灰岩があまりにも古くて，こうした痕跡がすべて圧し砕かれてしまったためなのだろうか？　生存の名残りをとどめている最初の生きものが蠕虫類や軟体動物のような複雑な生物だったということがありうるのだろうか？　長年こうした疑問が地質学者を悩ませてきた。世界中でこの年代の岩がたんねんに調べられ，生物の遺骸がさがし求められた。変わった形のものがいくつかみつかったが，ほとんどの専門家はそれらを，岩ができあがる過程で物理的につくられたもので

生物の限りない多様性

あって，生物とは何の関係もないとしてかたづけた。だがその後1950年代にはいって，研究者たちはいくつかの特に疑問の多い岩を高倍率の顕微鏡で調べはじめたのである。

　グランド・キャニオンの北東1600キロの地点にシューピリア湖という湖があるが，この岸辺には，コロラド川の河畔の岩とほぼ同年代の岩が露出している。そのいくつかには，火打石に似て粒子のこまかいチャートとよばれる物質の薄い層がふくまれている。これは，開拓者たちが火打石銃につかっていたため，前世紀からよく知られていたものだった。その中には，あちこちに直径1メートルほどのみなれぬ白い同心円状の輪がみられる。これは原始の海底の泥に生じた渦巻きの跡にすぎないのだろうか？　それとも，何か生物によってつくられたものなのだろうか？　確信をもって答えられる者はだれ1人いなかった。そこで，この模様には"石の敷物"という以上の意味をもたない，ギリシア語に由来するストロマトライトというあいまいな名がつけられた。ところがやがて，研究者たちがこの同心円の一部を切り取り，それを半透明になるまですりへらして薄い切片をつくり，顕微鏡で調べたところ，直径100分の1，2ミリほどの単純な生物の姿がチャートの中に残っていることが明らかになった。そのあるものは糸状の藻類に似ていたし，あるものはまちがいなく生物なのだが，現生の生物とは似ても似つかぬものだった。またあるものは，最も簡単な構造をもつ現生の生物，すなわちバクテリアによく似ていた。

　多くの人々にとって，微生物のような小さなものが完全に化石になって残っているということは，とてもありえないことのように思われた。しかもその化石がこれほど長い間残っていることは，ますます信じがたいことだった。だが，死んだ生物にしみこんでそれをチャートに変える珪酸（シリカ）の溶液は，現在の防腐剤に劣らないほど，きめのこまかいそして持続性のある防腐剤だった。このチャートの中の化石の発見が刺激となって，北アメリカばかりでなく世界中でこうした化石がさがし求められ，アフリカとオーストラリアのチャートの中から別の微小化石がみつかった。驚いたことに，中には最初に発見されたシューピリア湖のものよりさらに10億年も前のものもあり，さらには約40億年前，地球誕生から間もないころの化石を発見したと主張する科学者もいる。しかし，生物がどのようにして生じたかを知りたいならば，化石は役に立たない。なぜなら，生命の起原には分子の相互作用が関与しており，その作用は化石の痕跡を残さないからだ。科学者たちが考えている出来事を理解するためには，最も初期の微小化石よりさらに前に，つまり地球にまったく生物がいなかった時代に，さかのぼってみなければならない。

　当時の地球は，現在われわれがすんでいる地球とはいろいろな意味でまったくちがっていた。海はあったが，大陸塊のありようについては，現在の大陸とは形も配置もまったくちがっていた。いたるところに火山があって，灰や熔岩を噴きだしていた。大気は水素，一酸化炭素，アンモニア，メタンの渦巻く雲でできていた。酸素はほとんど，あるいはまったくなかった。そして，この呼吸に適さない混合ガスを通して太陽の紫外線が地球表面に降りそそいでいたのだが，その強さは現生の動物が生きていられないほどだった。また，雲の中では雷が荒れ狂い，大地と海に稲妻をあびせていた。

　このような条件のもとでこれらの化学成分に何が起こったかを調べようとして，室内実

験が行なわれたのは1950年代のことだった。これらのガスと水蒸気をまぜあわせたものに放電を行ない，紫外線を照射したのである。この操作をわずか1週間つづけたところ，混合気体の中に複雑な分子が生じてくるのが観察された。それは，糖類，核酸，そして蛋白質の構成単位であるアミノ酸だった。現在，そのような単純な有機分子が，彗星のような恒星間天体の上など，宇宙のあちこちで見つかることがわかっている。しかしアミノ酸は生命ではないし，生命が存在するのに必要でもない。この実験では生命の起原についてほとんど何も証明されていないのだ。

　現存するあらゆる種類の生命は，遺伝情報を伝え，細胞にやるべきことを命令する共通の手段をもっている。それがデオキシリボ核酸，つまりDNAとよばれる分子だ。この物質は，その構造から2つの重要な特性を備えている。第1はアミノ酸製造の青写真としての能力，第2は自己複製能力である。この物質の出現によって，分子はまったく新たな段階をむかえることになった。DNAのもつこれら2つの特徴は，バクテリアのような生物がもっている特徴でもある。そしてバクテリアは，知られている最も簡単な生物であるばかりでなく，これまでに発見された最古の化石でもあるのだ。

　DNAの自己複製能力は，DNAのもつ独特な構造の産物である。それは2本の螺旋（らせん）がからみあった形をしている。細胞分裂の際，DNA分子は縦に2つに裂け，2本の別々の螺旋になる。そして，そのおのおのが鋳型として働き，より単純な分子がそれにくっついていって，それぞれの螺旋が再び1本の2重螺旋になるのである。

　DNAを構成している単純な分子（塩基）はわずか4種類であるが，それらは非常に長いDNA分子上に，3個ずつ組になって意味のある特定の順序でならんでいる。約20種類のアミノ酸をいつ，どの組織で，どのくらいつくり，蛋白質中にどのように配列すべきかを明記しているのが，この順序なのである。そのような蛋白質のための情報，あるいは蛋白質がどう発現すべきかについての情報を有する一連のDNAは遺伝子と呼ばれる。

　ところが，ときおり生殖の際のDNAの複製過程にまちがいが起こることがある。誤りはある一点に起こることもあれば，ある長さのDNA部分が誤った位置にはめこまれることもある。このような場合，複製が不完全であるために，そのDNAによってつくられる蛋白質はまったくちがうものになる。DNA塩基配列の変化は，化学物質や放射線によって誘発されることもある。地球上の最初の生物にこれが起こったとき，進化がはじまった。なぜなら，突然変異と誤りによってもたらされるそのような遺伝的変化が変種を生み，そこから自然淘汰が進化的変化を生みだせるからだ。

　遺伝物質としてDNAはすべての生命に共通しているので，異なる生物のDNA塩基配列をくらべて，その生物どうしがどう関係しているかを示すことができる。テクノロジーが飛躍的に進歩したので，今では1つの生命体のDNAすべての塩基配列を，携帯電話ほどの大きさの装置をつかって，ものの数時間で決定することもできる。そして数百万ものDNA配列を確定し，データベースに保存し，比較したおかげで，ダーウィンが予想したとおり，地球上のすべての生命に共通の祖先がいることが明らかになっている。分子時計といわれるように，DNAは一定速度で突然変異を蓄積するので，DNA塩基配列を使って

生物の限りない多様性

2つの種がいつ分岐したのかを推定できる。遺伝子情報が予想外の展開を示すことはあるものの，一般に遺伝子と化石の時間測定は一致する。この手法を使って，地球上のあらゆる生物の最終共通祖先——通称LUCA，要は単純なバクテリアの集団のこと——は，およそ40億年前に生きていたと推定できる。われわれの周囲に見られる生きものすべての祖先は，その細胞群にさかのぼることができるのだ。

このような厖大な時間はまさに想像を絶するものであるが，生物が生じたそもそものはじめから今日までの全期間を1年にたとえてみれば，生物の歴史における主な時代の相対的な長さについて，おおよそのイメージをつかむことができる。つまり，1日がだいたい1000万年ということになる。藻類に似た生物のチャート化石は，発見された当初，非常に古いものだと思われた。しかし，生きものの歴史ではその出現はかなり遅いほうで，カレンダーにあてはめてみると8月の第2週以後のことだと思われる。グランド・キャニオンで最も古い蠕虫の這い跡は，11月の第3週に泥の中にきざまれ，現在石灰岩として残っているこの海に最初の魚が現われたのは，その1週間後である。小さなトカゲが海岸を走ったのは12月もなかばであり，人間は12月31日の夕方になるまでその姿を現わさなかった。

さて，1月に話をもどしてみよう。バクテリアは最初，何百万年もかかって原始の海にたまった種々の炭素化合物を食物にして，副産物としてメタンを生成していた。同様のバクテリアはいまもまだ地球全土に存在する。例のカレンダーで5〜6ヵ月ほどは，そうしたバクテリアしか存在しなかった。そして初夏，つまり20億年あまり前，バクテリアはすばらしい生化学的な技を開発した。環境からできあいの食物をとるかわりに，太陽から必要なエネルギーをとりいれて，みずからの体をつくりはじめたのである。このプロセスは光合成とよばれる。最初の光合成に必要だった材料の1つは，火山爆発の際に大量につくられる気体，水素である。

初期の光合成バクテリアがすんでいた条件とよく似た条件がみられるのは，アメリカはワイオミング州イエローストーンの火山地帯である。ここでは，地殻の奥1000メートルほどの深さにある大量の熔岩が地表の岩石を熱しており，ところによっては，地下水の温度が沸点以上に達している。地圧が低いところでは，その地下水が岩の中の水路に沿ってわきあがってきて，突如間欠泉となって蒸気と熱湯を空中高く吹き上げている。またある場所では地下水がわきだして，もうもうと湯気のたつ熱湯の池ができている。この熱湯がしたたり落ちて冷えてくると，地下の熔岩から溶けだした塩類や，岩の中の水路を上がってくるときに岩から集めてきた塩類が沈澱し，それが縁や壁となって池ができ，さらにそのまわりには何段かになったテラスが発達する。この無機質にとんだ，やけどをしそうな湯の中にバクテリアが繁殖しているのである。からみあって糸状や凝乳状になっているものもあれば，厚い革のような膜になっているものもある。たいていはあざやかな色をしており，その色あいの強さは，これらのコロニーの盛衰にともなって1年の間にいろいろと変化する。これらの池につけられた名が，バクテリアの種類とそれが生み出す色彩の美しさをたいへんよく物語っている。すなわち，"エメラルドの池""硫黄のなべ""緑柱石

次見開き
バクテリアによって淡い色がついている温泉。アメリカ，ワイオミング州，イエローストーン国立公園。

の泉"　"ファイアーホールの滝"　"アサガオの池"そして，数種のバクテリアの繁茂するひときわ色どり豊かな池は"画家の絵具つぼ"と名づけられている。

　この驚くべき光景に一歩足を踏みいれると，まぎれもない腐った卵の悪臭，硫化水素のにおいが鼻をつく。この硫化水素は地下水と地下の熔岩が反応して生じたものであって，ここにすむバクテリアの水素源になっている。だがバクテリアは，火山活動にたよって水素を得ている間は，その分布をあまりひろげることができなかった。しかしやがて，もっとどこにでもある水素源，つまり水から水素を得ることのできる種類が生まれた。この発展は，その後に生じる全生物に重大な影響をおよぼすものだった。というのは，水から水素をとりさると，あとに酸素が残るからである。これを行なった生物は，バクテリアよりもいくぶん構造が複雑だった。それは池によく生育している緑藻類に近縁にみえたため，青緑藻類とよばれることもあるが，今日では，緑藻類の祖先に似ていることがわかったので，それとは区別してシアノバクテリア，あるいは藍藻類（藍色細菌）とよばれている。この生物にふくまれていて，水をつかう光合成を可能にしている化学物質が葉緑素である。この物質は，真の藻類や植物にもふくまれている。

　藍藻類は，つねにしめっているところならばどこにでもみられる。酸素の銀色の泡をつけた藍色のマットが池の底を一面におおっている姿は，よくみかける光景である。熱帯オーストラリアの北西岸にあるシャーク湾では，藍藻類がいちじるしく人目をひくおもしろい形に発達している。この大きな湾の中にある小さな入江，ハメリン・プールの入口は，アマモにおおわれた砂洲でふさがれている。このため水の出入りがごく少なく，灼熱の太陽のもとで蒸散がさかんに行なわれることから，ハメリン・プールの水は塩分が濃くなっている。その結果，ふつう藍藻類を食物にしてその繁茂をくいとめている軟体動物のような海生の生きものが生きてゆけない。こうしたことから，藍藻類は，かつてそれらが世界中でいちばん進んだ形の生物だった時代と同じように，つみとられることなく生い茂っているのである。この藍藻類は石灰を分泌し，プールの岸付近では石のクッションを，もっと深いところではゆらゆら動く柱をつくりあげている。火打石チャートの切片にみられる謎の模様を説明するのがこれである。ハメリン・プールの藍藻の柱こそ生きたストロマトライトであり，日光がまだらにさしこむ海底に立ちならぶ藍藻の群れは，20億年前の世界の一場面をありありとみせてくれる。

　藍藻類の誕生は，生物の歴史にもはやひきかえすことのできない一点をきざんだ。方法は完全にはわかっていないが，彼らが生みだした酸素は，長い間に蓄積され，今日のような酸素の豊富な大気をつくりあげたのである。そして，われわれをはじめとしてあらゆる動物はこの大気にたよって生きている。われわれ生物が，酸素を必要とするのは，呼吸のためだけではなく体を保護するためでもある。大気中の酸素はオゾン層を形成して紫外線の大部分を遮断してくれる。

　たいへん長い間，生物はこの進化段階にとどまっていた。そして20億年ほど前，まったく偶然に，1つの単細胞生物がいつの間にか別の単細胞生物の内部にとじこめられた。それがやがて生み出した種類の生物は，淡水中ならばほとんどどこにでもみられる。

生物の限りない多様性

　池の水をひとしずくすくって顕微鏡でのぞいてみると，そこには，くるくるまわっているもの，這っているもの，ロケットのようにすばやく視野を横切るものなど，微細な生物がたくさんみられる。彼らは原生生物（Protozoa）とよばれる。Protozoaは「最初の動物」という意味だが，今では動物との類縁のないものも含まれる非常に雑多な集団と考えられている。すべて単細胞の生物なのだが，その細胞壁の中には，どんなバクテリアよりもずっと複雑な構造が備わっている。中心には核があり，その中にはDNAがつまっている。これが，この細胞をまとめあげてゆく力になっているのだ。こうした細胞の中にみられる細長い構造のミトコンドリアは，多くのバクテリアとほとんど同じように，酸化によってエネルギーを生みだす働きをしている。また，鞭のように打つ尾を備えた細胞も多く，それはスピロヘータとよばれる糸状のバクテリアに似ている。ある原生生物には葉緑素がつまった葉緑体があり，これが，藍藻類と同じように太陽エネルギーをつかってその細胞に必要な複雑な分子を組み立ててゆく。このように，これらの微生物の1つ1つが，さらに単純な微生物の集まりからできあがっているようにみえる。そして実際，そのとおりである。ミトコンドリアは20億年ほど前，つまり例のカレンダーの6月ごろに別の細胞にとじこめられた単細胞生物の子孫であり，葉緑体はとじこめられた藍藻類の子孫なのだ。

　原生生物は，バクテリアと同様，2つに分裂して繁殖するが，中のつくりはバクテリアよりずっと複雑なので，その分裂は当然かなり手のこんだものになっている。この"集団"を構成している個々の構造も，その大部分がみずから分裂する。たとえば，ミトコンドリアと葉緑体は自分のDNAをもっており，しばしば細胞本体の分裂から独立して分裂することさえある。核内のDNAは特に複雑な方法で複製をつくり，これによって，その遺伝子が1つ残らずコピーされ，各娘細胞はまったく同じ1組の遺伝子を受け取る。しかし，原生生物の繁殖にはいくつか別の方法があり，こまかい点はさまざまに異なる。いずれの方法にも共通する重要な特徴は，遺伝子をまぜあわせる過程がふくまれていることである。あるものでは，2つの細胞がくっついて遺伝子を交換したときに遺伝子のまぜあわせが起こる。そのあと2つの細胞は離れ，その後しばらくして細胞分裂が起こる。またあるものでは，ふだん細胞に完全な2組の遺伝子がふくまれているのだが，これらの遺伝子はいったん混じりあった後にわかれて，1組ずつの遺伝子をもった新細胞を形成する。これらの細胞には2つのタイプがある。大きくてあまり動かないものと，鞭毛をつかってよく動くものとである。前者は卵，後者は精子とよばれる。これがまさに性のはじまりである。やがてこの2種類が結合して新細胞を形成すると，遺伝子は再び2組になるが，そのとき2つの親からの遺伝子をふくんだ新しい組み合わせができる。この新しい組み合わせが，新しい特性を備えたいくぶん異なる生物をつくるユニークな組み合わせとなることもある。このように，性が遺伝的変異の可能性をひろげたため，生物が新しい環境に出会ったときに進化が進む速度は一段とはやくなったのである。

　現在，世界には何万種もの原生生物がいる。その中には，体が一面に繊毛におおわれていて，その繊毛を調和のとれた動きで波打たせて水中を進むものもあれば，アメーバなどのように，本体から偽足をのばし，その中に本体が流れこんでゆくという形で移動するも

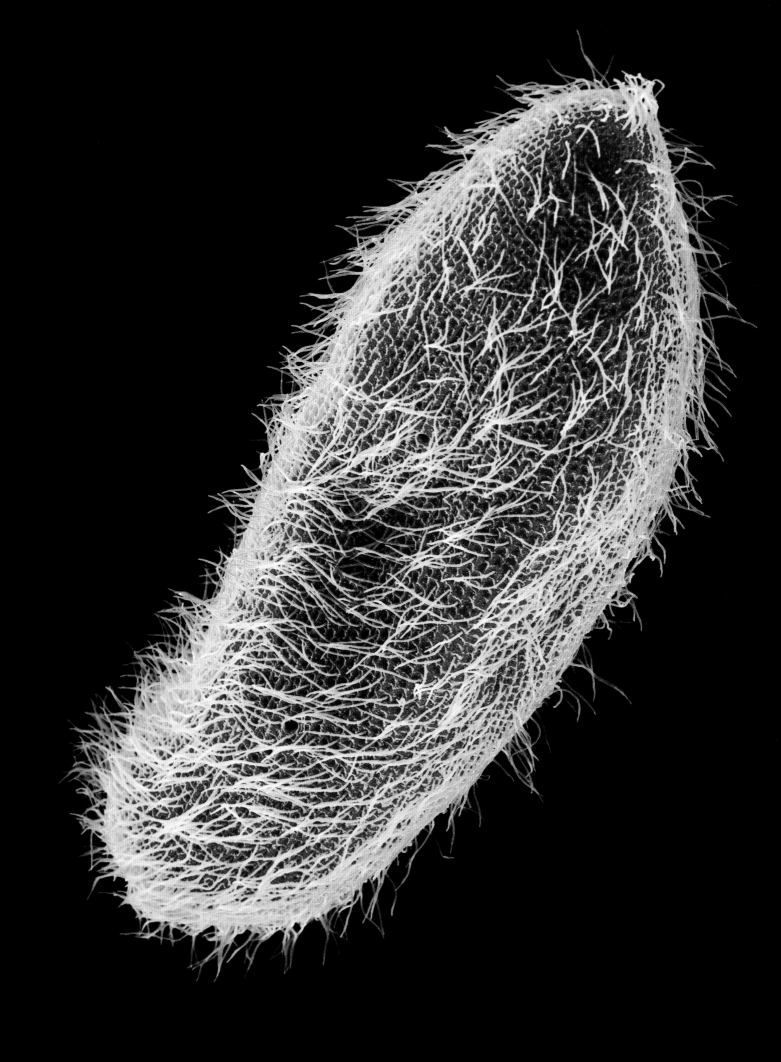

のもある。また，海生のものはたいてい，きわめて複雑なつくりの珪酸や炭酸カルシウムの殻を分泌する。それらは顕微鏡下でみられる最も美しい物体である。微細な巻貝の殻のようなものもあれば，凝った装飾をほどこした壺や甕のような形のものもある。とりわけ美しいのは，半透明のきらきら光る珪酸でできた針でさしつらぬかれた同心球，ゴシック調のかぶと，ロココ調の鐘楼，にょきにょき突起の生えた宇宙船のような形のものである。このような殻の中にすんでいる生物は，穴から長い糸をのばして，食物粒をとらえている。

　ある原生生物は，別の方法で食物を得る。彼らは，体内に葉緑素の束をもっていて，それによって光合成を行なうのである。こういった原生生物は植物とみなされることがある。そして，これらを食べる残りの原生生物が動物である。とはいえ，このレベルでは，2つの種類の間のちがいは想像されるほど大きなものではない。というのは，この2つの食物摂取法を，ときによってつかいわけることのできる種が多いからである。

　原生生物には肉眼でみえるほど大きなものもある。ちょっと練習をつみさえすれば，ひとしずくの水の中から，這いまわるゼリー状の灰色の粒，つまりアメーバをつまみだすことができる。とはいえ，単細胞生物の成長には限界がある。なぜなら，大きくなるにつれて細胞内の化学過程が困難になり，非能率になるからである。だが，大きさを増すには別の方法がある。すなわち，細胞どうしがグループをなして，組織だったコロニーをつくるというやりかたである。

　この方法をとった種がボルボックスである。これはけしつぶほどの大きさの中空の球で，鞭毛をもった細胞が多数集まってできている。おもしろいことに，これらの細胞1つ1つは，自力で泳ぎ単独で生活している他の単細胞生物と事実上同じものなのである。にもかかわらず，ボルボックスを構成している細胞は調和して働いている。球のまわりの鞭毛はすべて系統だった動きで水を打ち，この小さなボールを特定の方向へ動かしているのである。

　コロニーを構成する細胞間のこのような統合は，おそらく8億年ないし10億年前，つまりわれわれのカレンダーでいうと10月のある時期，海綿動物が現われたときにさらに一歩前進した。海綿類はそうとうの大きさにまで成長できる。中には直径2メートルほどのぶよぶよした不定形のかたまりを形成する種もある。その表面には小さな穴が無数にあり，鞭毛によってそこから体内に水がひきいれられ，もっと大きな穴からその水がはきだされる。海綿動物は体内を通るこの水から粒子をこしとって食物にしているのである。個々の構成単位を結びつけているきずなはごく弱い。個々の細胞は海綿の表面からアメーバのように泳ぎだすことができる。同じ種の2つの海綿がよりそって育っている場合には，それらは育つにつれて接触し，ついには合体して1つの大きな生物体になってしまう。海綿を目のこまかいガーゼでむりやりこして細胞をばらばらにすると，やがてそれぞれの種類の細胞がしかるべき場所におさまって体制をたてなおし，再び1つの海綿にもどる。また，何より不思議なことには，2つの海綿をこの荒っぽい方法で処理して両方の細胞をあわせると，それらの細胞はみずからを再編成して1個の混血海綿をつくるのである。

　ある種の海綿はやわらかくて弾力性のある物体を細胞のまわりにつくり，それで体全体

繊毛虫（ゾウリムシ）の一種（*Paramecium multimicronucleatum*）。走査電子顕微鏡（SEM）により撮影。

次見開き
ミズガメカイメン（*Xestospongia testudinaria*）とダイバー。フィリピン，パラワン島，トゥバタハ岩礁自然公園。

を支えている。この海綿を煮て，細胞を殺して洗い流すと，風呂でつかうスポンジになる。またほかの海綿の仲間は骨片とよばれる炭酸カルシウム質または珪酸質の小さな針を分泌する。この骨片はつながって網の目状の骨格を形成し，その中に細胞がおさまっている。各細胞がどのようにして自分の位置を知り，全体のつくりにぴったりあうように骨片をつくるのかはまったくわからない。英語で"ヴィーナスの花かご"（Venus' Flower Basket），日本語ではカイロウドウケツ（偕老同穴）とよばれている海綿がつくった，珪酸質の骨片でできた複雑な骨格を目にしたら，驚かない人はいないだろう。いったいどのようにして，このほとんど独立した微細な細胞が協力しあい，100万ものガラス片を分泌してこうした美しい格子を構成できるのだろうか？　それに関しては，何ひとつわかっていない。しかし，海綿類はいくらこのように驚嘆するほど複雑なものをつくりだせても，他の動物とはちがう。彼らには神経系もなければ筋繊維もないのだ。そして，これらの肉体的特性を備えたいちばん単純な動物はクラゲ類とその仲間である。

　典型的なクラゲは刺す触手に縁どられた皿のようなものである。この連中は，英語では，海神に愛されたために女神の嫉妬をかい，髪をヘビに変えられたギリシア神話の不幸な女にちなんで，メドゥーサ（medusa）とよばれている。クラゲの体は2層の細胞からできている。この2つの層の間につまっているゼリー状の物質のおかげで，クラゲの体は波の力に十分耐えられるくらい丈夫である。クラゲ類はまさに複合的な生きものである。海綿の細胞とちがって，クラゲの細胞は独立して生きてゆくことはできない。一部の細胞はつながって網の目をなし，電気的インパルスを伝えるように変形している。これは原始的な神経系とみなすことができる。またある細胞は縦にちぢむことができ，これは単純な筋肉と考えることができる。そして，中に螺旋状の糸をおさめたクラゲ類特有の刺細胞もある。食物や敵が近づいてくると，この細胞は小さな銛のような棘のついた有毒の糸を発射する。われわれが泳いでいるとき，運悪くクラゲにぶつかると刺されるのは，クラゲの触手にあるこの細胞のせいである。

　クラゲは卵と精子を海中に放出して繁殖する。だが，受精卵はそのままクラゲになるのではない。まず，両親とはまったくちがう形の自由遊泳性の生きものになる。やがて，それが海底におりて，ポリプとよばれる小さな花のような姿をした生きものに育つ。種によっては，これが芽を出し，枝わかれして別のポリプになる。彼らは小さな繊毛をつかって水流を起こし，水中の粒子をこしとって食べている。やがて，このポリプは前とは別の方法で芽を出してクラゲをつくり，これがポリプから離れてのらりくらりと泳ぎだし，再び遊泳生活にはいるのである。

　このように世代によって形が異なるために，このグループにはありとあらゆるヴァラエティが生じている。真のクラゲ類は岩に固着してすごす期間がごく短く，大部分の時間を自由遊泳性のクラゲとしてすごす。これとは逆に，イソギンチャクに代表されるある仲間は，成体の全期間を孤立したポリプとして岩にくっついてすごし，水中に触手をただよわせ，それに触れる獲物を捕えて食物にしている。第3の仲間は，ポリプが群体（コロニー）となったものであるが，ややこしいことに，彼らは海底に固着することなく，クラゲ

カツオノエボシ（*Physalia physalis*）。水面に浮かぶところを真横から撮影，浮袋と触手が見えている。西太平洋。

のように自由に泳ぐのである。カツオノエボシはその1つである。鎖状につながったたくさんのポリプが，気体のつまった浮きからぶらさがっており，それぞれのポリプ鎖はそれぞれ特殊化した機能をになっている。あるものは生殖細胞をつくり，あるものは捕えた獲物から栄養を吸収する。またあるものは猛毒のある刺細胞でしっかりと武装して，コロニーの50メートルうしろまでのび，それにぶつかる魚をしびれさせるのである。

　これらの比較的単純な生きものが，生物の歴史のごく初期に現われたことは明らかだと思われるが，実際そうだったという証拠は長い間みつからなかった。たしかな証拠は化石によってしか得られない。微生物はチャートの中に残るかもしれないが，大形とはいえクラゲのようにもろく弱々しい生きものが，化石になるほど長い間原形をとどめていられるとはとうてい思えない。ところが，1940年代に，何人かの地質学者が，オーストラリア南部のフリンダーズ山脈の古いエディアカラ砂岩層の中に，たいへんかわった模様があることに気づいた。これらの岩は，現在では約6億5000万年前のものだと考えられているが，当時はこの岩には化石がまったくふくまれていないと思われていた。岩を構成している砂粒の大きさや層理表面にみられる漣痕（れんこん）から判断すると，それらはかつて砂浜をなしていたものと思われた。その岩の中にごくたまに花のような模様がみつかった。キンポウゲほどの大きさのものもあり，バラの花ほどの大きさのものもあった。これらははたして，クラゲが浜に打ちあげられ，陽にあたって干からび，次の上げ潮でこまかい砂におおわれてできた跡なのだろうか？　やがてこれらの模様が集められ，研究された結果，それらがまさにクラゲの痕跡以外の何ものでもないことが判明した。

　それ以降，この最古代を生きた生物の群集がほかにも，世界のあちこち——イギリス中心部のチャーンウッド森，アフリカ南西部のナミブ砂漠，ロシアのウラル山脈および白海沿岸——で発見されている。中でも最も印象的で最も豊富なのは，カナダのニューファンドランド島にあるアヴァロン半島で発見されたものだ。およそ5億6500万年前の地層が，目を見張るような崖に露出している。そのような最古代の堆積物に予想されるとおり，地層は傾いて褶曲（しゅうきょく）しているが，そこに残っている化石をこわしたり，ひどくゆがめたりするほどではない。化石があまりにたくさんあるので，世界のどんな博物館も屈指の宝物だと考えるような標本を踏みつけずには，露出した地層の上を歩くことができない場所もある。驚くほど完璧に保存されているのは，おそらく，近くの火山から落ちてきた火山灰がほぼ瞬時におおって，いわゆるデスマスクの働きをしたからだろう。いまだに目録が作成途中であるほど，実にさまざまな形状——紡錘状，葉状，円盤状，マット状，羽状，櫛状——があり，この最古代に世界中の海で繁殖した生物群の記録としては，群をぬいて豊富である。その多くは，現存するものとは関係ないように思われ，進化の実験の失敗とみなしてよいかもしれない。しかしそのうち1つ2つは，いまでもいたるところに棲息する海洋生物と，少なくとも表面的に似ている。その海洋生物はウミエラ類である。

　ウミエラ類は英語で"海のペン"（sea-pen）とよばれるが，これは人々が羽ペンで字を書いていた時代につけられた名前である。ウミエラ類は形が鳥の羽に似ているばかりでなく，その骨格がしなやかでしかも硬いため，ペンにうってつけだと思えたのだろう。そ

生物の限りない多様性

れは砂質の海底に縦に立っており，長さわずか2〜3センチのものから，人間の背丈の半分ほどのものまである。夜には，明るい紫色の光を発するのでとりわけ美しい。夜，彼らに触れてやると，そのくねくねと動く腕にそって，ほのかな光が波打つのがみられるだろう。

ウミエラ類は軟サンゴ類とよばれることがある。近縁な石サンゴ類はしばしばウミエラ類とならんで生えており，同様にコロニー性の動物である。石サンゴ類の歴史はウミエラ類ほど古くはないが，ひとたび現われるや，彼らはたいへんな勢いで繁茂した。石質の骨格をつくり，軟泥や砂がつもるような環境にすむこの生きものは，化石化にはかっこうの材料だった。世界各地のぶあつい石灰岩はほとんどすべてサンゴの遺骸からなり，このグループの進化について詳細な記録を残してくれている。

サンゴのポリプはその根もとから骨格を分泌する。それぞれのポリプは横にのびる繊維でとなりのポリプと連絡している。コロニーが発達するにつれて，しばしばこの連絡部分に新しいポリプが生じ，その骨格が前のポリプの上に育って，前のポリプを窒息させてしまう。このため，サンゴのコロニーが築いた石灰岩を割ってみると，かつてポリプがすんでいた小さな穴がたくさんあいているのがわかる。生きているポリプは，表面に薄い層をなしてならんでいるだけである。また，サンゴ類は，種によってそれぞれ特有のパターンで芽を出し，伸びてゆくので，それぞれ特徴ある形の記念碑を築いている。

サンゴ類は環境についてはたいへん気むずかしい。水がにごっていてもきれいすぎても生きられない。体内に宿る単細胞の藻類にたよって生きているので，日光がさしこまないような深いところでは育たないことが多い。この藻類は光合成によって自分の食物をつくるが，その際に水中の二酸化炭素を吸収する。これが，サンゴが骨格をつくるのを助け，またサンゴの呼吸に役立つ酸素を放出するのである。

サンゴ礁の海にはじめてもぐった経験は，だれにとってもわすれられないものになるであろう。サンゴの好む陽のさしこむ澄んだ水の中を，上下左右思いのままに泳ぎまわる快感は，それだけでもまるで別世界にきたような陶然たる心地である。その上，サンゴ自体の色や形の豊かさは，陸上ではとうてい目にすることのできないものだ。ドームあり，樹枝あり，扇あり，先がほんのりと青くかすんだシカの角，血のように赤く色どられたオルガンのパイプ，といったぐあいである。中には花のようにみえるものもあるが，触れると，石をひっかいたような妙な音がする。上部がアーチ形をなしたウミエラや，流れに長い触手をなびかせているイソギンチャクの集団にまじって，いろいろな種のサンゴがならんで育っていることも多い。ときには，1種類のサンゴからなる広大なサンゴの牧場を泳ぐこともできるだろう。また，もっと深くもぐってゆくと，サンゴの塔を飾るウミウチワや海綿が，はるか暗青色の深みの中に消えているのが見られることもあるだろう。

だが，昼間だけ泳いでいたのでは，この驚くべき光景をつくりだした生きものたちの姿をみることはできない。夜，手で触れてみれば，サンゴの形が変わっていることに気づくはずである。昼間みたコロニーのくっきりとした輪郭は，今や乳白色にかすんでみえる。数百万の小さなポリプがその石灰岩の小部屋から姿を現わし，微細な腕をのばして食物を

あさっているのである。

　サンゴのポリプはその1つ1つは直径数ミリしかないが、コロニーをなして力をあわせ、人間が現われるはるか以前の動物の建造物としては世界最大のものをつくりあげた。オーストラリアの東部海岸ぞいに1600キロにわたって連なっているグレート・バリアー・リーフ（大堡礁）は、月からでもみることができる。約5億年前、他の惑星の宇宙飛行士がもし地球の近くを通っていたとしたら、青い海に青緑色の新しい不思議な形がいくつか出現したことに気づき、地球にも生物が生じはじめたようだ、と考えたにちがいない。

海の砂底のヤナギウミエラ（*Virgularia gustaviana*）。インドネシア、リンチャ島。

2

海の先駆者

　グレート・バリアー・リーフは生きものでいっぱいだ。サンゴの上に打ちよせる波が海水に酸素を送りこみ，熱帯の太陽は水をあたため，水中に光をみなぎらせている。ここには，海生動物のおもなものがすべて集まっているかと思えるほどだ。青白く光る眼が貝殻の奥からのぞいている。黒いウニは棘（とげ）をまわしながら管足の先でゆっくりと歩いてゆく。砂の上には真青なヒトデがちりばめられ，なめらかなサンゴの表面の穴からは模様つきの花形のもの（ロゼット）がひろがっている。澄んだ水にもぐって，石をひっくりかえしてみるといい。黄と赤の縞模様の平たいリボンのようなヒラムシが優雅に泳ぎ去り，エメラルド・グリーンのクモヒトデが砂の上を這い，新しいかくれ場所をさがすのがみられるだろう。

　最初は，その種類の多さに圧倒されるが，すでにおなじみのクラゲやサンゴのような原始的な生きものと，それよりもはるかに進化した背骨のある魚類とを別にすれば，残りのほとんどすべてが次の3つの大きなタイプのいずれかにはいる。二枚貝，タカラガイ，巻貝などのように殻をもった動物，ヒトデやウニのような放射相称の動物，そして多毛類からエビジャコやウミザリガニにわたる体節をもった細長い動物の3つである。

沖合の礁をなす，ミドリイシ（テーブルサンゴ）の各種（*Acropora* spp.）。インドネシア，コモド国立公園。

この3種類の体のつくりは基本的な原則がまったく異なっており，系統樹のいちばん根もとのところ以外で類縁関係があるとはとても思えない。これは，化石の記録からもたしかめられる。この3つのグループはすべて海生で，多数の化石を残しており，それぞれの系統の運命は，数億年分の岩の中に詳細にたどることができる。グランド・キャニオンの壁面をみると，魚類のような脊椎動物が現われる以前に，背骨のない動物，つまり無脊椎動物が長い間生存していたことがわかる。しかし，グランド・キャニオンで最も古い無脊椎動物の化石がふくまれている，ゆるやかにおり重なった石灰岩の層のすぐ下では，地層がまったく変わっている。ここでは，岩がひどくねじ曲がっているのだ。かつて，これらの岩は山々を形成していた。それが浸食され，ついには海におおわれた。そして，その上に現在みられる石灰岩の層が堆積したのである。だがその間に，まったく堆積物のない期間がおそろしく長くつづいた。このため，地層のつなぎめで化石の記録に大きなギャップができたのである。無脊椎動物の系統をその起原にまでたどるには，この決定的な期間にたえず堆積が起こっていて，しかも地層があまりゆがまずに残っているような，どこか別の場所をみつけなければならない。

そうした場所は数少ないが，その1つはモロッコのアトラス山系の中にある。モロッコ西部の港町アガディルの後方に位置するはげ山は，青い石灰岩でできているが，化石採集用のハンマーで打つと音がはねかえってくるほどかたい。岩床はわずかに傾いているが，そのほかには地殻運動によるゆがみはない。その峠の岩から化石が産出するのである。けっして数が多いとはいえないが，よくみれば非常にさまざまな種をみつけることができる。この年代の岩から出る化石はすべて，世界のどこのものでも，サンゴ礁にみられる3つの主要グループのいずれかにはいる。すなわち，腕足類とよばれる小指の先ほどの小さな貝のような動物，柄のある花のような姿をした放射相称の動物ウミユリ類，そしてワラジムシに似た体節動物のサンヨウチュウなどである。

モロッコの地層のいちばん上の石灰岩は，5億6000万年前のものであり，その下には何百メートルにもわたって，たくさんの地層が重なりあっている。そして各地層の岩の組成には，ほとんど差異がないようにみえる。つまり，堆積した全期間を通して物理的な条件がほぼ一定していたわけで，このことから考えると，地層の下のほうには，無脊椎動物の主要な3つのグループの起原に関する何らかの証拠が残っていても不思議はない。

ところが，実際にはそのような痕跡はない。地層を追って山腹を這うようにおりてゆくと，突如化石は姿を消してしまう。そこにある石灰岩は最上層の石灰岩とまったく同じにみえるので，おそらくこの岩が堆積した時期の海は，化石をふくんでいる岩を形成した時期の海ときわめて似ていたと考えることができる。物理的条件に決定的な変化が起こったようすはまったくない。これは単に，ある時期に海底をおおった軟泥には動物の殻がふくまれており，それ以前にはふくまれていなかったということを示しているにすぎないのである。

化石の記録が突然はじまるという現象は，ほかの場所にくらべて印象的であるとはいえ，モロッコの岩にかぎったことではない。それは世界中にあるこの年代の岩のほぼすべてに

深さ180mから250mの海中に棲息する，現生ウミユリの一種（*Cenocrinus asterius*）。カリブ海。

海の先駆者

みられる現象なのだ。シューピリア湖や南アフリカのチャートの中の微小化石は、生物が非常に遠い昔に誕生していたことを教えてくれる。理論上の生物カレンダーでは、化石になりやすい殻のある生物が現われるのはようやく11月初旬である。したがって、生物の歴史の大部分は岩に証拠が残っていないのだ。約6億年前という新しい時代になってやっと、いくつかの別々のグループの生物が殻を分泌することで、たくさんの化石を残しはじめたのである。この突然の変化がなぜ起こったのかは、よくわかっていない。おそらく、この時期になるまで、海は、たいていの海生動物の殻や骨格を構成している炭酸カルシウムが堆積するのに適した温度や化学組成をもっていなかったのだろう。だが、理由はともかく、無脊椎動物の起原に関する証拠は、ほかに求めなければならない。

サンゴ礁にもどって、いくつかの生きた手がかりをさがしてみよう。サンゴの上で体をひらひらさせていたり、岩の割れ目にひそんでいたり、岩の下面にはりついていたりするのは、平たい葉のような形をした虫たちである。彼らはクラゲと同様に、消化管の開口が1つしかなく、食物をとりいれるのにも老廃物を棄てるのにもその口をつかう。また、鰓はなく、直接体表から呼吸する。体の下面には繊毛が生えていて、それを波打たせ、岩の表面をゆっくりと移動する。体の前端の下面に口があり、上面に光を感じる点がいくつかあるので、この動物は頭というもののはじまりをもっているといえるだろう。扁形動物はこのような特徴をもついちばん単純な動物なのである。

眼点が何らかの役に立つためには、それと筋肉とがつながっていなければならない。そこではじめて、動物は眼点が感じたものに反応できるのである。扁形動物の場合、筋肉との連絡を行なうのは、単純な網の目状の神経繊維だけである。その一部にはふくらんだ部分がいくつかみられるが、とても脳といえるほどの代物ではない。にもかかわらず扁形動物は、こんなごく単純な動物でも生き残る助けになるようなこと、たとえば、特に危険な場所を避ける、あるいは食物がみつかる場所をおぼえる、といったことを学習できる。

今日、世界中で約3000種の扁形動物が知られている。その大部分は小形で淡水生の種である。たいていの小川では、生肉かレバーの切れはしを水中に落とすと、淡水生のウズムシが集まってくるのをみることができる。特に、水中に植物が茂っている場合には、そこから数十匹のウズムシがすべりだしてきて、餌にたかるであろう。湿度の高い熱帯林はたいてい地面が非常にしめっているので陸上で生活できる種もおり、その多くが体の下面から粘液を分泌し、その上をくねくねと這って移動する。中には体長が60センチほどにもなる種もいる。また、ある扁形動物は寄生生活をしており、人間をふくめて他の動物の体内で人目にふれずに生きている。

カンテツはまだ典型的な扁形動物の形をとどめている。サナダムシもやはりこのグループの一員だが、その姿は典型的な扁形動物とは似ても似つかない。というのは、彼らは寄主（宿主）の腸壁に頭をうめこんだ後、尾端から産卵用の体節を出芽させる。これらの体節は成熟してもくっついたままなので、体はついには鎖状になり、ときには10メートルもの長さに達することがある。その結果、この個体全体はあたかも体節にわかれているようにみえるが、実際には、これらのいくつにもしきられた生きた卵嚢は、ミミズのような

扁形動物のヒラムシの一種（*Maiazoon orsaki*）。太平洋、インドネシア、イリアンジャヤ（現西パプア）、ラジャ・アンパット諸島。

真の体節動物の体内のしきりとはまったく異なるものである。

　扁形動物はごく単純な生きものである。ある自由遊泳性のグループのメンバーはまったく腸を欠いており，固着生活にはいる前の遊泳中のサンゴの幼生にそっくりである。だから，研究者たちが成虫や幼生の構造をくわしく研究した結果，扁形動物がサンゴやクラゲのようなもっと単純な動物の子孫だと結論したことは，十分にうなずけるのである。

　これら最初の海生無脊椎動物が進化しつつあった6億年から10億年前の期間には，大陸が浸食され，そのまわりの海底には大量の泥と砂がつもっていった。この環境は，上方の水から落ちてくる有機物のくずなど，豊富な食物に恵まれていたにちがいない。水面に浮かぶ単細胞生物が死んで，ゆっくり下降してきたからだ。またそこにすむ動物たちにはよいかくれ場所を提供していた。しかし，扁形動物の形は穴を掘るのにはむいていなかった。管状の形のほうがずっと能率がいいわけである。そして，ついにそういう形の虫が現われた。あるものはせっせと穴を掘り，食物粒を求めて泥の中にトンネルをつくった。またあるものは水底の沈澱物に体をなかば埋め，前端だけを上にだして生活していた。彼らは口のまわりの繊毛で水流を起こし，水中から食物粒をこしとって食べていた。

　中には保護用の管の中にすんでいる連中もいた。やがて，管の先端が変形して，多くのひだのあるえりになったものも出てきた。これは触手の上の水の流れを一段とよくした。さらに変形が進み，鉱物化していって，ついに前端の周囲に背腹2枚からなる防護用の殻が生じた。これが最初の腕足類である。リングレラもその仲間であり，何億年もほとんど変化せずに生き残っている種の一例だ。

　腕足類の前端は実はとても複雑なつくりになっている。殻の中には，一群の触手に囲まれた口がある。触手は波打つ繊毛でおおわれており，それが水中に流れを起こす。水中の食物粒を触手で捕え，そして口に送りこむのである。この過程で，触手はもう1つの重要な機能をはたしている。水には動物の呼吸に必要な酸素が溶けている。触手がそれを吸収するので，触手は事実上鰓の役割をはたしているのである。触手をつつむ殻は，これらのやわらかくデリケートな構造を保護するばかりでなく，水を集中させてむらのない流れをつくりだすので，水がいっそう効果的に触手の上を流れることになる。

　腕足類は，それから数千万年ほどの間に，このデザインをますます精巧なものにした。あるグループは，片方の殻のちょうつがい部分に穴を発達させ，そこから虫のような形の柄をつきだして，体を泥の中にしっかりとつなぎとめるようになった。この柄を灯心とみなすと，この殻はアラジンのランプをさかさにしたようにみえる。このグループ全体が英語でランプシェル（lamp-shells）とよばれるゆえんである。やがて殻の中の触手はあまりにも大きくなったため，細い螺旋状の石灰質の支えが必要になった。

　古代の岩からは，腕足類とともに他にも殻をもつ動物がみつかる。海底に固着せずにたえず這いまわり，テントのような円錐形の小さな殻を分泌して，危険が近づくとその下に身を縮めるという手のこんだ種類も発達した。これは，殻をもった虫の中で最も成功したグループ，すなわち軟体動物の祖先であった。この軟体動物の祖先にもやはり現在なお生きている仲間がある。それはネオピリナとよばれる小さな動物で，1952年にはじめて太

腕足類の仲間，シャミセンガイの一種（*Glottidia albida*）。

平洋の深海からドレッジして採集されたものである。現在，軟体動物には8万種が認められ，さらにほぼ同じほどの種数が化石で発見されている。カタツムリやナメクジなど，家の庭で見つかるものもいる。

　軟体動物の下方の部分は足とよばれる。彼らは殻から足をつきだし，その下面を波打たせて動きまわる。多くの種は足の脇に小さな円盤状の殻をもっており，足をその殻の中にひっこめたときは，この殻が入口をぴったりふさぐふたになる。体の表面は，体内器官をおおう薄い膜でできており，それは外套膜というふさわしい名でよばれている。たいていの種は，この外套膜と体の中心部との間（外套腔）に鰓を備えていて，吸いこまれてははきだされる酸素をふくんだ水がこの鰓をつねにひたしている。

　殻は外套膜の表面から分泌される。軟体動物のあるグループは殻が1つしかない。ネオピリナに似たツタノハガイ類は外套膜の周囲に同じはやさで殻をつくりだすので，殻は単純な円錐形になる。ある種では，外套膜の前の部分が後の部分より分泌速度が速く，殻は時計のぜんまいのようにひらたい螺旋形になる。また，片側から最も多く分泌されるため，殻がねじれ，小塔形になるものもある。タカラガイ類は外套膜の両側で集中的に分泌が起こるので，殻はゆるく握ったこぶしのような形になる。この仲間の貝は，殻の底の細長い切れ目から，足ばかりでなく左右の外套膜をもつきだす。左右の外套膜は生存中，それぞ

下から見たミソラカサ (*Patella caerulea*)。

れの側の殻の表面をおおいながらのびていって、てっぺんで出会う。こうして、タカラガイ類に特徴的な模様と光沢のある殻の表面ができあがるのである。

　貝殻が1個の軟体動物は、腕足類のように殻の中にある触手で食物をとるのではなく、ざらざらした歯でおおわれたリボン状の舌、すなわち歯舌で食物を食べる。あるものは歯舌（そうぜつ）で藻類を岩からかきとる。エゾバイ類には柄のついた歯舌が発達しており、これを殻の外にのばして他の軟体動物の殻に穴をあける。次にこうしてあけた穴から歯舌の先をつっこんで、犠牲者の肉を吸いだすのである。イモガイ類もやはり柄のある歯舌をもっているが、それは一種の銃に変形している。彼らはこの歯舌をひそかに獲物――虫のことも魚のこともある――に向け、その先から小さなガラス質の銛（もり）を発射する。そして、銛を射ちこまれた犠牲者がもがいている間に毒を注入するのである。それは、魚ならただちに死ぬし、人間でさえ命にかかわるほどの猛毒である。そのあと獲物を殻のほうへたぐりよせ、ゆっくりと吸いこんでしまうのだ。

　活発に狩りをするには、重い殻は相当不利なはずだ。そこで、肉食性の軟体動物のあるものは、殻をすっかり捨てて扁形動物に似た祖先の生活様式にもどることで、危険は大きいがより機動性のある生活を送るようになった。彼らはウミウシ類といい、海生の無脊椎動物の中で最も美しく色どり豊かな仲間である。細長くやわらかい体の背面は、帯模様や縞模様、あるいはさまざまな濃淡をもった、たいへん美しい色あいの波打つ触手でおおわ

れている。彼らは殻を失っているが，完全に無防備なわけではない。あるものは中古の武器を手に入れている。彼らは羽毛のような触手をのばして水面付近を浮きながら，クラゲを狩る。このウミウシ類は漂っている無力な獲物に食いつくが，そのとき不思議なことにクラゲの刺胞は発射されないままウミウシの腸内にとりこまれる。やがてその刺胞はウミウシの組織内を移動し，背の触手の中に集まる。こうして，もともとクラゲが発達させた刺胞は，クラゲに与えたと同様の防備をその新しい持ち主に与えることになるのである。

イガイ類やハマグリ類など別のグループの軟体動物は，腕足類と同じような2枚にわかれた殻をもっており，そのため二枚貝とよばれる。彼らはほかの仲間にくらべてあまり動かない。その足は単なる突起になっており，これをつかって砂の中にもぐりこむ。このグループのほとんどの種は，殻をあけて，外套腔の一端に開く入水管から水を吸い，それと並んだ出水管から吹きだしながら，水中の食物粒をこしとって食べるフィルター・フィーダー（濾過摂食者）である。彼らは動く必要がないので，大きくても不利にならない。サンゴ礁にすむオオシャコガイは殻長1メートルにも育つ。彼らはサンゴの間に体を埋め，外套膜を外にひろげている。それは，鮮緑色に黒斑のあるうねうねした肉片で，その間から水がおしだされるたびに静かに脈打っている。たしかにそれはダイヴァーが足を踏みこむほど大きいが，よほど不注意でないかぎり実際に殻にはさまれてしまうことはまずない。この貝の筋肉は強力ではあるが，貝殻をぴしゃりと閉じることはできず，ゆっくりとあわせるだけなので，その気配を感じとる余裕が十分あるからだ。そのうえ，ほんとうに大きな個体では，殻が完全に閉じているときでも，殻の縁にある突起の先端があわさっているだけである。その間のすきまが大きいので，外套膜に腕をつっこんでも，はさまれることはまったくない。ともあれ，はじめ棒か何かでためしてみれば，あまりびくびくせずに実験ができるだろう。

ホタテガイなどの二枚貝は，フィルター・フィーダーでありながら，移動することができる。彼らは瞬間的に殻を閉じることによって急激に水を吹きだし，その反動で前進する。だが，たいていの二枚貝の成体はじっとしており，離れた場所に種の分布をひろげるのは幼生である。軟体動物の卵は孵化すると，繊毛の帯が縞模様になった微細な小球状の幼生になって，海流によって遠く広く運ばれる。そして数週間後，形を変えて貝になり，定住する。この漂流期間に彼らは，他の定住性のフィルター・フィーダーから魚まであらゆる種類の飢えた動物に恵みを与える。つまり大部分の幼生がそれらの餌として食べられてしまうのである。そこで，その種が生き残るためには厖大な数の卵をつくらねばならない。そして実際そのとおりであって，1個体がなんと4億にものぼる卵を放出するのである。

軟体動物のある仲間は，このグループの歴史のごく初期に，大きな重い殻によって保護されたまま，高度の機動性を得る方法を発見した。つまり，彼らは気体のつまった浮遊性のタンクを発達させたのである。このような生きものがはじめて現われたのは，約5億年前のことだった。その平たく巻いた殻は，巻貝のように全体に肉がつまっているのではなく，後端がしきられていて，その中は気体のつまった部屋になっていた。体が成長すると新しい部屋が加わり，体重の増加分にみあった浮力を与えるのである。この生きものはオ

海の先駆者

ウムガイ類であった。そして，そのうち数種が，リングレラやネオピリナと同様に今日まで生き残っているため，われわれは，この生きものとその仲間が，どのような生活を送っていたかを正確に知ることができるのである。

そうした種の1つであるオウムガイは直径約20センチになる。体のはいっている部屋の奥からうしろの浮力タンクの中へ1本の管がのびているため，タンクの中に水をいれて浮力を調節し，海中の望みの深さに浮いていることができる。オウムガイ類は死んだ海生動物の肉ばかりでなく，カニなど生きた動物をも食べる。彼らは，ジェット推進で移動する。それは，彼らの親類である二枚貝のある仲間が発達させた水流発生法の変形ともいえるもので，水管から水を吹きだすのである。彼らは，柄のある小さな眼と味を感じる触手をつかって獲物をさがす。足は90本ほどの捕食性の触手にわかれており，これをつかって獲物と格闘する。また，触手のまんなかにはオウムの嘴のような形の角質の嘴があり，獲物に咬みついて相手の殻をつぶし，殺すことができるようになっている。

およそ4億年前，オウムガイ類は1億年あまりの進化を経て，1つの殻にもっとたくさんの浮力室をもつアンモナイト類というグループを生みだした。このグループは親類のオウムガイ類よりはるかに繁栄し，今日，アンモナイトの化石化した殻がぎっしりつまった厚い層をふくんだ岩がみられる。ある種では，殻の大きさがトラックのタイヤほどにもなった。イングランド中央部の蜂蜜色の石灰岩や，同じくイングランドのドーセット州のかたい青色の岩に埋まっている巨大なアンモナイトを目にしたら，だれでも，こんな大きな生きものは海底を重そうにのしのしと動くほかなかったろうと思うにちがいない。だが，浸食によって外側の殻がとりのぞかれているところでは，美しい曲線を描いた浮力室のしきりがあらわになっており，これらの生きものが水中では重さがないに等しく，オウムガイ類と同様，かなりのスピードで水中をジェット推進できたことを教えてくれる。

約1億年前，アンモナイト王朝は衰退しはじめた。ひょっとすると，その産卵習性に影響を与える生態学的な変化があったのかもしれない。新たな捕食者が現われたのかもしれない。ともかく，多くの種が滅びていった。ある系統は殻の巻きかたがゆるくなって，ついにはほとんどまっすぐになった種類を生みだした。あるグループは，もっと後に現われたウミウシ類と同じ道をたどって，殻を完全に失った。やがて，殻のある種類は，現生のオウムガイをのぞいてすべて姿を消した。けれど，一部の殻のない種類は生き残り，あらゆる軟体動物の中で最も複雑で知能の発達した種類，すなわちイカ，コウイカ，タコ，総称して頭足類になったのである。

コウイカの体内には，かつて祖先がもっていた殻の名残りをみることができる。それは砕けやすい白亜質の平たい薄片で，イカの甲とよばれ，よく海岸に打ちあげられている。タコの場合，体内にさえ殻の痕跡は残っていない。しかし，タコの1種であるフネダコは，浮力室こそないが，腕の1本からオウムガイの殻によく似た形の紙のように薄い殻を分泌する。彼らはこれを自分のすみかにするのではなく，水に浮くデリケートな杯として利用し，その中に卵を産みこむのである。

イカとコウイカはオウムガイにくらべて触手（腕）の数がはるかに少なくて10本，タ

スコットランドの入江の海底にいるウミウシの一種（*Eubranchus tricolor*）。

次見開き
夜のサンゴ礁に集うオウムガイ（*Nautilus pompilius*）。太平洋。

コでは8本しかない。この3種の生物のうちでは、イカの機動力が大きい。脇腹にそって腹鰭があり、これを波打たせて水の中を前進する。また、すべての頭足類はオウムガイと同様にジェット推進を行なうことがある。

　頭足類の眼は非常に精巧にできている。ある点では人間の眼よりすぐれているとさえいえる。イカは、われわれが識別できない偏光を識別できるし、網膜の構造はわれわれのものより繊細なので、われわれ以上にこまかいものを識別できることはまちがいない。彼らは、これらの感覚器官から送られてくる信号を処理するために、かなり発達した脳をもっており、反応もたいへんはやいのである。

　とてつもない大きさになるイカもいる。ダイオウホウズキイカは南極大陸周辺の海に棲息している。体重が100キロ近く、体の端からのばした触手の先端までの長さが6メートルにもなる。これと「世界最大の種」の称号を争っているのがダイオウイカである。これまでに発見されている最大のダイオウイカは、実のところ、最大のダイオウホウズキイカよりも少し小さく、重さはかなり軽い。この種のもっと大きい標本の記録はあるが、正確ではないようだ。いずれにせよ、どちらの種についても最大の個体が発見されていない可能性があり、記録はまだ破られるかもしれない。こうした巨大な頭足類の眼は想像されるよりさらに大きい。最大記録は直径27センチで、知られているどんな動物よりも大きく、たとえばシロナガスクジラのそれの5倍もある。イカの眼がそんなに巨大でなくてはならない理由は謎である。

　とはいえ、彼らは大敵であるマッコウクジラの存在をみつけるために、非常に敏感な眼を必要とすることはありえる。マッコウクジラの胃の中からよくイカの嘴がみつかり、頭にはイカの吸盤と同じくらいの直径の丸い傷跡がついていることも多い。したがって、イカとクジラが暗い深海でしょっちゅう戦っていることに疑いの余地はないようだ。イカの巨大な眼は、自分たちを狩ることができるくらい大きい唯一の動物の存在をみつける助けになるのかもしれない。

　タコ、イカ、コウイカといった頭足類のすべてが知能をもつことはよく知られている。タコは貝殻で自分をおおったり、割れたココナツの殻を2つ拾ってその中に隠れたりすることによって、近づく敵から身を守るのが観察されている。3グループのどれをとっても、多くの種が自分の色や形を変化させるずばぬけた能力をもっている。ほぼどんな環境にでも合わせて自分をカムフラージュできるうえ、体に広がる模様や図形によって、互いに信号を送りあうこともできる。雌のイカが横にいる雄に自分は交尾の準備ができていないという信号を送りながら、同時に、体の反対側では別の雄を誘う模様をみせている場面が撮影されたことさえある。人間とはまったく異なる海生動物の中で最も進んでいるタコとイカは、知的能力で哺乳類と張りあえる数少ない動物のようだ。

　さて、古代の岩の中にみられる無脊椎動物の第2の大きなグループ、すなわち花のような形のウミユリ類に話をうつそう。それらは、古代の岩を下から上へとたどるにつれてしだいに精巧になり、基本構造もはっきりしてくる。いずれもちょうどネギ坊主のように、長い茎の先に体の主部、すなわち萼部(がくぶ)がついている。これから5本の腕がのび、種によっ

夜のサンゴ礁の上を浮遊するアオリイカ (*Sepioteuthis lessoniana*)。インドネシア、西パプア、ラジャ・アンパット諸島近海。西太平洋熱帯域。

海の先駆者

てはそれがさらに枝わかれしている。萼部の表面はぴったりくっついた炭酸カルシウムの板からなり，茎と枝は同じ材質でできている。岩の中にあるときは，茎はこわれたネックレスのようにみえ，個々のビーズがばらばらになっていることもあるし，糸が切れたばかりのようにまだゆるやかにくねった形をとどめていることもある。またまれには，20メートルもの長い茎をもつ巨大な化石がみつかることもある。これらの生きものは，アンモナイト類と同じように，その昔全盛時代を築いた。しかし，今ではわずかの種のウミユリ類が深海に棲息しているだけである。

これらの現生のウミユリ類を見るとわかるように，その炭酸カルシウムの板は，生きているときには皮膚の下に埋まっている。この板のせいで，彼らの体表は妙に棘だらけの感じがする。ウミユリやそれに近縁の仲間は皮膚に棘や針があるので，"皮膚に棘のある動物"つまり棘皮動物とよばれている。棘皮動物の体の基本単位は五放射相称である。萼部の板は五角形。そこから5本の腕がのび，そして体内器官はすべて5個ずつが組になっている。棘皮動物の体は，静水力学の実にユニークな応用によって作動している。腕に何列もならんだ管足は，1本1本が細い管で，先端は吸盤となっている。そして，内部の水圧によってかたくなったりやわらかくなったりしながら，腕の上で波打つように動く。このシステムの中の水は，体腔内の水とはまったく独立して循環している。水は海中から水孔とよばれる孔を通って口のまわりの水管に引きこまれ，体中をめぐり，無数の管足にはいる。水中に漂う食物粒が腕にふれると，管足はそれをしっかりと捕え，次々にとなりの管足にパスしながら，腕の上面から中心の口へ向かう溝の中へ送りこむのである。

化石時代において，有柄のウミユリ類は，柄のないウミシダ類やウミツボ類などをふく

左ページ
ウミトサカというソフトコーラル（赤色のもの）の上にいるウミユリ（中央の，放射状にひろがった羽毛のように見えるもの）。背景にはトゲトサカというソフトコーラルが見える。タイ，アンダマン海。

コブヒトデの一種（*Oreaster reticulatus*）の管足。フロリダ，シンガー・アイランド。

めた広義のウミユリ類の中でいちばん数が多かったが，今日最も栄えているのはウミシダ類である。彼らは柄のかわりにくねくねした根をもっていて，それでサンゴや岩にしがみついている。グレート・バリアー・リーフでは，ところどころにこれらの動物が大量にはびこり，褐色の毛足の長いかたいじゅうたんで，潮だまりの水底をおおいつくしている。しかし静穏が乱されると，突然5本の腕を回転花火のようにくねらせて，泳ぎ去ることができる。

五放射相称と静水力学の応用で働く水管系という独特の特徴のおかげで，他の棘皮動物も非常に見わけやすい。ヒトデとヒトデよりいっそう活発なクモヒトデは，どちらもこの特徴を備えている。これらの生きものは，柄も根もないウミユリが口を下にして地面に裏返しになり，5本の腕をのばしたかっこうになっている。ウニも明らかにこの仲間である。彼らは腕を口から上に曲げて，それを5本の軸とし，それをさらに多くの板でつないで球状にしたものである。

サンゴ礁の砂の多いところを這っているソーセージ形のナマコもまた棘皮動物である。ただしほとんどの種で，殻状の内骨格は皮下の微小な構造物に縮小してしまっている。たいていのナマコは体の背でも腹でもなく側面を下にしている。体の一端には肛門とよばれる開口がある。しかし，この名はあまり適当とはいえない。なぜなら，この開口は排泄だけでなく呼吸にもつかわれているからである。すなわち，開口のすぐ内側にある小管に水を静かに吸いいれたり，はきだしたりして呼吸するのである。体のもう一端にある口は管足で囲まれているが，この管足は大形になって短い触手にかわっている。この触手が砂や泥の中を探る。食物粒がくっつくと，触手をゆっくりと口のほうへ曲げ，肉質の唇でそれらをきれいに吸いとるのである。

センジュナマコという，水深5000メートルの深海底の泥の中に棲息するとても特殊な深海ナマコがいる。体長約15センチの小さな丸っこい生物で，下面に長い管状の器官があり，それで泥の中をほじくり回す。深海で群れをなしているところが撮影されている。生殖のために集まったのか，あるいは，水面から下降してくる新しい食物源のにおいに引きよせられたのかもしれない。

ナマコをつかまえるには慎重にやらねばならない。というのは，彼らはとんでもない防御方法を発達させているからだ。それは，内臓を押しだすのである。肛門からねばねばした小管がゆっくりと，だがとめどなく流れだし，粘着性のもつれた糸でわれわれの指をしばりつけてしまう。好奇心の強い魚やカニがうっかりナマコにこの反応を起こさせてしまうと，彼らは気がついたときにはねばねばした網の中でもがいていることになる。その間にナマコは体の下面から管足をのばしてゆっくりと這い去る。そして，数週間もたつと，ナマコは新しい内臓を再生させてしまうのである。

棘皮動物は，人間の観点から見れば，何の重要性もない進化の袋小路にみえる。もし，生物が合目的なもので，すべては人間あるいは人間と世界の支配権を競うような何かほかの生きものの出現を目指すべく予定された進歩の一環だと仮定するなら，棘皮動物は何の意味ももたないものとしてかたづけることができる。だが，このような考えは，岩に印さ

海底に群れをなすコブヒトデの一種（*Pentaceraster cumingi*）。ガラパゴス諸島。

れたものではなく，むしろ人間の心の中の産物といえる。棘皮動物は生物の歴史の上では早い時期に現われた。その静水力学的メカニズムは，さまざまな形の体を構築するのに便利で有効な基本原理ではあったが，画期的な発展をとげるには向いていなかった。彼らは棲息に適した地域では，今なおたいへん繁栄している。サンゴ礁のヒトデは二枚貝の上にまたがり，2枚の殻に管足をしっかり固定させて，ゆっくりと貝殻をこじあけ，中の肉を食べる。オニヒトデはときおり大発生して，広い地域のサンゴを食い荒らすことがある。またウミユリ類は，深海からトロール網で一度に数千個体も引き上げられる。たとえ棘皮動物から何らかの重要な進化が起こる可能性がないにしても，過去6億年の証拠からみて，世界の海に少しでも生物が残っているかぎり，このグループが姿を消すことはやはりありそうにないのである。

　サンゴ礁の生きものの第3のグループは，体節のある動物である。この仲間には，モロッコの山でみつかったサンヨウチュウの仲間よりさらに古い動物の化石がある。クラゲ類やウミエラ類の化石をふくんだオーストラリアのエディアカラの堆積物は，体節動物の跡もとどめているのである。エディアカラ化石を初めて発見したレッグ・スプリッグにちなんでスプリッギナと名づけられた，体長5センチの動物がいるが，この種は三日月形の頭と40もの体節を備えており，体の両側には肢のような突起が房状にならんでいる。これが正確に何だったのか，意見は一致していない。肢と特定されているものはないが，これは化石化プロセスにともなう限界かもしれない。完全に絶滅したグループの標本ではないかと考える科学者もいる。広く受け入れられている可能性としては，サンゴ礁によく見られる多毛類や家の庭で見つかるミミズの親類である，環形動物の一種だったかもしれない，ということがある。

　環形動物の体表に環状に走る溝は，体を別々の部屋，すなわち体節に区切る内部のしきりと対応している。これらの体節は，それぞれ1組ずつの器官を備えている。各体節の外側の両側には，ときには剛毛の生えた肢状の突起と，酸素を吸収するための羽毛状の付属器官とがある。体の内側では，各体節に管が1対ずつあって外界に開き，老廃物をすてるようになっている。そして腸，大きな血管，神経索がすべての体節をつらぬいて体の前端から後端に走り，すべての器官が調和して働けるようになっている。

　化石からわかるのはここまでである。エディアカラの非常に保存状態のよい化石ですら，環形動物とその他の初期の動物グループとのつながりについては，何も手がかりを与えてくれない。しかし，もう1つ別の証拠がある。それは幼生である。環形動物の幼生は球状の体をもっており，その中央部には繊毛の帯がまかれ，頂部には長い房毛をいただいている。この幼生はある軟体動物の幼生とほとんど同じ姿をしており，このことから，この2つのグループが過去に同じ祖先からわかれたことがうかがえる。他方，棘皮動物の幼生はまったくちがっていて，体の構造がねじれており，まわりを繊毛の帯が何本もとりまいている。このグループは，軟体動物と環形動物とが分岐するずっと以前のごく初期に，扁形動物の祖先からわかれたにちがいない。遺伝学者は，これらのグループそれぞれのDNAを分析してこの推論を裏づけ，左右相称の動物は大きく2つのグループに分けられること

を明らかにしている。一方のグループを形成するのはタコとカニと扁形動物，もう一方は棘皮動物と被嚢動物とすべての脊椎動物である。

体節化は，泥に穴を掘る動物としての能率を高める方策として発達したのかもしれない。体の両側下部にはなればなれに1列に並んだ肢は，この目的にはたいへん有効な構造であり，それは，単純な体の単位をくりかえして鎖をなすことによって獲得することができた。その変化はエディアカラ時代よりずっと以前に起こったにちがいない。その時代の岩が堆積したころには，基本的な無脊椎動物の部門がすでにできあがってしまっていたからである。最初に発見されたオーストラリアだけでなく，イギリス，ニューファンドランド，ナミビア，そしてシベリアのエディアカラ化石が，この推論を裏づけている。それ以後の彼らの歴史は1億年にもわたってとだえている。この長大な期間を経て，今から6億年前に達したころやっと，モロッコの堆積層その他世界各地にみいだされる堆積層をつくった期間がおとずれるのだ。すでに述べたように，この時期までに多くの生物が殻を発達させており，そこからその存在と形態を推論することはできるが，それ以上のことはあまりわからない。

ところが，エディアカラ化石群よりほんの少し後に堆積して，動物の体について単なる殻から得られる以上の情報を提供してくれるめずらしい化石発掘現場が1つある。ブリティッシュ・コロンビアのカナディアン・ロッキー山中にあるバージェス山道は，雪をいただいた2つのピークの間の尾根を越えている。その峠付近にはたいへんみごとな頁岩（泥板岩）が露出しており，世界で最も保存のよい化石のいくつかがこの岩の中からみつかっている。この頁岩はおよそ5億5000万年前，カンブリア紀の始まるころに水深約150メートルの海盆の底に堆積したものである。そこは海底の山の陰になっていたにちがいない。というのは，海底の沈澱物をかきまわしたり，水面付近の酸素の豊富な水をもちこんだりする海流がなかったらしいからである。この暗いよどんだ水の中には，動物はほとんどすんでいなかった。這い跡や穴の名残りはまったくみられない。しかし，ときおり海底の山の尾根から泥がすべり落ちてきてもうもうたる雲をなし，それといっしょにさまざまな種類の小動物をそこにほうりこんだものと思われる。腐敗作用を促進する酸素もなければ，死体を食べてしまう屍肉食の動物もいなかったので，これらの小さな死体の多くはそのままそっくり残り，しだいに沈澱していく泥にゆっくりと埋められていき，体の最もやわらかい部位さえも保存した。やがて堆積物全体がかたまり頁岩になった。ロッキー山脈形成期の地殻運動によって，この海洋堆積層の広大な地域が隆起し，褶曲した。その多くの部分がゆがみ，おしつぶされて，中の生物の痕跡は大部分失われてしまった。けれど，奇跡的にも，この小さな場所はいたずに残ったのである。

この地層には，ほかのどの場所の同時代の岩にみられるよりも，はるかにさまざまな生きものの化石がふくまれている。ここには，エディアカラの化石相から考えて当然期待されるクラゲ類の化石がある。棘皮動物も腕足類も原始的な軟体動物も，そしてエディアカラの海岸から今日のグレート・バリアー・リーフへとつづく系列の別の代表者である，数種の環形動物の化石もある。

海 の 先 駆 者

　もっと謎めいた生きものもいる。中でもとくに数が多かったのは，下面に肢が並んでいるように見えるもののついた，奇妙な体節動物だ。エビのように見えるが，不思議なことに，頭をもつ種はいない。「奇妙なエビ」を意味するアノマロカリスと命名された。中心から放射状に線が走る，小さな円盤形の化石もあった。輪切りにした小さなパイナップルのようにも見えて，当初はクラゲの一種と考えられた。おそらく何より奇妙だったのは，7対の棘状の肢があり，背面にそれぞれ先端が口になっている7本のしなやかな触手がついているように見える，細長い体節動物だ。悪夢に出てきそうなほど奇妙に見えたので，それを調べた研究者は「幻覚を生むもの」という意味のハルキゲニアと名づけた。

　しかしその後の研究で，こうした奇妙な動物たちは，まったく予想外の動物群の創設メンバーではなかったことがわかっている。保存状態がずばぬけたアノマロカリスの標本から，この「奇妙なエビ」は完全な動物ではなく，もっとはるかに大きい生物の前部付属肢と呼ばれる触手にすぎず，獲物をつかむのに使われていたことがわかった。そしてパイナップルのスライスは，最終的に，中心部に小さな歯がついていることがわかった。触手のもちぬしと同じ動物の口だったのだ。触手にも口にもかなり強い外骨格があったので，この動物のもっと腐りやすい体とはいつも別々になっていたようだ。ハルキゲニアに関しては，他の標本をさらに調べたところ，上下逆さまに復元されていることがわかった。棘状の肢は実は防御用の背棘であり，触手と考えられていたものが現実には肢だったのだ。現存するものではカギムシとよばれる小さな珍しい生物を含む，葉足動物という名の奇妙なグループがあるが，ハルキゲニアはそのはじめて世に知られたメンバーではないかと考えられている。

　バージェス頁岩にみられる動物のこの多様性は，化石動物相の全貌についてのわれわれの知識がいかに不完全なものであるかを思い知らせてくれる。古代の海には，われわれがこれまでに知っているよりもはるかにさまざまな動物がいた。この場所はたまたま条件にめぐまれていたので，めずらしく多数のものが保存されているのだが，これでさえ，かつて生きていた動物についてほんのわずかのヒントを与えてくれているにすぎないのだ。

　バージェス頁岩層の中には，モロッコの石灰岩のものに似たサンヨウチュウが非常によい状態で保存されている。この動物の体の甲は，一部は炭酸カルシウム質で，一部は昆虫の外骨格を形成するキチン質とよばれる角質の物質でできていた。しかし，キチン質は皮膚とちがって伸縮がきかないので，そのようなキチン質の外骨格をもつ動物はみな，成長しようとするなら，定期的にそれを脱ぎすてねばならない。実際，今日の昆虫はそうしている。みつかっているサンヨウチュウの化石は，実のところこの脱ぎすてられた甲である。今日，貝殻が海岸にうちよせられるときになるように，海流によって選りわけられた甲が，広大な漂流物の中に集まっている場合がある。しかし，バージェス頁岩海盆では，そこで起こった水中の地すべりによって，脱ぎすてられた甲だけでなく，生きているサンヨウチュウが海底にはらい落とされ，砂に埋めこまれた。泥の粒子がこの動物の体内にしみこみ，その解剖学的構造がごく細部にいたるまで保存された。そのためそこに，各体節に1本ずつついている関節のある肢，それぞれの肢と結合している羽毛状の鰓，頭の前部にある2

カギムシの一種（*Peripatus novaezealandiae*）。「生きた化石」として知られ，5億7000万年前から変わっていない。

本の触鬚，体の全長にわたってのびている消化管をみることができる。そして，この動物が体をボールのようにまるめることを可能にした背の筋繊維までが，とくに状態のいい標本では，いまだにはっきりみられるのである。

　サンヨウチュウは，現在わかっているかぎり地球上ではじめて，解像力の高い眼を発達させた動物である。その眼は別々の構成単位が集まってできたモザイク眼で，その単位の1つ1つに，結晶方解石のレンズが光を最も能率よく伝えるような方向を向いてついていた。現在の昆虫の眼によく似ている。1個の眼は1万5000もの単位からなることがあり，それが生みだす像は，全体としてほぼ半球状の視野をなしていたであろう。後にこの仲間は，いくつかの種がさらに複雑な種類の眼を発達させたが，それはほかのどんな動物のものにも，似ていない眼だった。これらの眼では構成単位の数は減っているが，それぞれの単位が大形になっている。レンズはずっと厚く，これらの種が光の少ない場所にすんでいて，ありったけの光を集めるために厚いレンズを必要としたのだと考えられる。しかし，水に接している単純な方解石のレンズの光学特性では，光を散漫に伝えるだけで，はっきり焦点のあった点に集めることはできない。これを可能にするためには，2枚にわかれたレンズが必要で，しかもその2枚の接合面が波形になっていなければならない。そして，これこそまさにこれらサンヨウチュウが進化させたものなのだ。二重レンズの下方のものはキチン質でできており，2枚のレンズ間の面は，人間の科学者が300年前，新たに発明された望遠鏡のレンズの球面収差を修正しようとしてようやく発見した数学的原理にかなっているのである。

　サンヨウチュウ類は，世界の海に分布をひろげるにつれて多数の種にわかれた。多くは海底にすんで，泥の中をがむしゃらに歩きまわっていたらしい。だが中にはほとんど光のとどかない深海にすみついて，眼を完全に失ってしまったものもいる。あるものは，その肢の形から判断すると，肢を上にして水をかきながら，その大きな眼を下に向けて海底を探りまわっていたのかもしれない。

　やがて，さまざまな種類の生きものが海底にすむようになるにつれて，サンヨウチュウ類はその勢力を失っていった。そして，今から2億5000万年前，彼らの王国は終わりを告げ，ある近縁な仲間だけが生き残った。それがカブトガニである。これは誤解を招きやすい名前だ。というのも，カブトガニはカニではない。この動物はさしわたし30センチほどで，知られている最大のサンヨウチュウの数倍も大きく，その甲にはもはや体節構造の名残りはいっさいみられない。前体部は巨大なドーム状の甲で，その前部に2個の豆形の複眼がついている。この甲の後端にはほぼ長方形の板が関節していて，その先に鋭い剣のような尾がついている。しかしその甲の下をみると，この動物の体節構造は明白だ。先が鋏になった数対の関節肢があり，そのうしろには本のページを重ねたような大きな板状の鰓がならんでいるのである。

　カブトガニはかなり深いところにすんでいるので，そう簡単にはみられない。東南アジアの水域に棲息する種もいれば，アメリカ北大西洋岸でみられる種もいる。毎年春になると，彼らは沿岸に回遊してくる。その時期には，満月の日の大潮の前後3晩に，数十万匹

モロッコのティムラスヌルハルト累層でみつかったサンヨウチュウの一種（*Erbenochile erbeni*）。

海の先駆者

のカブトガニが海から姿を現わすのである。雌はその巨大な殻を月の光に輝かせながら、小さな雄をあとにひきつれて海岸に向かって移動する。ときには4,5匹の雄が雌に到達しようとしてしがみつきあい、鎖のようにつながっていることもある。雌は水際まであがってくると、体をなかば砂の中に埋める。そこで雌は産卵し、雄は精子を放出する。暗い海岸沿いに何キロにもわたってカブトガニがおしよせひしめきあうさまは、まるで延々とつづく石の堤防が築かれたようにみえる。ときおり波が彼らをひっくりかえすと、カブトガニは砂の上にあおむけになり、肢を波打つようにばたつかせてもがきながら、そのかたい尾を回転させて起きあがろうとする。しかし、たいてい起きあがることができず、引き潮にとり残されて死ぬ。だが、さらに何千というカブトガニがあとからあとから続々と浅瀬にひしめきあってやってくるのである。

　このような場面は、数億年間にわたって毎春演じられてきたにちがいない。この場面がはじまった当時、陸上にはまだ生物がいなかったわけで、このような砂浜に産み落とされた卵は海生の略奪者の手を逃れて安全だった。カブトガニがこのような習性を発達させたのは、おそらくそうした理由からだったであろう。だが今日、浜辺はとうてい安全だとはいえない。カモメや小形渉禽類の群れが、このぜいたくなごちそうにありつこうと集まってくるからだ。ともあれ、受精卵の多くは砂の中深く埋まったまま残り、そこで1カ月をすごす。そして、再び大潮の日がめぐってきて、卵が埋められた場所まで水が打ちよせ、砂をかきまわす。すると幼生たちは自由の身になり、海へ泳ぎだすのである。

　サンヨウチュウはたいへん栄えた。しかし、環形動物から進化してかたい甲をもつようになった動物は、サンヨウチュウ類だけだったわけではない。あらゆる海の怪物の中でも最も危険だったにちがいないグループもそうだ。それはウミサソリ、学問的な正式名称は広翼類である。体長2メートルまで成長するものもいて、存在したとわかっている最大級の節足動物といえる。しかし、そんな外見で巨大な鉤爪があったにもかかわらず、多くはフィルター・フィーダーだった。おそらく、その恐ろしげな鉤爪は獲物を制圧するためよりも、ウミサソリどうしの闘いで用いられたのだろう。サンヨウチュウと同様、彼らもペルム紀の終わりに姿を消した。

　しかし、サンヨウチュウと近縁で、実際に生き残って今日も非常に栄えているグループがある。彼らは一見つまらぬ、だがきわめて特徴的な点でサンヨウチュウ類と異なっていた。頭に1対ではなく2対の触角があるのだ。サンヨウチュウとともに比較的控えめに数億年を生きぬき、サンヨウチュウ王国がついに滅びたときあとをひきついだ、甲殻類である。今日甲殻類は約3万5000種もおり、鳥の種数の7倍にものぼる。大部分は岩やサンゴ礁の間を這いまわる動物、たとえばカニ、エビジャコ、エビ、ウミザリガニなどであるが、中には固着生活をするもの、たとえばフジツボやカメノテといったものもいるし、クジラの食物になるオキアミのように大群をなして泳ぐものもいる。

　外骨格はきわめて使い道が広く、小はミジンコから、大は鋏と鋏の間が3メートルにもなる日本特産のタカアシガニにいたるまで、さまざまな動物に採用されている。甲殻類のおのおのの種は、対になった肢をそれぞれの目的に応じて変形させている。前方の肢は鋏

満潮の夕暮れに産卵するアメリカカブトガニ（*Limulus polyphemus*）の群れ。ニュージャージー州、ケープ・メイ。

になり，まんなかの肢は泳いだり歩いたり食物をつまんだりする道具になっている。また，いくつかの肢が羽毛状に枝わかれして，水中の酸素を吸収する鰓に変わっていることもあれば，肢の付属部分を発達させて卵を抱けるようになっていることもある。

　関節のある管状の付属肢は，中の筋肉によって動く。筋肉はある節のはじから肢の長軸方向にのび，となりの節から関節を越えてつきでている叉状の突起に付着している。これら2つの付着点の間に張った筋肉が収縮すると，肢は関節のところで屈曲する。1個の関節は1平面上でしか動かないが，甲殻類は1本の肢に2, 3個の関節を，ときにはごく近くにもっており，それらを組み合わせることによって，この点を解決している。おのおのの関節が別々の平面で動くので，肢の先は完全に円を描くこともできるのである。

　しかし外骨格は，サンヨウチュウ類の場合と同じ問題を甲殻類にももたらした。外骨格は伸縮がきかない上に体をすっかりつつみこんでしまっているため，彼らが成長するには定期的にそれを脱ぐしかないのである。脱皮の時期が近づくと，動物はその殻から炭酸カルシウムを血液中に吸収する。そして，その殻の下にやわらかい，しわのよった新しい皮膚を分泌する。いらなくなった殻は背面で裂け，動物はそこからぬけだし，古い自分の透明な幽霊のようなぬけがらをあとに残す。新しい皮膚はやわらかいので，脱皮したての動物は身をかくしていなければならない。けれど脱皮後，体は急速に大きくなり，水を吸ってふくらみ，新しい甲のしわをのばす。甲はしだいにかたくなるため，その動物は再び危険にみちた世界へ乗り出してゆくことができるのである。

　ヤドカリは，体の後半部に殻をもたないことで，このややこしい過程を一部省略している。彼らは捨てられた巻貝の殻で身を守り，必要とあらばいつでも，ただちに新しい殻に入り込めるのである。

　外骨格のもっているある付随的な性質によって，重要な結果が生ずることになった。すなわち，外骨格は物理的には陸上でも水中とほとんど同じように機能するので，呼吸方法の問題さえ解決すれば，海を出て砂浜にあがってゆくことができる。実際，多くの甲殻類がそうしている。たとえば，スナジャコとハマトビムシは海のごく近くにとどまっているが，ダンゴムシとワラジムシは陸地のしめった地面にすみついている。

　これらの陸生甲殻類の中で最も壮観なのはヤシガニである。インド洋や太平洋西部の島々にみられる。その甲の主部の背には，腹部第一体節との接合点に鰓室への開口がある。この鰓室はひだのあるしめった皮膚で裏うちされており，ヤシガニはこの皮膚を通して酸素を吸収している。この怪物は肢をひろげるとヤシの幹をかかえることができるほど大きい。彼らは苦もなくヤシの木によじのぼり，梢につくとその巨大な鋏で未熟なココナツを切り落として食べるのである。彼らは産卵のときだけ海へもどるが，それ以外は完全に陸にすんでいる。

　他の海生無脊椎動物の子孫にも，やはり水を離れたものがたくさんいる。軟体動物では，カタツムリとナメクジがその代表であるが，これらはこのグループの歴史のかなり遅くになって現われたものである。陸にあがった最初の動物は，環形動物の子孫のヤスデ類だった。その糞の化石が，シュロップシャーの岩で発見されている。ヤスデ類に続いたパイオ

ココヤシの木に登るヤシガニ（*Birgus latro*）。セーシェル共和国，アルダブラ環礁。

ニアは，最近のDNA研究で甲殻類だったことがわかっている。その一部が新しい環境での生活にみごとに成功し，やがて，あらゆる陸生動物中最も多様で最も数の多いグループ，昆虫類を生みだしたのである。

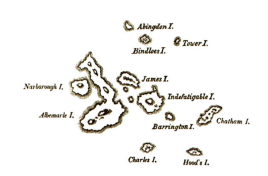

3

最初の森林

　火山の爆発後，周囲にできた平原ほど不毛な土地はほかにあるまい。黒い熔岩流が熔鉱炉から流れでたスラグのように山腹を這い，勢いこそないがまだギシギシと不気味な音をたてている。流れがおさまってきても，なおときおり小石がころがる。熔岩塊の間からは蒸気がふきだし，その噴気孔のまわりには黄色い硫黄がかたまっている。灰色や黄色や青に色どられた泥沼は，ひきかけた地熱ではるか下から煮たてられ，クリームのようにふつふつと泡だっている。それ以外はしんと静まりかえっている。吹きすさぶ風をさえぎる茂みも育たず，何もいない灰の原の黒い地面に色どりをそえる一点の緑すらない。

　このような荒涼とした光景が，地球の歴史の大半にわたって地上の大方をしめてきた。冷えつつあった地球上にはじめて現われた火山は，今日みられるどんな火山より大規模な爆発を起こし，全山，熔岩と灰からなる山脈をつくりあげた。厖大な年月にわたって風雨がその山脈をたたきくずし，岩は風化して粘土や土に変わっていった。流れが岩屑をはこび，しだいにこまかく砕いて大陸周縁の海底にばらまいた。堆積物はたまるにつれてかたまって，頁岩(けつがん)や砂岩になった。

　大陸自体も静止してはいなかった。地殻の奥深くで起こる対流にのって地球の表面をゆ

次見開き
熔岩原に生育するガラパゴスヨウガンサボテン (*Brachycereus nesioticus*)。ガラパゴス諸島，フェルナンディナ島の海岸。

っくりと漂っていた。大陸どうしがぶつかると，その周縁の堆積物はおしつぶされ，褶曲して新たな山脈を形成した。火山が爆発しては消滅し，約30億年間この地質学的循環がくりかえされても，陸地はまだ不毛のままであった。しかし海中では，生物が急速に芽生えつつあった。

　何種類かの海藻が波打際で何とか生きのびられるようになり，浜辺や小石を緑で飾ったことはまちがいないが，それらは乾燥すると枯れるので，けっして飛沫帯の上まで分布をのばすことはできなかった。5億年前から4億5000万年前の間に，何種類かの海藻がろう質のおおい，つまりクチクラを発達させ，それによって乾燥を防ぐことに成功した。だが，このクチクラでさえそれらを水から完全に解放することはできなかった。これらの植物は生殖過程を水にたよっていたため，水から離れることができなかったのである。

　藻類は2通りの方法で繁殖する。1つは分裂によってふえる無性生殖であり，もう1つは進化の過程において重要な有性生殖である。性細胞は，2つが出会って合体し，1つにならないかぎり，その先に進むことができない。性細胞が旅をして相手に出会うために，藻類は水を必要とするのである。

　この問題は，現在の最も原始的な陸生植物——扁平で表面が湿潤なゼニゴケ類と緑の鱗でおおわれた糸状のスギゴケ類——につきまとっている。これらの植物は，有性生殖と無性生殖の2つの生殖法を世代ごとにかわるがわる用いている。そこいらでふつうにみかけるコケは，性細胞をつくる世代である。大きな卵細胞は茎の先端に1個ずつついており，それより小さな精子は水中に放たれ，泳ぎすすんで卵を受精させる。やがて，卵は親植物にくっついたまま発芽し，次の無性世代——先端に中空のカプセルをつけた細い茎——をつくる。このカプセルの中には，穀粒状の胞子が多数つくられる。そして，大気が乾燥してくると，カプセルの壁がふくらみ，突然ぱちっとはじけて空中に胞子がとびちり，風でばらまかれる。それらは，適度にしめった場所に落ちると，新しい植物体に育つのである。

　コケの本体はたいへんやわらかい。ある種類はクッション状に密生し，たがいに支えあってある程度の高さになっているが，その茎をつくっているやわらかくて水をよく透す細胞に水がいっぱいにつまっているときでも，1本1本の茎は独立してまっすぐにたっていられるだけの強さがない。しめった陸地の周縁部にすみついていた初期の植物の中には，たぶんこれらに似たものがあっただろうと思われるが，今のところ，その時代の化石には真のコケ類はみつかっていない。

　これまでに発見されたなかで最古の陸生植物は，約4億年以上前のものと推定される，枝わかれしていて葉のない単なる糸状のもので，ウェールズ中部の岩の中とスコットランドのいくつかのチャートの中に炭素の糸となって残っている。コケ類と同様，これらには根がないが，その茎をていねいに標本にして顕微鏡で調べてみると，コケ類にはない構造のあることがわかる。つまり，その茎には，水を吸いあげるための，細胞壁の厚い細長い細胞の列が備わっているのだ。この構造のおかげでその植物はある程度のかたさをもち，数センチの高さに立っていることができた。これは一見あまりたいしたこととも思えないが，生物が陸上に進出する過程において，実は重大な進歩を示すものなのである。

胞子嚢をのばしたタマゴケ（*Bartramia pomiformis*）。スコットランド，インヴァネスシャイア。

ゼニゴケ（*Marchantia polymorpha*）を貫通してのび出るホソバミズゼニゴケ（*Pellia endiviifolia*）（中央）。ゼニゴケは杯状体の中に無性芽（無性生殖に用いる）をもっている。イギリス，ダービーシャー，ピーク・ディストリクト国立公園，ラスキル川。

　こうした植物は原始的なコケ類といっしょになって，からみあった緑のじゅうたん，すなわち微小な森林を形成していた。この緑地は河口や川岸から内陸にひろがり，その中に動物の最初の入植者が海から這いあがっていったのである。それは今日のヤスデ類の祖先にあたる体節動物で，陸上を歩くのにつごうのよいキチン質のよろいを前もって身につけていた。最初のうち，彼らはたぶん水際を離れなかったにちがいない。しかし，コケが生えているところには，水分と，食物になる植物のくずや胞子があった。やがて，これらの開拓者たちは陸地を独占して繁栄した。ヤスデの英名ミリピード（millipede）は"千本肢"という意味だが，これは少々大げさである。今日生きている種には肢が200本を大きく上回るものはないし，中にはたった8本しかないものもある。とはいえ，とてつもない長さに成長するものもあった。中には体長が2メートルにおよぶものもあったが，これが緑の湿地を食いすすむときは，植物に潰滅的な被害を与えたにちがいない。なにしろ，その体長はウシに劣らぬほどだったからである。

　ヤスデ類は，水生の祖先から受けついだ外骨格を陸上生活のために特に変形する必要はなかったが，呼吸については新たな方法を開拓しなければならなかった。というのも，彼らの水生の仲間である甲殻類にみられる，肢のそばの柄についた羽毛状の鰓は，空気中では役立たなかっただろうからだ。ヤスデ類はそのかわりに呼吸管のシステム，つまり気管

を発達させた。それぞれの気管は体側の気門にはじまり，体内でこまかい網の目状に枝わかれしてすべての組織と器官にゆきわたり，さらにその先端が気管小枝とよばれる器官の個々の特殊化した細胞に達して，この気管小枝が周囲の組織に気体状の酸素を送り込むとともに老廃物を吸収する。

ところがヤスデ類にとって，水の外での生殖は大問題だった。海生の祖先は，藻類と同様に，水にたよって精子を卵に到達させていた。これに対して，陸地での解決策はただ1つ，動きまわることのできる雌雄が出会って直接一方から他方へ精子を送り込むことだった。これは，まさにヤスデ類が行なっていることにほかならない。すなわち，雌雄とも，第2対目の肢のつけね付近にある生殖腺に生殖細胞をもっている。繁殖期に雌雄が出会うと，2匹はからみあう。雄は第7肢をのばして自分の生殖腺から精子の包みをとり，雌の体にそって体をずらしていって，精包が雌の生殖嚢の位置まできて雌がそれをとりこめるようにしてやる。このやりかたはかなり骨がおれそうにみえるが，少なくとも相手に食われる心配はない。ヤスデ類は完全な植物食者だからである。ところが，この草食動物たるヤスデ類を食べようとコケのジャングルにやってきた獰猛な無脊椎動物の場合，雌雄の間のこうした信頼関係を築くことはできなかった。

これらの捕食性動物のうち次の3つのグループが，今日まだ生き残っている。ムカデ類，サソリ類，クモ類がそれである。彼らは，その獲物であるヤスデ類と同様にいずれも体節動物の仲間だが，体にみられる体節構造の程度はさまざまである。ムカデ類はヤスデ類と同じくらいはっきりとした多数の体節を備えているが，サソリ類ではその長い尾にしか体節がない。大部分のクモ類は体節の名残りをすっかり失っており，過去の痕跡をはっきりとどめているのは東南アジア産の数種だけである。

現生のサソリは，おそろしげな鋏（はさみ）をもっているだけでなく，曲がった鋭い針のついた長く細い尾の先には大きな毒腺を備えている。彼らは，ヤスデのように，その場まかせの手探り状態で交尾を行なうわけにはゆかない。たとえ相手が同種の個体であって，純粋に性的な動きをしていたとしても，こうした攻撃的で強い生きものに近づくのは危険なことである。交尾の相手ではなくて食物だと思われてしまうおそれが十分にあるからだ。このためサソリの交尾には，今まで述べてきた動物の中ではじめて，求愛という，防衛となだめの儀式が必要となった。

雄のサソリはおそるおそる雌に近づき，いきなり自分の鋏で雌の鋏をつかむ。雌の武器をつかえないようにしてつながったまま，2匹はダンスをはじめる。尾をあげたまま，前へうしろへとステップを踏み，ときにはもつれあいながら踊るのだ。しばらくすると，そのすり足のステップで踊り場のゴミは大部分とりのぞかれてしまう。すると雄は胸の下の生殖口から精子の包みを押しだし，地面に落とす。まだ雌の鋏をつかんだまま，雄は雌をぐいぐいとひっぱって，やはり雌の体の下面にある生殖口が精包の真上にくるようにする。雌がそれをひろいあげると，2匹は離れ，それから別々の方向へ立ち去る。やがて母親の育房の中で卵がかえり，幼生はそこから這い出して母親の背によじのぼる。幼生はそこで約2週間すごしたのち，最初の脱皮を終え，自活できるようになるのである。

最初の森林

　クモ類も求愛の際には大いに用心しなければならない。雄はたいてい雌より体が小さいので，雄にとってことはいっそう危険である。そこで彼は，雌に出会うかなり前からそのための準備をはじめる。まず絹糸で長さ数ミリの小さな三角形をつむぎ，その上に体の下面に開く生殖腺から1滴の精子を落とす。それから，万年筆にインクを吸いこむ要領で，体の前側にある脚鬚（きゃくしゅ）とよばれる特別な肢の第一関節の包所に精子を吸い上げる。これで準備完了である。

　クモの求愛は驚くほど多種多様で奇抜である。ハエトリグモやオオアシコモリグモは主に眼でみて狩りをするので，眼がたいへんいい。このため，求愛する雄は，自分の存在と目的を雌に知らせるために視覚にうったえる信号をつかう。脚鬚にはあざやかな色や模様があり，雄は雌をみつけしだい，それらをつかって彼女に一種の手旗信号を送りはじめる。一方，夜行性のクモ類はたいへんデリケートな触覚をもっており，これにたよって獲物をみつける。このクモは相手に出会うと，たがいにその長い肢をのばしておそるおそるなであい，さんざんためらったあげく，ようやく近くへよるのである。造網性のクモたちは，犠牲者が網にかかったことを知らせる糸の振動に敏感である。そこで，このような種の雄は，網にぶらさがっているか網のそばにかくれている大きくておそろしげな雌に近づくときには，雌が認めてくれると思われる意味のあるやりかたで片側から糸をブーンとうならせて，雌に信号を送るのだ。また別のクモは賄賂作戦をとる。雄はまず虫を捕えて，それを絹糸で念入りにつつむ。それから，その包みを前にかかげてそろそろと雌に近づき，それをプレゼントする。雌がその贈り物を調べているすきに，雄は急いで雌の上にのり，絹の接着剤で彼女を地面にくっつける。それからようやく抱きしめるのである。

　だが，これらの多様な策略は，最終的には同じ結末をむかえる。すなわち，あらゆる危険をのりこえて生きのびた雄は，その脚鬚を雌の生殖口のそばに置いて精子を放出し，それからそそくさと退却するのだ。だが，雄が用心に用心を重ねて交尾したすえ，結局逃げそこねて雌に食われてしまうこともしばしばある。けれど，種全体の繁栄にとって，この個体の災難はさして重要ではない。なぜなら，彼は目的をはたす前にではなく，はたした後に命を落としたからである。

　初期の体節動物が水から離れて陸上生活への適応を完了しつつあったころ，植物のほうも変化をみせはじめていた。コケ類やその他の初期の植物にはほんものの根はなかった。その直立した短い茎は，地面や地表のすぐ下を水平にはっている茎が，ほぼそのまま上向きに立ったものにすぎなかった。この構造はしめった環境では十分に役立ったが，たいていの場所では常時水があるのは地中にかぎられている。その水を汲みあげるためには，土粒の間を探って，ひどく乾燥した環境でなければかならず土粒についている水の膜を吸収できるような根が必要である。このような構造をもつ3種類の植物が現われ，その子孫はいずれも大きな変化をとげずに今日まで生き残っている。コケ類に似ているがかたい茎のあるヒカゲノカズラ類，荒地や溝に生え，茎には一定間隔で環状に針のような葉のついているトクサ類，それにシダ類である。

　シダ類は出現してまもなく，紫外線によるダメージから身を守る特別な蛋白質をつくる

ガケジグモの一種（*Amaurobius* sp.）を刺すラングドックサソリ（*Buthus occitanus*）。

触肢を波打たせ求愛行動をするオオアシコモリグモの一種（*Pardosa* sp.）の雄（右）。イギリス，ダービーシャー。

ようになった。これは紫外線の波長の届かない水中で暮らしていた祖先には無縁の問題だった。この蛋白質が徐々に変化して，リグニンとよばれる物質となった。このリグニンは木の主成分であり，高く育つのに必要なかたさを木に与える。そこで，植物の間で新たな競争が起きることとなった。

　すべての緑色植物は，エネルギー源を光にたよって単純な元素をつかって体物質を合成する化学作用をすすめている。そのため，丈が高くならなければまわりの植物の陰になり，光に飢え，ついには枯死するかもしれない。そこでこれらの初期の植物は，新たに獲得した茎の強さを利用して実際に丈を大きく伸ばした。つまり樹木になったのだ。ヒカゲノカズラ類とトクサ類は，その大部分がまだ湿地生であったが30メートルもの高さに密生するようになり，中には直径2メートルの木質の幹をもつものさえあった。これらの植物の茎や葉の遺骸がかたまったものが今日の石炭である。石炭層の厚さは，初期の森林がいか

に豊かで長続きしたかを示す強力な証拠である。これら両グループに属するものの中には、さらに内陸に進出したものがあり、そこでシダ類と混生していた。これらはすでに、できるだけたくさん光を集められるように大きくひろがったほんものの葉を発達させていた。そして、今日なお熱帯雨林に生い茂っている木性シダのように、幹の曲がった丈の高い樹木になった。

　これらの最初の高い森林は、そこにすむ動物たちに少なからぬ問題を引き起こした。以前は地面付近に葉や胞子のような食物源が十分にあったが、今や、高くそびえた幹は、光を大きくさえぎる密な樹冠をつくり出し、この食物源を空高くもちあげてしまったのだ。これらの森の林床には、せいぜいまばらに植物が生えているだけで、たいていのところには生きた葉がまったくみあたらなかったものと思われる。多数の肢をもつ植物食者のうちには、木の幹をよじ登って餌をみつけるものもあった。

最初の森林

これらの生きものが地面を離れた要因はもう1つあった。このころ、陸地の無脊椎動物にまったく新しい種類の動物が加わったのだ。彼らは背骨と四肢としめった皮膚を備えていた。それは最初の両生類で、彼らもまた肉食動物だった。彼らの起原と運命について述べるのは、無脊椎動物の進化をそのクライマックスまでたどった後にゆずるが、ともあれ、この最初のジャングルの場面を誤りなく描こうとすれば、この段階で両生類が存在していたことをつけ加えておかねばならない。

新しいスタイルの無脊椎動物の系統のうち、ほとんどが今日なお生きつづけている。中でもシミ類やトビムシ類は数が多い。これらの動物はあまりよく知られていないし、目にする機会も少ないが、実は非常にたくさんいるものなのだ。世界中どこであれ、土や落葉をひとくわ掘って、これらの動物が何匹かふくまれていないところはまずないだろう。それどころか、地球上の節足動物のうちで最大の勢力を占めているのはおそらくトビムシ類だ。そのほとんどは体長2〜3ミリにしかならない。たった1種だけよくみかけるのは、地下室の床をするすると走っていたり、ときおり本のとじめの乾いた膠を食っていたりするシミである。体には明らかに体節があるが、ヤスデにくらべるとその数はごく少ない。体は、複眼と触角のあるはっきりとした頭部、3つの体節がつながってできたため肢が3対ある胸部、そして、体節はあるがもはや各体節に肢がなく、かつての肢の名残りである小さな突起が残っているだけの腹部という3つの部分から構成されている。また、体の後端には3本の細い尾毛が生えている。シミはヤスデと同じく気管で呼吸し、初期の陸生無脊椎動物であるサソリを思わせる方法で生殖を行なう。雄のシミは地面に精子の包みを落とし、それからあの手この手をつかって雌がその上を歩くように誘いかける。雌は刺激を受け、自分の生殖嚢にそれをひろいあげるのである。

シミ類とトビムシ類には、数千の異なる種がある。彼らは解剖学的にはかなりまちまちで、1つの大きなグループの中で形態が単純な種によくみられることだが、ある特定の特徴がほんとうに原始的な特徴の名残りなのか、それとも特定の生活様式に適応した結果二次的に退化したものなのかをきめかねることがある。たとえば、シミには複眼があるが、同じグループの他の種には眼のないものもいる。翅はどの種にもない。また、あるものは気管まで欠いており、特別薄く透過性のあるキチン質の外骨格を通して呼吸を行なっている。これは、彼らがもともと気管をもっていなかったためなのだろうか、それとも以前にはもっていたのを失ったためなのだろうか？

これらの動物の形態をめぐっては、論争をよぶような疑問が出されており、その多くについては今なお一致した見解が得られていない。とはいえ、彼らはすべて6本の足と3つの部分にわかれた体をもっている。これらの特徴からも明らかなように、彼らは陸生無脊椎動物のあの巨大で多様な仲間である昆虫類とつながっている。彼らは先行するグループが生活をしっかり確立させたあと、何百万年も遅れて出現した。現在では遺伝学的特徴により、トビムシ類はシミ類を含む昆虫類とともに、今では洞窟内の水たまりや水の流れだけに棲息するムカデエビ綱（英語のremipediaは「櫂状の足」を意味する）という水生甲殻類のグループと密接に関連していることがわかっている。

フサスギナ（*Equisetum sylvaticum*）。アメリカ、オレゴン州、コロンビア川渓谷国定景勝区。

地球の生きものたち

岩の上にいるセイヨウイシノミの一種（*Petrobius maritimus*）の成体。

　原始的な昆虫はしばしば初期の木性シダや初期のトクサの幹をよじ登って食物をさがさねばならなかった。たしかに，登るのは割に楽だったろう。だが，下りは上を向いた葉のつけねを迂回しなければならないのでずっと骨がおれ，時間もかかったにちがいない。こうした障害が出てきたことがそれにつづく発展と何か関連があったかどうかは，たしかめることができない。ともあれ，これらの原始的な昆虫の一部のものが，ずっと速くしかも骨をおらずにおりる方法をあみだしたことはたしかである。彼らは飛べるようになったのである。

　彼らがいかにして飛翔をなしとげたかについては直接の証拠はないが，現生のシミがある手がかりを与えてくれる。シミの胸部の背側には，キチン質の殻が横にはりだしたフラップ状の突起が2枚ある。それはあたかも翅の原基のようにみえる。初期の翅ははじめは飛翔には役立たなかったのではなかろうか。あらゆる動物と同様に昆虫は体温によって大きな影響を受ける。体があたたかいほど，エネルギーを生みだす化学反応が速くすすみ，

最初の森林

いっそう活発に動くことができるのだ。背から横にはりだした薄い突起に血液が循環していれば，陽にあたったときたいへん効果的にすばやく体をあたためることができるにちがいない。さらに，この突起のつけねに筋肉があれば，それを太陽光線に直角に向くように傾けることができる。今日の昆虫においても，翅は幼虫時代に背中の突起物として生じ，しかも最初はその血管内に血液が流れているので，個体発生が系統発生をくりかえすと考えるならば，この説はかなりほんとうらしく思われる。

ともあれ，翅のある昆虫が現われたのは約3億年前のことだった。これまでに発見された最古の有翅昆虫はトンボの仲間である。当時のトンボには数種があった。大部分は現在のものと同じくらいの大きさだった。しかし新しい環境をきりひらいていたヤスデ類やその他のグループの場合と同様に，彼らには競争相手がなかったため，初期の種類にはとてつもなく大きなものが現われた。そしてついには，翼長70センチにもおよぶ史上最大の昆虫を生みだしたのである。後に，空中がもっと混みあってくると，このようなけたはずれの種類は姿を消した。

現生のトンボ類には2対の翅があり，単純な関節で胸部とつながっている。この翅は上下に動かせるだけで，うしろにたたむことはできない。にもかかわらず，彼らはたいへん熟達した飛行家で，その薄くすきとおった翅をひらめかせて，時速30キロというスピードで水面をかすめ飛ぶ。これほどの速さで飛んで衝突しないためには，きわめて正確な感覚器官が必要である。体の前部にある毛の房は，空中をまっすぐに飛んでいるかどうかを調べるのに役立っているが，いちばん重要な誘導装置は，頭の両側にある巨大なモザイク眼である。そのおかげで，彼らはきわめて正確で解像力のよい視覚をもっているのである。

ほとんどのトンボ類は，このように視覚にたよっているため夜には飛翔しない。ただしトンボ類の中には，インドからアフリカまで飛んで道中でモルディブ諸島におりたつというふうに，海を越えて遠距離を移動するものもいる。トンボ類はみな6本の肢を体の前で鉤形に曲げ，小昆虫を捕えるための小さなかごをつくって飛ぶ，日中のハンターである。この事実から，彼らより前に植物食の昆虫が空中に進出していたことがうかがえる。解剖学的にみて原始的特徴を備えていることから判断すると，最初に空中に進出した昆虫たちはおそらくゴキブリ，キリギリス，バッタ，コオロギなどの仲間であったと思われる。

古代の森林の空中をぶんぶんとうなりをあげて飛びまわる，こうしたたくさんの昆虫の存在は，植物の間に起こりつつあった革命に，やがてきわめて重大な役割をはたすことになった。

古代の樹木では，祖先のコケ類と同様に，有性世代と無性世代が交互に現われた。木の丈が高くなったからといって，胞子の散布には何も問題はなかった。むしろ梢に上がったおかげで，胞子はいっそう風にのり散らばりやすくなった。しかし，性細胞の散布は別問題だった。それまでは雄性細胞が水中を泳いで雌性細胞に到達するという形式がとられていた。このため，有性世代は小さくて地面近くで生きることが必要だった。シダ類，ヒカゲノカズラ類，トクサ類の有性世代は今でもそうである。これらの植物では，胞子が発芽すると，葉状体とよばれる一見ゼニゴケ類に似た薄い膜状の植物体に育ち，つねにしめっ

ているその下面から性細胞を放出する。そして卵が受精すると，前の造胞世代のように丈の高い植物に育つのである。

　地面層に育つ葉状体は明らかに不利である。動物に食べられやすいし，乾燥すれば枯れてしまう。また，アーチ形の葉をつけた無性世代が生い茂っているため，葉状体は命の糧である光を絶たれやすい。葉状体も丈が高くなれば多くの利点があることはまちがいない。だがそれには，雄性細胞を雌性細胞に到達させる新しい手段が必要である。

　利用できるメカニズムは2つあった。1つは，胞子をばらまくのにつかわれた，どちらかというと運まかせでむらの多い方法，すなわち風を利用する方法だった。もう1つは，当時木から木へと定期的に移動して葉や胞子を食べていた新参の使者，飛翔性昆虫を利用する方法だった。植物はこの両方のメカニズムを利用した。およそ3億5000万年前に現われたいくつかの植物では，有性世代が地面の上に平たく育つのではなく，樹冠の上に育つようになった。こうした植物の1つであるソテツ類は今日まで生き残っており，この画期的な発展の跡を示してくれている。

　ソテツ類は一見シダ類に似ており，長くてかたい羽根形の葉をつけている。一部の個体は古い型のごく小さな胞子をつけ，それは風でばらまかれる。別の個体はそれよりずっと大きな胞子をつける。これは風で飛ばされず，親植物にくっついたままである。そしてその場で葉状体にあたる独特な円錐形の構造（球果）を発達させ，その中にやがて卵が現われる。風に飛ばされる胞子——これは今や花粉とよばれる——は卵をもった球果に着陸して発芽し，もはや必要のない薄い葉状体にはならずに，細長い管となって球果の中を掘り進むのである。この過程は数カ月かかる。やがて管が完成し，その先端から精細胞がつくられる。その繊毛(せんもう)のある堂々とした球は，あらゆる動植物の精子中最大のもので，1個1個が肉眼で見えるほど大きい。この精子はゆっくりと管の中をおりてゆき，底におりつくと，球果のまわりの組織から分泌された水滴の中にはいる。そこで精子は繊毛をつかって，ゆっくり回転しながら泳ぐ。それはあたかも，祖先の藻類の精細胞が原始の海で行なっていた旅の縮小版を再演しているかのようである。数日後にやっと精子は卵と合体し，長い授粉の手続きを終えるのである。

　ソテツ類と同じような戦略をとるもう1つのグループが現われたのもほぼ同じころだった。それは針葉樹，すなわちマツ，カラマツ，ヒマラヤスギ，モミ，およびこれに近縁の仲間である。これらの木もやはり風にたよって花粉をばらまいている。だが，針葉樹はソテツ類とちがって，同じ木に花粉と卵のついた球果（いわゆるマツボックリ）とをつける。また，マツの受精過程はソテツ類にくらべてさらに長い時間がかかる。花粉管がのびて卵に到達するのに，まる1年もかかるのである。だがそこまでゆくと，花粉管は直接卵細胞につながり，精細胞は管を下った後，水滴の中にとどまることなくすぐに卵と合体する。針葉樹はついに生殖過程から運搬媒体としての水を追放したのである。

　針葉樹はまた，いまひとつ手のこんだしくみを発達させた。受精卵はさらに1年間球果の中にとどまっているのだ。その細胞内には豊かな食物が貯えられ，水を通さぬ膜が球果をつつんでいる。受精過程がはじまってから2年以上たってやっと球果は乾燥し，木質状

ルリボシヤンマ（*Aeshna juncea*）。北アイルランド，アーマー州，ブラッカー国立自然保護区。

になる。そして、その鱗片が開き、十分に栄養を貯えた受精卵、つまり種子がこぼれ落ちる。この種子は、湿気がしみこんで発芽を促されるまで、必要とあれば数年間も待つことができる。

　どの点からみても、針葉樹はたいへん成功した植物である。今日、それらは世界の森林のほぼ3分の1を占めている。そして、あらゆる種類の現生生物中最大のものは針葉樹である。カリフォルニアのイチイモドキは高さが100メートルにも達する。アメリカ南西部の乾燥した山地に育つマツの1種ヒッコリーマツは、あらゆる生物の個体の中で最も寿命の長いものの1つである。季節のはっきりした地域に育つ木では、容易に樹齢を推定できる。日光と湿度の豊富な夏には樹の成長が速く、大きな木部細胞をつくるが、成長の遅い冬には細胞が小さく、それにともなって木部が密になる。このため幹に年輪ができるのである。ヒッコリーマツの年輪を数えると、そのふしだらけのねじれた樹木の何本かは5000年以上も昔、つまり、人間が中東ではじめて文字を発明したころに発芽し、文明がつづいてきた間中ずっと生きつづけてきたことがわかる。

　針葉樹は、特有の粘着性物質である松やにによって、機械的な損傷や虫害から幹を守っている。松やには最初傷口からあふれて流れだすが、まもなく液体成分であるテレピン油が蒸発し、後にねばねばしたかたまりが残って、これがたいへん効果的に傷口をふさぐのである。それはときにわなとして働くこともある。松やにに触れた昆虫がくっついてしまって動きがとれなくなり、そのまわりにさらに松やにが流れ出てきて、虫がその中に埋められてしまうことも多い。このような樹脂のかたまりは、何よりもすぐれた化石形成媒体である。それは琥珀となって残り、その透明な金色のかたまりの中に古代の昆虫がとじこめられているのである。この琥珀をていねいに切片にして顕微鏡でのぞくと、まるでその昆虫がほんの昨日松やにの中でもがいていたかのように、口器や鱗粉や毛までがはっきりとみえる。科学者たちは、大きな昆虫の肢についていた小さな寄生性昆虫やダニまでみつけだしている。ただし、吸血節足動物からDNAを採取するというのは、SFにとどまりそうである。琥珀の現代版といえる天然樹脂のコーパルにとじこめられたほんの数十年前の昆虫からDNAを採取する試みさえ、ことごとく失敗に終わっている。

　最古の琥珀片は、針葉樹と飛翔性昆虫がはじめて現われてからずいぶん後の、2億3000万年ほど前のものである。それらの琥珀には、今日知られている昆虫の主要グループすべての代表者をはじめ、多種多様な動物がみられる。最も古いものもふくめてどの種の昆虫も、昆虫の大発明である飛翔能力を、それぞれ独自の方法ですでに利用していた。

　トンボ類は前翅と後翅を同時に打つが、このときに前翅対は上、後翅対は下に位置する。しかし、このために生理的にかなりややこしい問題が生じる。前翅と後翅はふつうは接触していないが、それでもトンボが急旋回するときには問題が起こる。旋回の際に加わる圧力でゆがんだ前翅と後翅が、ぶつかりあってカサカサという音をたてるのだ。池の上で旋回しているトンボをみていると、この音がよくきかれる。

　その後に現われた昆虫のグループは、はばたく膜が2対でなく1対であったほうがずっとうまく飛べることを発見したようである。ハチの仲間や羽アリやハバチは前翅と後翅と

アルテンスタインオニソテツ（*Encephalartos altensteinii*）の球果。ソテツは3億年を生きながらえた植物である。近縁のものの多くは8000万年前、白亜紀の間に絶滅した。種子植物の先駆けであるソテツの繁殖系は、進化上の観点からはきわめて興味深い。ソテツの球果は雌雄どちらともなりうる生殖器官であり、新たな世代となる種子をつくりだす。

を鉤でつないで，けっきょく1枚の翅にしている。チョウの翅は重なって1枚になる。スズメガは時速50キロという速さで飛べる最も速い昆虫の1つだが，その後翅はかなり小さくなっており，曲がった剛毛で細長い前翅につながっている。甲虫類は前翅をまったく別の目的につかっている。彼らは昆虫界の装甲車である。地面の上で多くの時間をすごし，つもった落葉をかきわけて進んだり，土をかきだしたり，木をかじりとって穴をあけたりするのだ。こうした活動は，デリケートな翅をすぐに傷つけてしまう。そこで甲虫は，前翅を厚くてかたい鞘翅に変え，腹部の上面をぴったりおおって保護している。飛ぶための翅はその下に注意深く，実に巧みにしまわれている。翅脈にはばねじかけの関節がある。鞘翅をあげると，この関節のロックがはずれて，ぱっと翅が開くのである。甲虫が空中を重々しく飛ぶときには，ふつうそのかたい鞘翅を横にのばしているため，それがじゃまになって能率のよい飛行ができない。しかし，ハナムグリの仲間はこの問題をどうにか解決している。鞘翅のつけね付近の両側に切れ目があるため，鞘翅を腹部の上面においたまま翅をのばしてはばたけるのである。

あらゆる昆虫のうちで，いちばん熟練した飛行家は双翅類である。彼らは前翅だけで飛ぶ。後翅は退化して小さなこぶ状の平均棍になっている。双翅類はいずれもこの小さな構造を備えているが，とりわけガガンボではそれがよくめだつ。彼らのこのこぶは柄の先端についており，ちょうどドラムスティックの先のようにみえる。ガガンボが空中を飛ぶと，翅と同じように胸部についているこの器官は毎秒100回以上も上下に震動する。これは，ひとつには，ジャイロスコープのように飛翔の際の安定装置として働いており，またおそらく，空中での姿勢や進んでいる方向を知らせる感覚器官としての役目もはたしていると思われる。また，速度についての情報は触角から得られる。すなわち，触角の上を空気が流れると，触角が震動し，それによって速度がわかるのである。

双翅類は驚くなかれ，毎秒1000回もの頻度で翅を打つことができる。ある双翅類は，翅のつけねに直接ついている筋肉をもはやつかうことがない。そのかわりに，丈夫で柔軟なクチクラでできた円筒形の胸部全体を，金属の缶のようにふくらませたりへこませたりして震動させるのだ。翅のつけねには，翅と胸部をつなぐ精巧な構造があり，それが収縮すると翅が上下にはばたくのである。

昆虫類は空中に進出した最初の生きものであり，その後1億年以上にわたり，彼らは空中を独占していた。だが，その生活に危険がなかったわけではない。昔からの敵であったクモ類は翅こそ発達させなかったが，昆虫たちの一部を捕えることに成功した。昆虫たちの飛行路にあたる樹枝の間に絹糸のわなをかけ，昆虫の"人口"を間引きしつづけたのである。

今や植物は，昆虫の飛翔能力を自分たちのために利用しはじめた。風にのせて生殖細胞をばらまく方法は，まったく偶然にたよるもので，生物学的な意味で高価についた。胞子は受精の必要がなく，地面が十分にしめっていて肥沃でさえあれば，どこでも落ちたところで育つ。それでも，シダ類などの植物の胞子は，大部分が適切な条件にめぐまれず枯死してしまう。花粉になると，その必要条件がさらに厳密で限定されたものになるため，風

冬を迎えたイガゴヨウ（ブリッスルコーンパイン）の老木。アメリカ，ネバダ州，グレートベースン国立公園，ホイーラー山近辺。

飛ぶカミキリムシ（Cerambycidae）。イングランド，サセックス州，ルーカリーウッド，7月。

にとばされたものが生き残るチャンスはさらに少ない。たまたま雌の球果の上に着陸した場合にしか発芽せず，役に立たないのである。こうしたことから，マツの木は莫大な量の花粉をつくらねばならない。1個の小さな雄の球果は数百万もの花粉を製造し，春その球果をたたいてやると，大量の花粉がとびちって金色の雲をなすほどである。マツ林全体でみれば，この量はたいへんなものになり，あたりの池は凝乳状になった花粉ですっかりおおわれてしまう。そして，そのすべてがむだになるのである。

　それにひきかえ，昆虫はずっと能率のよい運搬システムを運用することができた。彼らはそれなりのメリットさえあれば，受精に必要な花粉を運び，植物の雌性部分のしかるべき位置におくことができる。さらに，花粉と卵とが1つの植物の中で近い位置にあれば，この輸送機関はいっそう経済的に働くだろう。つまり，その場合には，収集と配達の両方を一度の訪問で同時に行なえるからである。こうして花が発達することになった。

　現在知られているかぎりでこの驚くべきしくみの最も単純かつ初期のものの1つは，モクレン類の花である。それが現われたのは約1億年前のことだった。卵はその中心部に集まり，おのおのの花粉を受け入れるための突起すなわち柱頭のついた，緑色のおおいで保

最初の森林

護されている。卵が受精するには柱頭上に花粉がのせられなければならない。卵のまわりには花粉をつくる雄ずいが多数集まっている。そして，昆虫の関心をこれらの器官にひきつけるために，構造全体が，葉から変形した色あざやかな花弁でかこまれている。

　甲虫類は以前からソテツ類の花粉を食べていたが，モクレンやスイレンなどの初期の花に関心を移した最初の昆虫でもあった。彼らは花から花へと移動しながら食物の花粉を集めた。そして，体についた余分の花粉を次に訪れる花に無意識に運んで，おかえしをした。

　だが一方，卵と花粉が同じ構造内にある場合には，その植物が先に自家受粉をしてしまい，この複雑なしくみの本来の目的である他家受粉がさまたげられるおそれがある。モクレンは多くの植物と同様に，卵と花粉を異なる時期に成熟させることによって，この危険を避けている。つまり，モクレンの柱頭は花が開くとすぐに花粉を受け入れる。だが，その雄ずいは，探険に訪れた昆虫によって卵が他家受精されてしまうまで花粉をつくらないのである。

　花の出現は世界の様相を一変させた。種々の植物がそれぞれ自分の提供している楽しみと報酬とをはなやかに誇示し，緑一色だった森は今や色とりどりにもえたった。最初の花々は，それにとまりたいと思うすべてのものたちに開放されていた。モクレンやスイレンの花の中心に到達するのに何も特別な器官はいらなかったし，たっぷり花粉をつけた雄

青空を背に咲き誇るサラサモクレン（*Magnolia × soulangeana*）。イギリス，ウィルトシャー州，ストウヘッド庭園，4月。

ずいからその花粉を集めるのに特に技術がいるわけでもなかった。こうした花はハナバチや甲虫など何種類もの昆虫をひきつけた。しかし，訪問者が多様であることは絶対的に有利なわけではない。というのも，多様な昆虫たちは，同時に多種類の花を訪れることになるからだ。ある種の植物の花粉が別種の植物の花の上におかれたら，その花粉はむだになる。このため，顕花植物の進化においては，特定の花と特定の昆虫とが手をたずさえて進化し，それぞれ自分の相手の要求と好みだけを満足させるという傾向が生じたのである。

巨大なトクサ類とシダ類が栄えた時代以来，昆虫は木の頂きを訪れて食物である胞子を集める習性を身につけていた。花粉は当時理想に近い食物だったし，現在でもきわめて価値の高いものである。ミツバチは脛節に備わるたっぷりした花粉籠にそれを集めて巣にもち帰り，そのままつかったり，花粉パンに変えて発育中の幼虫に与えたりする。ギンバイカの仲間などいくつかの植物は，2種類の花粉をつくる。1つは自種の花を受精させるためのもの，もう1つは食物としての価値だけをもつ，特別に味のよい花粉である。

他の花はまったく新しい賄賂，すなわち花蜜を発達させた。この甘い液体の唯一の目的は，昆虫を喜ばせて，開花期間中その収集にできるかぎりの時間をつかわせることである。この花蜜によって，花は多数の新しい使者たち，とりわけハナバチ，ハナアブ，チョウを集めることに成功した。

花は自分のもつ花粉や花蜜のすばらしさを宣伝することが必要だった。そこで，あるものはあざやかな色をもち，それによってかなり遠くからでも目だつようになった。色にひかれた昆虫が近づいてみると，花弁には昆虫に報酬のありかを教える模様がついている。ある花は中心に向かって色が濃くなっていたり，別の濃い色をそえていたりする。ワスレナグサ，タチアオイ，サンシキヒルガオなどがその例である。またあるものには，空港のように昆虫に着陸地点や滑走方向を示す線や点の模様がある。ジギタリス，スミレ，シャクナゲがそうである。花が発するこれらの信号は，われわれが知っている以上にたくさんある。多くの昆虫は，われわれにはみえない波長の色を感じることができる。地味にみえる花を紫外線で撮影すると，その花弁にこうした模様がさらにたくさんみつかるのである。

においもまた重要なおとりである。たいていの場合，ラヴェンダー，バラ，スイカズラの放つかおりのように，昆虫にとって魅惑的なかおりはわれわれをも楽しませてくれる。とはいえ，いつでもそうだとはかぎらない。たとえばある種のハエは自分と幼虫の食料として，腐った肉にひきつけられる。彼らを授粉係につかうことにした花は，彼らの好みを満足させねばならない。そこで，ハエが好む食物によく似たにおいを，それもしばしば人間の鼻には耐えがたいほどそっくりな強烈なにおいをつくりだしている。アフリカ南部産のウジのわくスタペリアという花は，屍肉の猛烈な悪臭をただよわせているばかりでなく，動物の屍体の腐りかけた皮膚を思わせる毛の生えたしわだらけの褐色の花弁を備えて，ハエにその魅力を誇示している。ハエの錯覚を完全なものにするために，この植物は熱まで発散させて，腐敗によって生じる熱をまねている。その全体の効果があまりにもっともらしいので，スタペリアの花粉を運ぶハエは次々に花を訪れるだけでなく，ほんものの屍肉を訪れたときと同じ行動をとる。つまり，屍体に対するのとまったく同じように，花に卵

コルクガシ（*Quercus suber*）を遠くに望む，花盛りの牧草地。ポルトガル，ベージャ。

を産みつけるのだ。卵からかえったウジを迎えるのは，腐った肉のごちそうではなく，食べられない花弁ばかりである。当然彼らは飢え死にするが，スタペリアはすでに受精に成功しているのである。

　おそらく何よりも異様な模倣をしているのは，性的な擬態で昆虫をひきつけるある種のランであろう。あるランは，眼，触角，翅を備えた雌バチにそっくりな形の花をつけ，交尾できる状態の雌バチのにおいまで発している。だまされた雄バチは，その花と交尾しようとする。そしてそのとき，彼は花の中に花粉の荷をおろし，つづいて，次に訪れるにせの雌に運ぶためのひとつかみの花粉を受け取るのである。単なる物理的な模倣をはるかに上回ることもある。このランの花はワックスでおおわれているのだが，これが雌バチの体をおおっている性特異的なフェロモンに驚くほどそっくりで，雄バチにとってはまさに魅力的だ。この種のランは花蜜をつくらない。花粉を運んでくれる昆虫が受け取る報酬は，性交ではなくその錯覚なのだ。

　ところが，ときとして昆虫が花蜜のほうを好んで，花粉を集めたがらないことがある。花の策略を無視して花蜜泥棒となり，花を外から突き破って吻をじかに花蜜の泉に差し入れる。こうすると，昆虫の体に花粉がつかない。こうした場合，花は昆虫にむりやり花粉をおしつけるしくみを備えていなくてはならない。ある花は障害物コースになっていて，訪れた昆虫はそこを通るときに雄ずいでたたかれ，その花から飛び去るまでにたっぷり花粉をあびせられる。エニシダの花はそのようにつくられている。昆虫がとまると，カプセル状に閉じた花弁の中にぴんと張った状態でつめこまれている雄ずいがとびだして，ハナバチの腹面を打ち，その毛の生えた腹を花粉まみれにしてしまう。中央アメリカ産のバケットランは訪れる昆虫に一服毒をもる。ハナバチがランの喉もとによじ登り，その花蜜をひと口吸うと，酔ってふらふらしはじめる。この花の表面はとりわけつるつるしていてすべりやすくできている。かくしてハナバチは足場を失い，液体のはいった小さなバケツの中にすべり落ちてしまう。ここからの逃げ道はただ1つ，上の口だけである。液体にまみれたハナバチはよろめき登る際，上から張りだした突起の下で悪戦苦闘し，花粉のシャワーをあびるはめになるのである。

　またある場合には，植物と昆虫とがたがいに完全に依存しあうようになる。中央アメリカ産のキミガヨランは，中心から槍形の葉を放射状にはりだした植物で，そのまんなかから上に1本の茎をのばしてクリーム色の花をつける。この花に集まる小さなガは，その雄ずいから花粉を集めるための特別に曲がった吻をもっている。このガは花粉をこねて丸め，それを別のキミガヨランの花に運ぶ。そしてまず花の底におり，子房の根もとに産卵管をつきさし，その中の一部の胚珠に数個の卵を産みつける。それから子房の上についている雌ずいの先によじ登り，その先端に花粉の玉をおしこむ。こうしてこの植物は受精し，当然の結果として，子房の中の胚珠はすべて種子になる。ガの卵を産みこまれた種子はことに大きくなり，幼虫の食物になる。残りの種子はキミガヨランの繁殖につかわれる。このガが全滅してしまったら，キミガヨランはけっして種子をつけないにちがいない。またキミガヨランがなくてはこのガの幼虫は育つことができない。どちらもぬきがたく相手の恩

開花期のオフリス属のラン (*Ophrys apifera*)。イギリス，ドーセット州，6月。

次見開き
ラフレシアの一種 (*Rafflesia keithii*) の花。マレーシア，サラワク州，ボルネオ島，グヌン・ガディン国立公園。

恵をこうむっているのである。
　恩恵といえば，もう1つ明らかな恩恵がある。かぐわしいかおりをはなつ色とりどりの美しい花々は，人間がこの世に現われるはるか以前に咲きはじめた。それはわれわれのためにではなく，昆虫たちの関心をひくために進化したのである。もしチョウが色をみわけることができず，ハナバチが繊細な嗅覚を備えていなかったなら，われわれは，自然が与えてくれる最も大きな楽しみのいくつかを享受できなかったにちがいない。

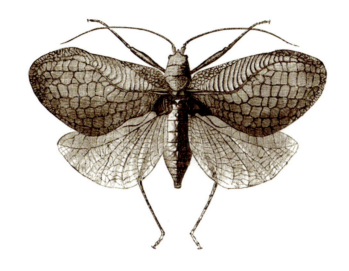

4

昆虫たちの世界

　昆虫の体はどの点からみても，地上で生活するという問題を最もうまく解決しているといってよかろう。昆虫は砂漠にも森林にも群がっている。水中を泳ぎ，まっくらな洞窟を這いまわっている。ヒマラヤ山脈の高い峰の上を飛ぶかと思えば，極地の万年雪の中にも驚くほどたくさんみられる。あるハエは地面から湧きだす原油の池をすみかとし，またあるものは湯気を立てている温泉にすみついている。わざわざ高濃度の塩水を求める昆虫もいれば，定期的にこちこちに凍ることに耐えられるものもいる。あるものは動物の皮膚にすみかをうがち，またあるものは，1枚の木の葉の厚みの中に曲がりくねった長いトンネルをつくる。

　世界中の昆虫の個体数など，とても計算できそうもないように思われるが，この試みに挑戦した人がいて，ある時点で数えたとすると，世界の昆虫の個体数はつねに10の18乗から19乗の間をくだらないと結論している。いいかえれば，現在生きている人間1人あたり，10億匹以上の昆虫がいることになり，この10億匹をあわせると，平均的な人間の70倍ほどの重さになるというわけである。

　昆虫の種数はほかのあらゆる生物種をあわせたもののおよそ4倍にのぼる。これまでに

前見開き
アジサイ（*Hydrangea* sp.）の葉にとまるヒスパヌスコガネオサムシ（*Carabus hispanus*）。フランス，ラングドック=ルション地方，セヴェンヌ山脈，ロゼール山。

記載され，名がつけられたものが約90万種あるが，今なお名のついていないものがその3〜4倍はあるものとみられている。それだけでなく，じっくり腰をおちつけて昆虫の分類にとりくめる眼と根気と知識のある人物にみいだされるのを待っている種が，おそらくほかにも存在する。

しかし，これらの異なる種類はすべて1つの基本的な解剖学的パターンの変形である。体ははっきりと3つの部分にわかれている。すなわち，口器と大部分の感覚器官を備えた頭部，下面の3対の肢と必ずではないがたいていは上面についている1対もしくは2対の翅とを操る筋肉がほぼぎっしりつまった胸部，それに，消化と生殖に必要な器官をおさめた腹部である。この3つの部分はいずれも，主にキチン質でできた外骨格につつまれている。すでにみたとおり，この褐色の繊維質の物質は，5億5000万年以上前に，初期の体節動物である甲殻類とおそらくサンヨウチュウがはじめて発達させたものである。化学的にはセルロースに似ており，純粋な状態ではしなやかで透過性がある。だが，昆虫はそれをスクレロチンという蛋白質でおおって，ごくかたいものにしている。これが甲虫たちのかたくて重々しいよろいや，材木に穴をあけたり銅や銀などの金属まで咬み切ったりできる鋭い頑丈な口器をつくっているのである。

キチン質の外骨格は進化の要求にきわめて敏感に応じることができる。その表面は下の構造に影響を与えずに形を変えることができるし，新しい形をとるために大きさをいろいろに変えることもできる。たとえば，初期のゴキブリに似た昆虫が備えていた咬み型口器は，その子孫ではサイフォンや短剣，のこぎり，のみ，さらには，伸ばすと体長ほどにもなる探り針に変えられた。肢は長くのびて，体長の200倍もの跳躍ができるばねになっていることもあれば，水中をこぎ進む幅広い櫂になっていることもある。また，先に細かい毛の生えた高い竹馬のようになっていて，その持ち主が水面を闊歩できる場合もある。また，肢には，キチン質が変形してできた特別の道具があることが多い。花粉を入れるための袋，複眼を掃除するための櫛，引っ掛けていかりの働きをする針様の構造，音楽を奏でるためのきざみ目などがそれである。

だが一方，外骨格はひろげることのできない牢獄でもある。古代の海のサンヨウチュウは，脱皮することによってこの拘束をのがれた。それは今日昆虫が用いている方法でもある。この方法はいかにも不経済にみえるが，彼らはそれをじつにむだなく行なっている。新しいキチン質の殻は，古い殻の下でしわくちゃに圧縮された形でつくられる。2つの殻の間には液体の層があり，これが古い外骨格からキチン質を吸収するので，あとに残るのはかたいスクレロチンのごく薄い皮だけである。そのあとこのキチン質をふくんだ液体は，まだ透過性のある新しい外骨格を通って体内に再吸収される。古い皮はふつうは背を縦に走る線にそって裂け，昆虫はそこから体をひきだす。すると，解放された体はふくらみはじめ，新しい皮膚のひだがのびる。そしてまもなく，キチン質はスクレロチンの新たな沈着によってかたく丈夫になるのである。

シミ類やトビムシ類のような原始的な昆虫は，成長するにつれて体の形が大きく変わることはない。彼らは，脱皮して大きくなるだけである。そして生殖をはじめた後でもまだ

脱皮をつづける。ゴキブリ，セミ，コオロギといった古い型の有翅昆虫も似たようなかたちで成長する。つまり，幼虫の姿は翅のないことをのぞけば成虫によく似ているのである。これらの昆虫の中には，生涯の前半に成虫とまったくちがった生活をするものもいるが，その場合でも，幼虫の形態は根本的に成虫と異なったものではない。木にとまって鳴くセミの幼虫は，地下で木の根から樹液をすすって生きている。トンボの幼虫は水底で長い口器をつきだして虫やその他の小動物をつかまえている。だが，セミにしてもトンボにしても，幼虫に成虫のイメージは認められるのである。

ところが，さらに進化した昆虫では，成長の途中で体の形が全面的に変わってしまうので，変態するところをみていないかぎり，幼虫と成虫とを結びつけることができない。ウジはハエになり，じむしは甲虫になり，毛虫やいもむしはチョウになる。

じむしやウジや毛虫の任務は，ただひたすら食べることにある。そして，体はもっぱらこの目的に都合よくつくられている。幼虫は生殖を行なわないので，生殖器官はない。交尾の相手を誘引する必要もないので，視覚，嗅覚，聴覚のいずれかにうったえる方法で信号を送るメカニズムもいらないし，こうしたメッセージを受け取る感覚器官もいらない。そのうえ，親はかなり苦労して，幼虫がかえったときにまわりに十分食物があるようにしてくれるので，翅もいらない。ただ1つなくてはならない道具は，有能な顎である。そしてそのうしろには袋が1つあれば十分だ。組織が急速に増してゆくのに応じて大きくなりやすいように，この単純な体は重いスクレロチンの骨格を背負ってはおらず，ある程度のびる薄いクチクラだけでつつまれている。これがいっぱいにのびて，もうそれ以上は無理になると，裂けてぬぎすてられたナイロンストッキングのように，まくれてすてられる。

殻がなく，したがって筋肉がつくしっかりした土台もなく，またてことなるかたいものがいっさいないため，これらの幼虫は不器用な動きしかできない。彼らは跳ぶこともはねることもできない。肢の役目をする丸くふくれたやわらかな突起があるだけなので，実際，何とかかんとか歩けるといった程度である。しかし，この"食べる機械"がひと口またひと口と食いすすむには，この短くて太い肢で十分なのだ。

殻がないため，幼虫は無防備な状態におかれている。これはじむしやウジにとってはたいした問題にはならない。彼らは他に類をみない無限のごちそうにかこまれて，リンゴの芯をむさぼり食ったり，木にトンネルを掘ったりしているので，食物自体がそのままかくれがになるからだ。だが，いわゆる毛虫やいもむしは，そのほとんどが開けた場所でごちそうにありついているため，防衛に気をくばらねばならない。

彼らは比類のないカムフラージュの達人である。シャクトリムシは小枝のような色と模様を備えており，幹からわかれた小枝とまったく同じ角度で空中に体をのばしている。それをみつけるのはほんとうにむずかしい。アゲハチョウの幼虫は黒地に白い規則的なまだらがあり，葉にとまっているとたしかにめだつが，一見鳥の糞のようにみえるため，めったに捕食者の注意をひかない。こうした変装がみやぶられても，多くのいもむしは第2の防衛線を備えている。モクメシャチホコの幼虫はふつう頭をさげて葉を食っており，体は彼らが食べる植物とまったく同じ緑色をしている。ところが，侵入者が枝を揺り動かして

昆虫たちの世界

　このいもむしを驚かすと，彼はいきなり食物から頭を上げて，そのまっ赤な顔をみせる。同時に尾から1対の赤い糸状の突起をつきだし，蟻酸を吹きだすのである。南アメリカ産のあるガの幼虫にはもっと驚かされる。このいもむしは頭の両側に大きな丸い模様をもっており，じゃまされると，体の前端を左右にくねらせて，自分を眼の大きなヘビのようにみせ，敵をおじけづかせるのである。

　一部の毛虫やいもむしは，食べると不快なようにできている。体に毒毛が生えていたり，体内にかくべつ苦い味の物質があったりするのだ。このため，彼らはよくめだつ姿をしているほうが有利である。毒毛のある毛虫はひどく派手な色の毛を生やし，味の悪い幼虫は赤，黄，黒，紫といったあざやかな色の皮膚をもっている。これらはいずれも，捕食者に，この小さな生きものが何らかの理由で食物には向かないぞ，と警告しているのだ。

　中には，実際には無害なのに有毒な幼虫や刺す成虫の色をまねて捕食者をだまし，これらの危険な生きものと同じように捕食者に自分を避けさせている昆虫の幼虫や成虫もいる。腹部が黒と黄色のしまもようになっているハナアブには，捕食者のみならず人間もしばしばだまされる。ハナアブとよく似たスズメバチだと思ってしまうのだ。無害なハエの仲間にも，ミツバチのように腹部を震わせたり，スズメバチと同じにおいを放ったりして，本物そっくりな模倣をするものがいる。

　多くの昆虫は生涯の大部分を幼虫としてすごし，この期間に育ち，栄養をたくわえる。甲虫の幼虫には，7年もの長い間木の幹に穴を掘り，最も消化しにくい物質であるセルロースから栄養を吸収してすごすものがいる。毛虫やいもむしは，発育シーズンが終わるまで何カ月かにわたって好物の葉をもりもり食べ，ガやチョウになるための栄養をたくわえる。だが遅かれ早かれ，彼らは一定の大きさに達し，幼虫期間の終わりをむかえる。

　ここで，昆虫の生涯の中できわめて劇的な2つの変化のうちの最初の変化が起こる。一部の昆虫では，それは人目につかないところで行なわれる。昆虫では絹糸腺をもっているのは幼虫だけである。彼らはこれまで，共同のテントをはるためや，植物上を移動する際の命綱をくりだすため，あるいは下枝へおりるためのロープをつくるのに，この絹糸腺をつかってきた。ところが今や，彼らのうちの多くのものが自分の姿をかくすために絹をつむぐ。あるカイコガの幼虫はけばだった糸の束で身をつつみ，オオミズアオの仲間は銀色の金属光沢のあるまゆをつむぎ，ゴマダラヒトリの仲間はレースでできた美しい玉手箱を織りあげる。多くのチョウの幼虫はまったくまゆをつくらない。彼らはただ絹糸を吐き，それをつかって体を枝にくっつけるだけである。

　体を固定すると，彼らは幼虫の衣装をぬぎすてる。その皮膚が裂けてまくれてゆき，中から褐色のなめらかでかたい殻におおわれた蛹が現われる。蛹はとがった先端をときおりぴくぴくと動かすほかは，まったく動かない。体の側面には気門があって，そこから呼吸できるが，摂食も排泄も行なわない。その生活は一時停止してしまったかのようにみえる。しかし，体内ではきわめて深遠な変化が起こっている。幼虫の体の大部分がばらばらになって再編成されているのである。

　幼虫が最初に卵から発育しはじめるとき，その細胞は2つのグループにわかれる。第1

ナラの葉を食べるサクサン (*Antheraea pernyi*) の幼虫。

の細胞は数時間後に分裂をやめ，分化しない形のまま一団となっている。残りの細胞はひきつづき分裂して，幼虫の体をつくりあげるのである。幼虫がかえって食物をとりはじめると，その体細胞はもうそれ以上分裂しない。そのかわり，1個1個の細胞はひたすら大きくなりつづけ，幼虫が育ちきるまでには最初の大きさの何千倍にもふくれあがる。この間，上に述べた最初の細胞集団は小さいままで，何の動きもみせない。ところが幼虫期が終わりに近づくと，この細胞集団が活動しはじめる。それまで眠っていた細胞集団が突如非常な勢いで分裂をはじめ，今までとはまったくちがう形をもつ新しい体を少しずつつくっていく。17世紀の博物学者たちが，蛹になる直前の幼虫を解剖したところ，のちにチョウの翅と頭部と脚になる部分のやわらかな輪郭が識別できた。このことから彼らは，チョウの幼虫が死んで朽ちると成虫が生まれるというそれまでの見方はまちがいで，正しくは幼虫と成虫は同じ生物なのだと確信するにいたった。蛹が固くなると，まるでミイラの輪郭が屍衣ごしにぼんやりとみてとれるように，その褐色の殻の外から体の輪郭がみえるようになる。実際，蛹をあらわすpupaという英語は，人形という意味のラテン語に由来している。

　昆虫の"変態"の詳細なプロセスは，まだよく解明されていない。昆虫の種類によって，示す変化の度合いは異なる。最も大胆な変貌をみせるのはハエで，のちに成体の器官となるものが，蛹が形成されるまでウジの体では皮膚の小片として存在するだけだ。それでも，ウジにとって不可欠な脳や中枢神経系といった器官は用意されていて，成体のハエをつくるための足場として使われる。さらに，変態する昆虫は成体となったあとも幼虫時代に学習したことを覚えている可能性があることを示す，実に興味深い徴候がみられる。

　第2の劇的な変化である羽化は，ふつう夜の闇の中で行なわれる。小枝にぶらさがっているチョウの蛹は身ぶるいをはじめる。そして，2つの大きな眼と体にぴったりおしつけられた触角のある頭が，蛹の一端から現われる。やがて肢も抜け出てきて，やたらに空中をひっかきはじめる。チョウはたびたび休んではまた力をこめて，ゆっくりと，苦労しながら体をひきだす。まもなく胸が現われる。その背側には2つの平たいくしゃくしゃの物体，ちょうどわれわれの食べるクルミの実のようにしわだらけの翅がついている。やがてチョウは最後の力をふりしぼり，ついに自由の身となって，からの蛹の殻にぶらさがり，体をふるわせはじめる。それから体を痙攣するようにふるわせながら，袋状の翅の中にのびている翅脈の中に血液をおくりこむのである。

　翅はすこしずつのびてゆく。翅のおぼろげな模様が大きくなり，はっきりしてくる。小さな点もふくらんで，驚くほどこまやかな眼玉模様に変わる。30分ほどたつと，翅はすっかりのびきって，袋状であった翅の両面が翅脈を封じこめたままぴったりとくっついてしまう。翅脈自体はまだやわらかい。その先端に傷がつくと，血液がしたたり落ちる。だが，血液はしだいに体内に吸いもどされ，翅脈はかたまってかたい支柱となり，がっしりとした翅ができあがる。この間，翅は本のページのように閉じている。だが今や翅はすっかり乾いてかたくなり，チョウはそれをゆっくりとひろげて，そのけがれのないまばゆいばかりの色あいをはじめて世界にさらし，第1日目の夜明けを待つのである。

羽化後，翅をのばすヨーロッパフタオチョウ(*Charaxes jasius*)。イタリア，ウンブリア州。

昆虫は今や，幼虫のときにせっせと集め貯えたカロリーを消費することになる。成虫にとって，食物を摂ることは第二義的なことでしかない。昆虫の中には，その短い生涯の間，花蜜を吸ってエネルギーを補充し，卵をつくるための栄養補給をするものはいるが，体をつくるために食物を必要とするものはいない。成長はすでに終わっているからである。カゲロウやある種のガにいたっては，口器すらもっていない。彼らが急いでしなければならないのは，交尾の相手をさがすことである。

チョウは，その美しい翅を誇示して相手をひきつける。翅の色や模様から種や場合によっては性別もわかるので，チョウは自分の交尾相手をみつけることができるのだ。幼虫とはちがって，成虫であるチョウはすぐれた複眼を備えている。相手をさがすのは一般に雄なので，ふつうは雄の複眼のほうが雌のものより大きい。チョウの眼は，われわれが感じることのできない波長の光をとらえることができるので，その翅は，紫外線のみえないわれわれの眼にうつるよりはるかに複雑な模様をもっていることになる。それは先に述べた花の場合と同様である。屋根瓦のように重なった小さな鱗粉で織りなされたその色と模様は，色素によって生じること（色素色）もあるが，微細構造の効果によってその上にそそぐ光が分離され，その一部だけが反射される結果生じる場合（構造色）のほうが多い。この構造色をもつ翅の上にごく揮発しやすい液体を1滴落としてみると，液体がその物理的構造をふさぐため，色が消える。液体が蒸発して再び分光が起こると，また色が現われてくるのである。

虹色に輝き，うぶ毛が生え，透明な小窓がちりばめられ，美しい色の線やふちどりや斑紋をつけた，たなびく小旗のようなこのまばゆいばかりの翅は，昆虫界きっての洗練された視覚信号である。他の昆虫は別の媒体をつかって同じくらい複雑で強力な信号を発して，離れた相手によびかける。セミ，コオロギ，キリギリスは音にたよっている。大部分の昆虫はもともと音を聞けないので，これらの昆虫は声だけでなく耳も発達させねばならなかった。セミ類は胸の両側に丸い鼓膜をもっている。キリギリス類は肢で音を聞く。すなわち，彼らの第1対目の肢（前肢）の脛節には2つの細い裂け目があって，それぞれ中が深いポケットになっている。この2つのポケットの間をしきっている壁が膜になっていて，これが鼓膜の働きをしている。音は，裂け目にあたる角度によって鼓膜に達する強さが大きく異なるので，彼らは空中で肢を振り動かして，鳴き声の聞こえる方向を探りだすのである。

キリギリス類のいくつかの種は，隆起した頑丈な翅脈を3対目の肢のぎざぎざでこすって美しい音色を奏でる。昆虫の中で最も声の大きなセミ類は，さらに複雑な装置を備えている。彼らの腹部には左右に1個ずつ中空の部屋がある。各室の内壁はかたく，これをふくらませたりへこませたりすると，缶のふたをぺこぺこさせたときのような音がでる。この部屋の後方には，毎秒600回この壁を前後にひっぱることのできる筋肉がついているのだ。さらに，ここから出た音を大きく増幅する装置がある。すなわち，振動板より後方では腹部がほとんど中空になっており，しかも腹壁にはかたい大きな長方形の部分があって，これが共鳴器になっているのである。これらは胸部の下端からのびた舌のような形の突起

マダガスカルオナガヤママユ（*Argema mittrei*）。アフリカ，マダガスカル東岸，アンダシベの熱帯雨林。

でおおわれており，この突起をオルガンの開閉器のように開いたり閉じたりして，音の強弱を調節できるようになっている。おのおのの種はその種に特有な声をもっている。電動のこぎりで釘を引き切るような音をたてるものもあれば，グラインダーでナイフをとぐときのような音をだすものもある。また，焼けすぎた鉄板に脂身を落としたような音をだすものもある。その声の大きさたるや，たった1匹の声でも500メートル先から聞こえ，多数が合唱しているときにいたっては，森の全域にひびきわたるほどである。

このよくとおる鳴き声は，われわれの耳に聞こえるよりはるかにこまやかなものである。われわれは10分の1秒以下の音の切れ目を聞きわけることができないが，セミ類は100分の1秒の間隔を区別できる。彼らは鳴いているとき，1つ1つの音（クリック）の振動数をたとえば毎秒200から500まで，一定のリズムで変化させる。われわれにはまったく聞きわけることのできないこうした変化とリズムによって，各個体は自種の声を識別し，雄は鳴いている他の雄のテリトリーを避け，雌は雄のほうへ飛んでゆくのである。

カもやはり音を求愛信号につかうが，音を発するのにも受け取るのにも，彼ら特有の方法をもちいている。雌は毎秒500回もの頻度で翅を打ち，高い羽音をたてる。野営のときに蚊帳なしで眠ろうとすると聞こえてくるあの耳ざわりな音だ。雄は触角のつけねに鼓膜を備えており，これが雌の羽音に共鳴して振動するため，この音を聞きとって雌のほうに飛んでゆけるのである。

ある昆虫は第3の感覚，においを利用して相手をひきつける。ある種のガでは雌がにおいを発し，雄は大きな羽毛状の触角でそれをかぎわける。これらの器官はたいへん鋭敏で，またそのにおいもきわめて特徴的かつ強力なため，雌は11キロも離れたところにいる雄をひきつけるといわれている。距離がこのぐらい離れていると，においの分子は1立方メートルの空気中に1個ぐらいしかないかもしれない。だが，雄がその発生源を追って飛ぶにはそれで十分なのだ。その際，雄には2本の触角が必要である。1本だけでは方向をきめることができないが，2本あれば，どちらの側のにおいが強いかを判断でき，したがってまちがいなくその方向に飛ぶことができるのである。エンペラーモスというガの雌を籠にいれて森の中に置いたところ，このガはわれわれの鼻ではかぎわけられないにおいを送って，3時間ほどの間にその周辺にいた大きな雄を100匹以上もひきつけたという。

このようにして，成虫は姿や音やにおいで交尾の相手を誘う。雄が雌をつかまえているのはほんの短時間のこともあれば，数時間におよぶこともある。つがいは，ときにはつながったままぎごちなく空中を飛ぶことすらある。その後雌は受精卵を産むが，孵化する幼虫のために食物を用意しておく。たとえば，チョウはその幼虫の食草をさがして産卵し，糞虫は糞玉を埋めてその中に卵を産みつけ，ハエは屍肉に夢中になって産卵する。また，ベッコウバチはクモを捕えて針で麻痺させ，卵のまわりに積みあげるので，孵化した幼虫には新鮮な肉がたくさん用意されていることになる。ヒメバチの雌はあいくちのような産卵管を備えている。彼女は木の中にいる甲虫の幼虫を正確につきとめ，樹皮の上からこの産卵管で穴をあける。この産卵管で幼虫を刺しつらぬいて，そのやわらかな体に卵を産みつけるのだ。やがて，かえったヒメバチの幼虫は生きた幼虫を食べて育つことになる。こ

うして，卵→幼虫→蛹→成虫という全過程がもう一度はじまるのである。

　昆虫の体は，種類によって無限ともいえるほど多様である。だが，大きさという点に関してだけは，一定の制約があるようだ。つまり，現在生きている昆虫は，最も大きなものでも30センチをこえない。ヨナクニサンの例外的に大きい標本の翅の開張と，ナナフシの最大種の体長が約30センチである。最大種の甲虫，ヘルクレスカブトムシもやはり同じくらいの大きさになり，体重が100グラムにも達する。といっても，それはハツカネズミほどの重さにすぎない。なぜアナグマぐらいの甲虫や，タカほどもあるガがいないのだろうか？

　その答えは呼吸法にある。それが体を大きくする際の制約要因となっているのだ。昆虫は，その親戚にあたる大昔のヤスデ類と同様に，気管によって呼吸している。これは，全身にくまなくはりめぐらされていて脇腹に1列にならんだ気門で外に開いている管のシステムで，気体の拡散によって働いている。気管内を満たす空気にふくまれている酸素は，気管の末端の壁から吸収される。同様に，組織から放出された二酸化炭素は，気管内に拡散する。このシステムは短い距離ではうまく働くが，管が長くなるにつれてしだいに効率が悪くなる。そこで一部の昆虫では，筋肉のポンプの働きで腹部をふくらませたりへこませたりして空気の循環をよくしている。この気管はその壁を環で補強されているので，つぶれたりしないでちょうちんのように伸び縮みする。また，2，3の昆虫では，気管がふくれて壁の薄い風船のようになっていて，腹部のポンプが働くにつれて縮んだりふくらんだりする。だが，こうした改善をいくら加えてみたところで，このシステムは一定の大きさをこえると効率が悪くなる。だから，巨大なゴキブリやおそろしい人食いバチの存在は，生理的な面から不可能なのである。

　しかし，昆虫は別の方法で大きさの制約をとりはらうこともある。熱帯にはどこにでもシロアリが土をかためて築きあげた塚がある。ある地域のシロアリは，草をはむアンテロープの群れと同じくらい密な集団をなしている。1つの塚には数百万匹のシロアリからなるコロニーがみられる。彼らは，巨大な高層建築の住民のように，自分から進んで共同の住居にすみついたのではない。というのは，彼らはすべてひとつがいの成虫の子どもたち，つまり家族であり，またそのいずれもが不完全な個体で，独立した生活をいとなむことができないのである。下生えの中をせかせかと走る働きアリはほとんどが盲目でいずれも生殖能力がない。コロニーの入口をかため，壁がちょっとでもこわれたりするといち早くかけつけて守る兵アリは，大きな顎で武装しているため，自分の食物を集めることができず，働きアリから食物をもらっている。コロニーの中心には女王アリがいる。女王は分厚い土壁の中に閉じこめられており，体が大きすぎてそこに通じている通路を通れないので，けっして逃げだすことができない。その腹は長さ12センチほどで，白いソーセージのようにふくらんでおり，日に3万個という信じがたい勢いで産卵する。この女王アリも世話係がいなければ生きてゆけない。働きアリはチームを組んで女王の体の一端に食物をはこび，他方の端から卵を集める。王アリは小さなスズメバチぐらいの大きさで，性的活動しかできず，つねに女王アリのそばを離れない。王アリもまた働きアリに食べさせてもらってい

働きアリにとりまかれるシロアリの一種（*Macrotermes gilvus*）の女王。アフリカ。

るのである。

　このように，これらの個体はすべてがひとまとめになってはじめて，秩序だった1つの有機体をなしている。このまとめの役割をはたしているのが，きわめて効果的なコミュニケーションのシステムである。兵アリは，大きなかたい頭で通路の壁をたたいて音を出し，警告を発する。働きアリは新しい食物源をみつけると，同じように眼のみえない仲間がついてこられるように，においの跡を残してやる。しかし，最も重要で，またひろくつかわれているのは，フェロモンとよばれる化学物質を基礎としたしくみである。このしくみによって，情報はきわめてすみやかにコロニー中にひろがるのである。コロニーのメンバーは全員がたえず食物や唾液を交換しあっている。働きアリどうしは口移しにそれらを渡したり，たがいの糞を集めて，なかば消化した食物を再消化し，その中の最後の養分を吸収したりする。彼らは幼虫と兵アリにも食物を与える。彼らはまた，女王アリにつきそって，波打っている脇腹をたえずなめ，肛門からでる液滴をなめとっている。このように働きアリたちは，女王がつくるフェロモンを集めては，それをすばやくコロニー中にひろめているのである。女王の産んだ卵からかえったばかりの幼虫は，雌雄のどちらにでもなれる能力があるのだが，働きアリから与えられる女王のフェロモンがその発育を抑えるので，彼

らはいつまでも盲目で翅もなく生殖能力もない幼虫のままなのである。コロニー内をめぐる化学的メッセージには兵アリのつくるフェロモンも加わっていて，幼虫が育って兵アリになるのを防いでいる。

　1年のうちある特定の時期になると，女王アリのつくるフェロモンの配合やそれに対する幼虫の反応がいくらか変化する。フェロモンは幼虫に対する抑制効果を失い，コロニーの暗い回廊は，カサカサと音をたてて群がる翅のある若い成虫でいっぱいになる。種によっては，働きアリが塚の側面に特別にいくつもの裂け目をあけ，その外側に離陸用のスロープをつくる。これらの出口は，やはり兵アリがかためている。やがて，雨が降りはじめた直後に兵アリが脇へより，翅のあるシロアリ（羽アリ）がその出口からどっとあふれだし，煙のように渦を巻いて空高く舞い上がってゆく。

　これは，あたりの茂みにすむ動物たちにとっては，たいへんな幸運である。カエルや爬虫類は出口のそばに陣どり，離陸台に群れをなして現われてくるシロアリを次々につかまえる。羽アリの脱出がすすむにつれて，空は飛び交う鳥たちでいっぱいになる。羽アリたちはあまり遠くまでは飛んでゆかない。彼らが地面に降りたつと，まもなく翅はそのつけねから脱落する。翅はもう役目を終えたのだ。今や雄は，地上で雌を追う。食われずにすんだ少数のシロアリがつがいとなり，巣づくりの場所をさがしにでかける。地面の割れ目や木の裂け目に適当な場所がみつかると，そこに小さな王室をつくり，交尾して卵を産む。最初にかえった幼虫には，親が食物を与えねばならないが，彼らが食物をあさり，泥の壁を築けるくらいに大きくなると，王夫妻は卵の生産だけに専念し，新たなコロニーがつくられるのである。

　シロアリ類は，あの古代型の昆虫，ゴキブリ類に近縁である。ゴキブリと同様に，シロアリの体には腰のくびれがないし，その幼虫は翅のある成虫とじつによく似ている。彼らは一連の脱皮を行なって発育するが，けっして蛹の段階を経ることはなく，めざましい変態はしない。シロアリもゴキブリと同様に，その食物はほとんどすべて植物質である。現在約2000種があり，小枝，木の葉，草が標準的なメニューであるが，中には木材を食べるように特殊化した種もある。彼らは柱や丸太に穴をあけて，中を空洞にし，指でさわるとくずれるまでにしてしまう。

　シロアリ類の建造物は，昆虫のつくるものとしては最大級である。城壁をめぐらした城構えのようなシロアリの要塞は10トンもの泥をふくみ，人間の背丈の3〜4倍もの高さになることがある。その中では数百万匹のシロアリが，それぞれの役割を担って忙しげに走りまわっているので，過熱したり，空気がよごれて酸素不足をきたしたりしがちである。このため換気がたいへん重要になってくる。シロアリは，塚のまわりに，壁の薄い高いでっぱりをつくる。それは肋骨のように塚の側面からつきだしている。内壁のなめらかなこれらの大きなダクトの中には，1匹のシロアリもすんでいない。その機能はあくまで換気だけなのだ。その壁に陽があたると，中の空気が巣の中心部よりも暑くなる。するとその空気が上昇し，中央の回廊や塚の奥からよごれた空気をひきだし，その結果空気が循環しはじめる。でっぱりのうすい外壁は多孔質なので，ここで外気から酸素がはいりこむ。こ

昆虫たちの世界

うしてきれいになった空気は巣のてっぺんまであがり，それから他の通路を下って巣の中心部にもどってゆく。ひどく暑いときには，働きアリはトンネルを降りて地下水のあるところまでゆき，嗉嚢(そのう)を水でいっぱいにしてもどってきて，巣の主要部の壁をしめらせる。すると，この水が蒸発して熱を奪い，温度が下がる。このようなしくみで，働きアリは巣内の温度をつねにほぼ一定にたもっているのである。

オーストラリアに棲息するコンパスシロアリは，長軸が必ず南北をさす巨大な平たいのみの刃形をした城を築く。このような形は，巣が日中の厳しい太陽にさらされる面積を最小にするが，温かさのほしい寒い季節には，特に朝夕の弱々しい光を最大限にとりいれる。豪雨にみまわれる西アフリカその他の地域では，コロニーは，雨を流してしまう平たい屋根のあるキノコ形の巣をつくる。シロアリ学者たちは，フェロモンによるコミュニケーション・システムがコロニーの活動をいかにして制御し調整しているかを解き明かし，大きな成果をおさめたが，無数の眼の見えない働きアリがどのようにしてそれぞれ小さな泥のかたまりを運んできて，このように巧妙な形状で効率のよい大規模な建築物を築きあげるのかを説明した人はまだない。

昆虫にはシロアリ類に匹敵する規模のコロニーをなして暮らしているグループがもう1つある。胸と胴の間が細くくびれ，2対の透明な翅と強力な針をもつスズメバチ類，ハナバチ類，アリ類がそれである。スズメバチ類にはコロニー制の発達の諸段階がみられる。ある狩人バチはまったくの単独生活をしている。雌は交尾をすますと，いくつもの泥の育房をつくり，それぞれの育房に卵を1つずつ産みつけ，毒針で麻痺させたクモを食物としてあてがって，そこから飛び去る。他の種の狩人バチでは，雌は巣のそばにとどまり，幼虫がかえると毎日食物を与える。ところが，また別の種の狩人バチでは，近縁の雌たちがそれぞれの巣をたがいに近くにつくるが，1，2週間たつと，一部の雌は自分のつくりかけの巣をすてて，他の個体の巣づくりに加わる。ついには優勢な雌が1匹だけ残って，すべての卵を産み，他の個体は彼女のために巣づくりと食物集めに専念するのである。

ミツバチはこの最後に述べた形を基本として，それを，数千個体がコロニーをなして暮らすまでに発展させている。1匹しかいない女王バチは巣にとどまって，働きバチがつくった育房に産卵する。シロアリの場合と同様に，このコミュニティーもやはり化学的メッセージのシステム，すなわちフェロモンによって結びついている。フェロモンはたえず巣内をめぐって，すべての住民にその個体群の状態や女王バチがいるかいないかを知らせるのである。女王バチが死ぬか，あるいは産卵量の低下をフェロモンが伝えた場合，働きバチは新たな女王バチを育てはじめ，産卵を開始する。ただし交尾できないので，当然ながらそれらの卵は無精卵である。それでも卵は孵化し，雄バチが生まれる。雄バチは巣の中で何ひとつとして役立つことをしない。コロニーが絶滅するまでに次の女王バチが育たなかった場合に，働きバチの遺伝子をよその巣へひろげることのできる空飛ぶ精包となるだけだ。

ミツバチは，コロニー形成性昆虫の中でもユニークな驚くべきやりかたでたがいにコミュニケーションをとる。彼らは空中を飛んで食物をさがすので，地面にへばりついている

6メートルもの高さの冷却塔をもつシロアリのアリ塚。ケニア，ボゴリア。

シロアリのように，コロニーの他のメンバーを導くためににおいを残すことができない。そこで，彼らはダンスという方法をつかうのである。ある原始的な野生のミツバチの1種では，咲いたばかりの蜜のある花を訪れて巣に帰った働きバチは，コロニーの入口の前の着陸台で特別なダンスを踊る。まずハチは円を描いて歩く。それからその円のまんなかを切るように歩くが，そのとき，この動作が重要であることを強調して，腰をふり，特に激しくブンブンと音をたてる。その直線部分の進行方向が食物のありかを示しているのだ。これから探餌にとりかかろうとしている働きバチは，それをみてただちに示された方向へと飛んでゆく。けれど，われわれの知っているふつうのミツバチでは，やりかたがもっとこみいっている。帰ってきた働きバチは巣の中にはいって，育房のならんだ巣板の上で踊りはじめる。野生のものでも養蜂されているものでも，ミツバチの巣板は垂直なので，働きバチは尻振りダンスで食物のありかを直接指し示すことができない。そこで彼らは太陽の位置と板の上下の読みかえをする。つまり真上を太陽の方向と読みかえるのである。ハチが円を垂直に上に向かって横切れば，それは食物が太陽の方向にあることを示す。食物がたとえば太陽から右に20°ずれた方向にあるなら，ハチは垂直より20°ずれて円を横切るようにしてダンスを踊るのである。働きバチたちは踊っているハチのまわりに集まってそれをじっとみつめ，メッセージをおぼえると，花をさがしにでかけてゆく。彼らも蜜を集めてもどってくるとダンスをするので，ごく短時間のうちに，巣内の働きバチの大部分が新しい蜜源からせっせと蜜を集めることになるのである。

　以上が1940年代以降に科学者が解明したことである。しかし，尻振りダンスのしくみについてはまだ完全にはわかっていない。なにしろダンスが演じられる巣の中は暗いので，働きバチにはダンスの角度がみえないはずだ。ということは，踊るハチの発する音かにおいで角度を感知しているにちがいない。超小型のハチロボットを使った巧妙な実験が行なわれ，羽音がダンスには欠かせない要素であることが判明している。羽音がなければ，働きバチにはメッセージがあまり伝わらないのだ。

　昆虫界で最も複雑で凝った型の群居をつくるのは，スズメバチ類やハナバチ類に近縁なアリの仲間である。あるものは植物内にすみ，植物の組織に影響を与えて，虫こぶや中空の茎，つけねのふくらんだ棘など，自分たちの要求にあったすみかをつくらせる。南アメリカ産のハキリアリは大規模な地下性の巣をつくる。日夜，長い列をなして巣から出てきて，木から若枝，葉，茎をかみとり，それらをすべて地下室に運びこんでこまかく切りきざむ。彼らはこれらの材料を食べるのではなく，よくかんで，小さな白いキノコを栽培するための堆肥にする。このキノコがのちに彼らの食物となるのである。

　東南アジアにすむ樹上生のツムギアリは，木の葉をぬいあわせて巣をつくる。一群の働きアリが1枚の葉の片方の端を顎にくわえ，もう片方の端を肢でつかんでひきよせる。葉の内側にいる他の働きアリがそれをぬいあわせる作業にかかる。どうするのかというと，成虫は絹糸をつむぐことができないので，その場に自分たちの幼虫をつれてきて，顎の間に幼虫をはさみ，軽くおさえて刺激することで，絹糸をはかせる。そしてこの生きた糊のチューブを顎にくわえたまま，葉のつなぎ目をはさんで前後に動かし，葉の両端を絹糸で

しっかりとじあわせるのである。またオーストラリアのミツアリは花蜜を集めて，それを特別な身分の働きアリに食べさせる。その腹が豆つぶほどの大きさにふくらみ，皮膚が薄くのびきってすっかり透明になるまで強制的につめこむと，働きアリはこの生きた貯蔵壺(つぼ)を地下室の天井に前肢でぶらさがらせるのである。

　しかし，大部分のアリは肉食性である。シロアリを獲物にする種も多い。彼らは大きなシロアリの塚を襲って，シロアリの兵アリと戦う。アリが勝つと防御のすべをもたないシロアリの働きアリや幼虫をむさぼり食うのである。最も驚くべき社会行動をとるものに，別種のアリを奴隷にする種がある。このアリは獲物の巣を襲うが，それは近縁種であることが多い。そして蛹を集め，自分たちのコロニーにもち帰る。この蛹からかえった若いアリは，周囲を姉妹に囲まれている。あるいはそう思い込む。というのは，自分たちを襲ったアリのフェロモンが自分たちのと似ているからだ。周囲のアリが自分の親戚ではないことに気づかず，実際には同じ種ですらないのに，奴隷となったアリは主人に仕え，食物を集めたり子どもの世話をしたりと，ここへ連れてこられなかったなら本来の巣でやっていたはずの仕事にいそしむ。実質的に社会的寄生虫となった奴隷狩りアリの中で，奴隷アリは主人に食物を与えさえする。この奴隷狩りをする種は大きな顎をもっているため，自分では餌を食べられないのである。

　最もおそろしいアリは，巣をつくらず，獲物を求めて野山をさまよい歩くアリたちである。南アメリカのグンタイアリや，アフリカのサスライアリがそれである。彼らは，全群が一点を通過しきるのに数時間もかかるほどの長い隊列をなして行進している。先頭には兵アリが扇形をなし，餌をさがしながら進む。そのうしろには働きアリが十数列の隊列を組んで進み，その多くは幼虫を運んでいる。この隊列が開けた場所を渡るときは，大きな顎で武装したまったく眼のみえない兵アリがその両脇をかためる。彼らは整然とならび，首をしっかり上にのばして，口をあけ，じゃまするものには何にでも咬みつこうとする。隊列の先頭のハンターたちは獲物をみつけると，その上に殺到し，なぶり殺してしまう。バッタであれ，サソリであれ，トカゲであれ，巣の中の雛であれ，彼らの通り道から逃げきれないものはすべて攻撃をまぬがれない。西アフリカで，動物をつないでおいたり，逃げられないようにしておくときには，このアリの軍隊に襲われる可能性を考慮にいれねばならない。私は以前，その地でヘビを採集していた。樹上生のヘビやニシキヘビなどの無毒なヘビのほかに，ガボンヴァイパー，パフアダー，スピッティングコブラなどがとれた。われわれはこれらのヘビを泥壁の小屋に飼い，灯油缶で武装した見張りをおいていた。地面に油をまいて火をつけるしか，アリの攻撃をそらせる手はなかったからである。だが，あらゆる注意をはらったにもかかわらず，ある日の午後，うしろの壁の穴からアリの大群が小屋に侵入した。われわれが気づいたときには，もうアリどもはすべてのコレクションを襲い，ガーゼでおおった箱の中のヘビに群がっていた。咬みつかれた痛みにたけり狂ったヘビは，ただめちゃくちゃに体をたたきつけるが，この小さな相手には何の役にもたたなかった。われわれはヘビを外へ出して抑えつけ，鱗(うろこ)の間に顎をくいこませているアリを1匹1匹つまみだしてやらねばならなかった。できるかぎりの手をつくしたにもかかわら

ず，数匹のヘビがアリに咬まれたために命を落とした。

　南アメリカのグンタイアリは数週間にわたって日夜行進をつづけ，食物をあさる。幼虫がフェロモンをつくり，それが群れ全体にひろまり刺激している間は移動をつづけるのである。ところが，やがて幼虫が蛹化しはじめると，その化学的メッセージは出なくなる。すると，群れは野営することになる。1つの群れの個体数は15万匹にものぼることがある。彼らは木の根の間や突き出した石の陰に集まって大きなボールをつくる。たがいにしがみつきあって，女王が通る通路や蛹を貯える部屋のある生きた巣を，体でつくるのである。すると女王アリの卵巣が発達し，体が大きくふくらみはじめる。それから1週間ほどたつと女王アリは産卵をはじめる。2，3日の間に，2万5000個もの卵を産むことすらある。その卵はごく短期間にかえり，同時に貯えられている蛹から新しい世代の働きアリと兵アリが現われる。そして，これらの個体が特有のフェロモンを分泌しはじめると，新たな隊員が補充されてふくれあがった軍隊は，再び戦いへの行進に出発するのである。

　シロアリのコロニーを1頭のアンテロープにたとえるならば，グンタイアリの訓練された攻撃的な隊列は1頭の猛獣にあたるといえよう。たえず食物に飢え，追跡のしかたが残忍で，逃げきれなかった動物はたいてい殺してしまうグンタイアリは，茂みの住人を恐怖におとしいれる。個々のメンバーが小さいことなど問題でない。数千匹が死んだところで，群れの勢いや力には大した影響はない。彼らはこうした大軍をなして，森林の動物の中でも最も強力でおそろしく，かつ長命な超有機体をつくりあげているのである。

協力して葉を引っ張り巣をつくるツムギアリ（*Oecophylla smaragdina*）。オーストラリア，ノーザンテリトリー準州，カカドゥ国立公園。

5

海の征服者

　潮がひいて露出した岩々にはりついているぐにゃぐにゃしたイソギンチャクの間には，世界中のほとんどどこでも，また別のゼリーのかたまりのような生きものがみられる。イソギンチャクは，押してもそのまんなかから少量の水がしたたり落ちるだけである。だが，この別のやつをひとつふんでみたまえ，いきなりすねに水をふきかけられる。このため，この生きもの，ホヤ類は英語でシースクワート（sea-squirts），つまり"海の水鉄砲"とよばれているが，うなずけなくもない命名だ。水中では，この動物とイソギンチャクは簡単に区別がつく。イソギンチャクには中央に口が1個あり，そのまわりに花のようにひろがる触手の束がある。一方，ホヤには触手がなく，2つの口が厚いゼリー層でおおわれたU字型の管でつながっている。このぶかっこうな袋は，水中で膨張するとたいへん美しい姿に変わる。ヨーロッパ産のある種は，ほぼ透明で，口をとりまくうす青色の震える小環と体内の管を補強している細い筋肉の環があるため，まるで繊細な泡入りのヴェニス製のガラス器のようにみえる。また別の種には，不透明でピンクや金色のゼリー層をもつものもある。中には，ブドウの房のように集まって暮らすものもあるし，もっと大きくて細長く，単独生活をするものもある。

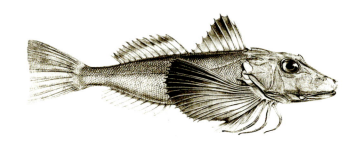

ツツボヤの一種（*Clavelina lepadiformis*）。イギリス，チャンネル諸島。

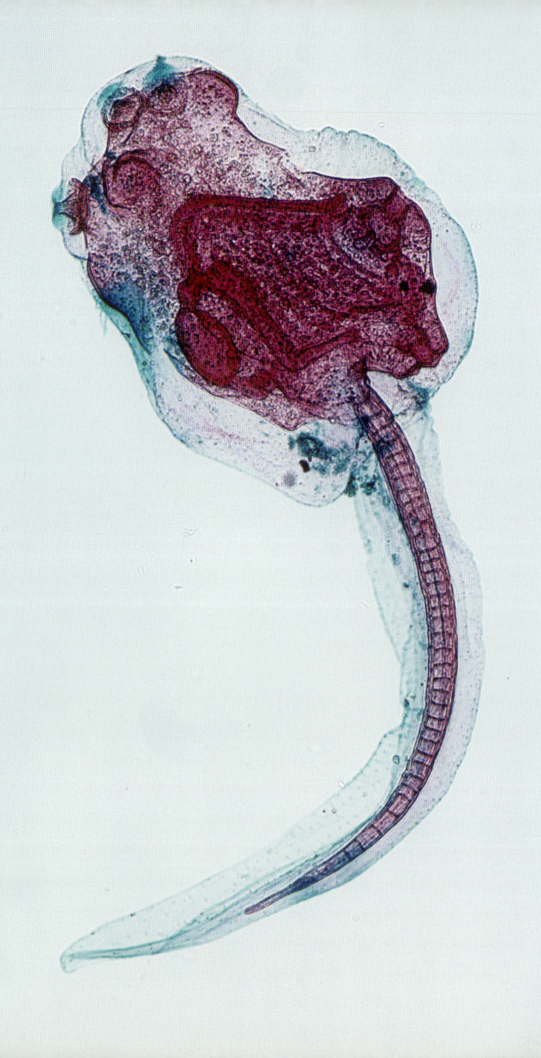

海の征服者

彼らは，いずれも食物をこしとって食べるフィルター・フィーダーである。片方の口（入水口）から吸いこまれた水はまず，壁に無数のこまかい穴のある袋（鰓嚢）の中にはいり，その穴を通ってその外側の腔所（囲鰓腔）に出，もう一方の口（出水口）から海中にすてられる。このとき，鰓嚢の壁にくっついた食物粒は繊毛で袋の底に集められ，そこから出ている消化管にはいる。この消化管は，まがりくねった後，囲鰓腔に開いているので，不消化物もやはり出水口から海中にすてられることになる。

ホヤ類は単純な構造をもち，めだたない生活を送っている。しかしながら，彼らにはたいへん複雑な構造をもつ親類がいる。彼らの最も古い祖先は最初の脊椎動物の祖先となった。この驚くべき説を裏づける証拠を成体のホヤにみるのはほぼ不可能だが，幼生の場合は確認することができる。幼生はオタマジャクシのような形をしている。前方の球状部分にはU字型の管と消化管のはじまりの部分がふくまれている。体の中央から後端にかけて細い棒状のものがあるため，尾はしっかりしており，幼生はこれを左右に振りながら泳ぐ。この脊索は，少なくともいくぶん背骨を思わせる構造であるが，幼生はそれほど長い間これをもっているわけではない。数日たつと，この小さな生きものは鼻端で岩にくっつき，尾を失い，固着したフィルター・フィーダーの生活にはいるのである。

背にこのような意味ありげな脊索をもつフィルター・フィーダーは，ホヤの幼生以外にもみられる。彼らよりいくぶん大きくて細長い形をした生きものであるナメクジウオもやはり脊索をもっている。この動物は体長6センチほどで，細長い薄い木の葉形をしており，海底の砂の中になかば体を埋めて暮らしている。前端を砂から出し，小さな冠状にならんだ触手でかこまれた口から水を吸いこんでいる。彼らもまた，きわめて単純なつくりの体をもっている。頭とよべるようなものはなく，光を感じる小さな点々（眼点）があるだけで，何本かの動脈が脈打っているが心臓はない。また，鰭も肢もなく，体の後端がすこしはりだして矢羽根形になっているだけである。それでもこの単純な体には，どこか魚を思わせるものがある。背には体の全長にわたって柔軟な脊索が通っており，背腹方向に走る筋肉の列がそれをとりまいている。そして，この筋肉をリズミカルに収縮させると，体に一連の波が走り，泳ぐことができる。この波が水を後方に押しやると，ナメクジウオの体が前に進むのである。

動物の類縁関係を考える場合，幼生の構造は，成体の構造にまさるとも劣らぬほど確実な証拠となる。実際，幼生の構造のほうが重要であることも多いのである。というのも，多くの動物は，卵から親に育つ過程で，進化の歴史の中で祖先が経過してきた段階をくりかえす傾向がみられるからだ。シロアリの幼虫はごく原始的な昆虫であるシミ類に似ている。またカブトガニは幼生のうちは体節があってサンヨウチュウとの類似が明らかであるが，おとなになると，それがはっきりしなくなる。軟体動物の自由遊泳性の幼生は，環形動物の幼生にそっくりなので，この2つのグループは類縁関係にあることがうかがえる。こういうわけで，ナメクジウオとホヤの幼生との類似を類縁関係の証拠とみなすことは，無理なことではない。だが，この両者のどちらが先に誕生したのだろうか？ ホヤに似た生きものが固着生活をすて，従来の幼生期間に生殖するような子孫をつくって，もっと動

脊索が見てとれるホヤの幼生。

ニシナメクジウオ
(*Branchiostoma lanceolatum amphioxus*)の光学顕微鏡写真。

きやすいナメクジウオ型の動物になったのだろうか？　それとも逆に，ナメクジウオ型のほうが古い型で，その型からホヤのような動物が発達して，頭を岩に固着させ，筋肉を失い，海から与えられるものだけで満足する要求の少ない生活様式に退化したのだろうか？

長年，最初の説のほうが有力だと考えられていた。しかし今日では，これらの動物を比較研究し，そしてなによりそれらを遺伝解析した結果として，あとの説のほうが実は正しいと考えられるようになっている。初期の化石の宝庫であるカナディアン・ロッキーのバージェス頁岩からその確証がみつかった。すなわち，鰭や背骨のある遊泳動物がまだ認められない5億5000万年前の海底の泥の中に，サンヨウチュウ，腕足類，多毛類にまじって，現生のナメクジウオにそっくりの動物の体の跡が残っているのである。

脊椎動物の歴史における次の段階について証拠を示してくれるのは，やはりある動物の幼生である。ヨーロッパとアメリカの川にはナメクジウオによく似た動物がいる。それはナメクジウオよりいささか大きく，体長20センチほどになり，やはり泥の中にすむフィルター・フィーダーである。顎がなく，眼もなく，尾のふち以外には鰭もない。この動物は長い間おとなの動物だと思われ，そのため特別な名前がつけられて，ナメクジウオの近

縁種として分類されていた。だが，その後，これがたいへんよく知られている動物の幼生にすぎないことが明らかになった。というのは，この幼生はやがて泥の穴をでて，ほんものの眼と波打つ長い背鰭を発達させ，ウナギほどの大きさに育って，ヤツメウナギになるからである。

　ヤツメウナギは，一見ほんものの魚にみえるかもしれない。だがそうではないのだ。彼らにはしなやかな鞭のような形の一種の背骨があるが，顎がない。頭の先端は大きな円盤になっていて，そのまんなかに鋭い棘の生えた舌がある。2個の小さな眼をもち，その間に鼻孔が1つあって，その奥は盲嚢になっている。そして頭の両側には1列にならんだ鰓裂が開いている。彼らは頭の先の円盤で魚の脇腹にすいつき，舌で肉をこすりとって，生きたままの魚を食べるのである。ヤツメウナギと，それに近縁な完全に海生のメクラウナギは，現在でもいたるところでふつうにみられる。アメリカの川では，ヤツメウナギが大発生して被害をもたらすことがある。ヤツメウナギの群れが，死んだ魚や病気の魚ばかりでなく，元気のいい魚まで襲って食べてしまうからだ。彼らの小さな眼，相手にすいつくゴムのような口，のたうつ体は，われわれからみればあまり魅力的なものではない。にもかかわらず，彼らは，重視され注目される価値をもっている。というのも，彼らの祖先が

かつては最も進化した画期的な海生動物だったからである。その化石は，およそ5億年前の若いバージェス頁岩の層からふんだんにみつかっている。また，中国でも同様の堆積物からみつかっている。

　これら顎のない原始魚類は，たいていごく小形で体長は10センチぐらいしかなかったが，眼，鼻，鰓を支えるアーチ形の構造物を備えていた。頭と体の全体が骨質の保護板につつまれて，よろいをまとっているものもいた。体の前部には，ヤツメウナギと同じように，2個の眼と中央に1個の鼻孔があった。そして，よろいにつつまれた箱形の体のうしろには，縁に鰭のある筋肉質の尾がつきでていた。彼らはこの尾を打って水中を進むことができたが，体の前半が重いために頭がさがり，水底をこするようにして泳いでいたと思われる。頭のうしろに単に皮膚が張り出した鰭のようなものをのちに発達させた種も1，2あったが，大部分の種は，尾鰭のほかには，前進したり動きを正確にしたりする鰭をまったくもっていなかった。ということは，海底から離れた場所を泳ぐのははじめのうちは難しかったかもしれない。もっと海面に近い場所は，クラゲその他の浮遊性無脊椎動物の領域だった。この原始魚類には顎がなかったので，殻をもった軟体動物を食べることはできなかったが，新しい食べかたを進化させていた。彼らは，海底を鼻先でこすって動きながら，その単純な円形の口で泥を強力に吸い上げ，食物粒をこしとって残りかすを喉の両側にある鰓裂からすてることができた。

　これらの原始魚類のいくつかについては，頭部の骨が大量に堆積しているので，その構造を非常にくわしく調べることができる。化石になった頭骨を連続切片にすると，神経や血管をふくんだ頭蓋腔の形を明らかにすることができる。こうした研究は，原始魚類のあるグループが，現生のヤツメウナギのものと非常によく似た脳をもっていたことをおしえてくれる。彼らはまた，垂直面で直交した2本の弓形の管からなる平衡器官を備えていた。その中には液体がはいっていて，それが敏感な内壁面上を動くことによって，それらの原始魚類は水中で自分の姿勢を知ることができたにちがいない。そして，現生のヤツメウナギもまた，これとよく似たメカニズムを備えているのである。

　やがて，これらの原始魚類のいくつかはかなり大きくなり，60センチぐらいになるものもでてきた。その多くのものは，鱗におおわれていたことからみて，活発に動くことができたものと思われる。おそらく海底から離れて，水中を泳ぐこともできたはずである。しかしながら，この時点ではまだ，彼らの中に泳ぎがうまいといえるほどのものはいなかった。というのも，彼らは背面か腹面の正中線上に単一の正中鰭をもっていて，これが体の旋回をふせいである程度の安定性を与えてくれはしたものの，対になった側鰭は体に備わっていなかったからである。

　そういうわけで，この状態はその後数百万年の間ほとんど変わらなかった。だが，この非常に長い時間の間に，サンゴが生まれ，体節動物は新たな種類を進化させ，それらがまもなく海を離れて陸地に最初の足場を築くことになった。同じ時期に，原始魚類にもまた，重大な変化が起こりつつあった。最初はフィルター装置として生じた喉のわきの鰓裂の壁面には細い血管がはりめぐらされ，実際に鰓としても働くようになった。さらに，この鰓

海の征服者

裂の間の肉は骨性の支柱で補強され，その第1対目の骨が非常に長い期間かかってしだいに移動し，ついに前方を向いている頭骨とちょうつがい状に接合するようになった。そして，そのまわりに筋肉が発達したため，この骨の前端を上下に動かせるようになった。こうして，彼らは顎を手にいれたのである。また，顎をおおっている皮膚についていた骨性の鱗が，大きく鋭くなり，歯となった。こうして，この海生の脊椎動物は咬みつくことができるようになり，もはや海底で泥や水から食物をこしとる必要がなくなったのである。さらに，体の下部の両側からは，水中を泳ぐときの助けとなる皮膚片がはりだし，これがやがて側鰭となっていった。こうして，脊椎動物のハンターが，はじめて海水の中を器用に正確に泳げるようになったのである。

　4億年前にこの変化が起きた当時の海底を歩いて渡れる場所がある。オーストラリア北西部の先住民がゴーゴーとよんでいるところのほど近く，現在牧場としてつかわれている平坦な荒地の中に，奇妙な形のいくつもの岩棚が1列にならんでそびえたっている。それぞれの岩棚は300メートルほどの高さがあり，非常にけわしい岩山を形成している。地質学者たちはこの場所を地図に書きいれながら，ふつうの浸食力でどうしてこんな形の崖ができたのか理解に苦しんだ。そこで彼らが，この切れ目のはいった岩面をくわしく調べてみたところ，これらの岩の中にサンゴの化石がぎっしりとつまっていることがわかった。つまり，この地域は，かつては海におおわれており，そのころこれらの崖は魚のたくさんいる深い礁湖を抱いたサンゴ礁だったのだ。泥水の中ではサンゴは育つことができないので，うしろの陸地から流れ込む堆積物で濁った川がサンゴ礁の空隙を維持した。やがて，礁湖はすこしずつ堆積物で埋まり，その結果海は後退していった。その後しだいにオーストラリア大陸全体が隆起し，こんどは川や雨が，礁湖の底を埋めたやわらかな砂岩をけずり，押し流した。こうして，今日サンゴ礁が海ではなく，イネ科のスピニフィックスの茂みといじけたマルガアカシアの茂みにおおわれた荒野に高々とそびえることになったのである。このサンゴ礁のふもと，つまりかつては海底だったところには，特別に硬い岩の団塊がいくつもころがっている。その中には，先端から細長い草の葉のような骨がのぞいているものもある。地質学者たちはこの団塊を研究室にもち帰り，数カ月間酢酸につけておいた。すると，しだいに岩がくずれ，やがて中から世界最初の真の魚の骨格が，欠けたところもゆがんだところもなく，驚くほど完全な形で現われたのである。

　このごく早い時代に生きていた魚の化石が，オーストラリアのみならず世界各地でさらにたくさんみつかった。今では進んだスキャン技術のおかげで，化石をとじこめた岩を溶かさなくても，団塊の内部をのぞきこみ，化石を調べることができる。大部分の種は，祖先と同様，何らかの形でよろいのようなものをまとっていた。つまり皮膚にある骨性の板に厚い鱗がついていたのである。彼らの顎にはおそろしげな歯が生えていた。また，原始的な柔軟な脊索をとりまいて体を縦に走る脊柱の基礎となるものをふくめて，初期の内骨格をもつものもあった。そしてどの種もよく発達した側鰭をふつうは2対——喉のすぐうしろの胸鰭と肛門の近くの尻鰭を各1対——備えていた。だが，その形はさまざまだった。あるものは2対の鰭が1列につながっていたし，あるものは胸鰭が管状の骨につつまれ，

海の征服者

探り針か支柱のようにみえた。底生のものもあれば，自由遊泳性のものもあり，体長が6〜7メートルに達する巨大なものもいくつかあった。そして，これらとの競争の中で，顎のない原始魚類はすでにほとんどすべて死に絶えていた。

このころ，すなわち今から4億5000万年ほど前に，魚類界に分裂が起きた。現生種を調べると，このときに何が起きたのかわかる。あるグループの魚において一部の遺伝子が何らかの理由で重複してつくられ，その結果として硬骨製の骨格がつくられるようになった。彼らの子孫が，われわれをふくめたあらゆる現生の脊椎動物の祖先となった。それ以外のグループは体内の硬骨のほとんどを失い，かわりに骨格をつくるものとしてもっとやわらかく軽量で弾力のある物質，すなわち軟骨を使いだした。このグループの子孫がサメやエイである。魚類の祖先が大昔にこのように分裂したことは，人間とタラの関係のほうがタラとサメの関係よりも近しいことを意味する。

骨が減ったために，初期のサメは大きさが同じであれば祖先にくらべてかなり軽くなったことはまちがいない。それでも筋肉と軟骨は水より重かったので，海底より上層に浮かんでいるためには，たえず泳いでいなければならなかった。彼らは，祖先と同じように，体の後半をくねくねとくねらせ，尾を強く打って水中を進んだ。だが，推力が尾の背面から生じるため，鼻先がどうしてもさがりぎみになる。サメはこれを補正するために，潜水艦の翼板やリア・エンジンの飛行機の翼のように水平にひろがった2つの胸鰭をもっている。しかしながら，この胸鰭はあまり融通のきくものではない。サメは，胸鰭を突然垂直位置までひねって，ブレーキとしてつかうといったことができないのである。実際，突進中のサメは止まることができず，逆進することもできないので，障害物をよけるには片側にそれるしかない。また，彼らは尾を打つのをやめると沈んでしまう。実際，何種かのサメは夜休むが，そのときは海底で眠るのである。

軟骨魚類のある系統は，水中に体を浮かべておくために絶え間なく尾を打つという，エネルギーを消耗する仕事をやめて，なかば永久的に海底にとどまるようになった。これが，エイとガンギエイである。その体はごく扁平で，胸鰭は横に大きく三角形にはりだしており，彼らはこの鰭を波打たせて移動する。したがって，尾は打つ必要がないので筋肉がすっかり退化し，細い鞭のような形になっている。中には，その先端に有毒な棘をもつものもある。このしくみはたいへん有効に働くが，この方法では自由遊泳性のサメほどのスピードをだすことはできない。だが，エイにはその必要がない。なぜなら，彼らは活動的なハンターではなく，たいていは海底から軟体動物や甲殻類をつまみあげ，体の下面に開いた口でつぶして食べているからである。この口の位置はこのような採餌方法には大変便利だが，呼吸はややこしいことになる。サメは口から水をとりこみ，鰓の上をとおして鰓裂からすてる。だがエイが同じようにして水をとりいれたら，泥や砂をすいこんでしまう。そこで彼らは，かわりに頭の上面に新たに2つの穴をつくり，ここから水をとりこんでそのまま鰓にみちびき，鰓裂から体の下面に水をすてるのである。

エイの1種マンタは，再び祖先のやりかたにもどって表層水を泳ぐようになった。体が横にひろがっているため，この魚はグライダーが空気を利用するのと同じように水を利用

集団でプランクトンを捕食するマンタ（*Manta birostris / alfredi*）。インド洋，モルディブ共和国，バア環礁，ハニファル湾。

して体を支え，あまり力をつかわずに浮いていることができる。だが，横にはりだした鰭を波打たせても，尾を打つときほどの強力な推進力は得られないので，近縁のサメほど速く泳ぐことはできず，したがって，ハンターとして彼らと競いあうこともできない。かわりにこの魚は，ときにはさしわたし7メートルにもおよぶ鰭をはためかせて水中をゆっくりと泳ぎ，その巨大な裂け目のような口を大きくあけたまま保ち，海中にただよっている小形の甲殻類や小魚の群れをこし集めて食べているのである。

硬骨で骨格を強化した魚類の大きなグループの子孫たちは，今日世界中の海で大きな勢力をほこっている。彼らはたいへんまわり道ではあるがきわめて有効なやりかたで，重さの問題に解決策をみいだした。いくつかのグループが外海から沿岸水域に分布をひろげ，やがて浅い礁湖や泥浜にはいりこんだ。魚にとってこうした場所での呼吸はむずかしい。というのも，浅瀬の水は外洋にくらべてあたたまりやすく，水があたたまると，溶存酸素量が減少するからである。このため，魚がそこにすむには，酸素を確保する方法をあみだされねばならなかった。彼らの用いた方法を知りたければ，背中に18枚の離れ鰭が並んだ奇妙な姿で細長い体のビチャーという魚をみればよい。ビチャーはアフリカの川や沼沢地にすみ，定期的に水面に上がってきては，空気をのみこむのである。空気は喉をとおって，腸の上端の壁に入口のある袋にはいる。この袋の厚い壁には毛細血管がはりめぐらされており，この毛細血管から気体状の酸素が吸収されるのだ。ビチャーは他の魚と同様に鰓をもっているが，それに加えてじつに肺まで備えているのである。

ところが，空気のつまった袋はたまたまもう1つ別の利益をもたらした。つまり浮力を与えたのである。このことは，これら空気呼吸のパイオニアたちの多数の子孫にとって，いっそう重要な能力となった。体内の空気の袋のおかげで，彼らは尾をたえまなく動かしていなくても水中に浮くことができた。まもなく，水面に上がって空気をのみこむのではなく，気体を血液中から空気袋にとりこめるものたちが現われた。あるものでは，空気袋と腸の間の管が中のつまった糸になってしまった。こうして，魚は浮袋を手に入れ，ゴーゴー・サンゴ礁付近の礁湖には，このような新しい構造をもったいろいろな種が泳いでいた。

こうして今や，遊泳技術は飛躍的な進歩をとげた。彼らは，血管と浮袋の間で気体を出し入れしたり，腸につながっている管から直接気体を排除したりして，水中での深度を自由に変えることができるようになった。また，胸鰭は浮力を与える仕事から解放されたため，体の動きを精密に調節するのにつかえるようになった。ここにいたって，魚の遊泳技術は，ほぼ完成したわけである。

水は空気の800倍の密度がある。そこで，体についているわずかなでっぱりや突起でさえ，鳥や飛行機の場合にくらべてずっと大きな抗力を引き起こしてしまう。このため，容赦ない自然淘汰の圧力のもとで，マグロ，カツオ，マカジキ，サバなど外洋を高速で泳ぎながら獲物を追ってとらえる魚は前端が細くとがり，そのすぐあとに直径が最大の部分がつづき，それからしだいに細くなって二叉の対称の尾鰭に終わるすばらしい流線形の体を進化させている。尾鰭は推進器であり，体の後半全体は事実上この推進器を動かすための

球形の群れをなすカタボイワシ (*Sardinella aurita*) に襲いかかるニシバショウカジキ (*Istiophorus albicans*)。メキシコ，ユカタン半島沖合。

海 の 征 服 者

エンジンである。背骨には何列もの筋肉がついているため、魚は生涯変わらぬ強さで尾を左右に打つことができる。鱗は初期の種類では重くてでこぼこしていたが、今では薄くなってぴったりと体についているか、あるいはまったくなくなっている。体表は粘液でぬるぬるしている。鰓蓋(えらぶた)は体にぴったりはめこまれ、眼はなめらかな輪郭の上にわずかにでっぱっている。胸鰭、腹鰭、背鰭は推進力には何の役割もはたしていない。それらはかじ、安定装置、ブレーキとして働くだけである。そして魚が速く泳ぐときには必要がないので、体表のへこみにぴったりあうように体側におしつけられている。さらに、尾の上下両側にあたる体の上縁と下縁には、乱流を防ぐスポイラーとして働く三角形の小さな葉状の突起がついている。

この形状がどれほど完璧なものであるかは、まったく異なる科の魚がこの同じ形状を獲得しているため、たがいにたいへんよく似ているという事実からもうかがえる。ある魚が外洋に出て、食うためや食われないためにスピードにたよるようになると、自然淘汰の容赦ない力が体形にみがきをかけ、その目的に最も効果的な形、つまり数学的に最も完璧な形にしあげるのである。

捕食者に追いつかれる危険にさらされている表層魚のあるものは、その胸鰭を特別な目的につかっている。彼らは追われると、水中からとびだし、それまで体にぴったりくっつけていた非常に長くて幅広い胸鰭をひろげる。この皮膜が空気に乗ると、魚は波の上に浮きあがり、そのまま数百メートルも滑空して追跡者をまいてしまうのである。ときには、飛んでいる最中に体を傾けて尾を水に浸し、さらに何回か打って勢いをつけなおし、飛行をつづけることもある。

だが、すべての魚がスピードにたよって生活しているわけではない。外洋や沿岸にすんでいる魚には別の問題や要求があった。けれど彼らにとっても、浮袋を手にいれたことは有利なことだった。鰭を他のいろいろな目的につかえたからである。パイクの鰭は美しい薄膜状のオールになっていて、体とのつなぎ目からゆっくりと前後に回転するので、この魚はごくわずかな水流の変化を補正でき、まるでみえない糸でつるされているかのように、岩の上にじっとしていることができる。グラミーはその腹鰭を長い糸状の触手に変え、それをつかって自分の前の水中を探り、繁殖期には交尾相手を抱きしめる。またヌメリゴチは鰓蓋に有毒の棘をつけてみごとな防御用武器に変えている。

浮袋を手にいれ、体重がもはやそう問題にならなくなったので、いくつかの種は再びよろいを身につけるようになった。さまざまな生物が密集し、当然危険も多いサンゴ礁にすむハコフグは、かたい骨質の箱の中に体をおさめ、箱からつきだした胸鰭と、尾鰭だけをくるくる、ひらひらとはためかせながら、サンゴの上を泳いでいる。タツノオトシゴもよろいにつつまれたかたい体をもっている。その鉤形に曲がった尾には鰭がなく、それを可動性の鉤としてつかい、体を海草やサンゴにつなぎとめておく。体は直立しており、本来の背鰭が波打ってリア・エンジンの役目をはたしている。彼らはこの背鰭と回転する左右の胸鰭とをつかって、サンゴと海草の林の中を立ったまま静かに移動するのである。モンガラカワハギは、サンゴの石質の枝をかみ砕いて中の食用に適したポリプを食べる。この

網にとまるタツノオトシゴの一種(*Hippocampus abdominalis*)。オーストラリア、ニューサウスウェールズ州、シドニー、マンリー。

浅瀬のヒラシュモクザメ (*Sphyrna mokarran*)。バハマ諸島，サウスビミニ島。

魚は鰭を全部体の後半に集めてしまった。大きなひらひらする背鰭が尾のつけ根に，そしてその下側に尻鰭がある。このため，頭部はすっかり自由になり，サンゴの枝の奥に頭をつっこんで，おいしい餌をあさることができる。この魚の英名であるtrigger fishのtrigger（ひきがね）とは，背鰭の骨化した第一鰭条（ひれすじ）のことである。そのうしろの2つの鰭条は第一鰭条をそのつけ根の関節のところでロックする装置に変わっている。岩礁に荒波が打ちよせ，自由遊泳性の魚が岩やサンゴに打ちつけられるおそれがでてくると，モンガラカワハギは岩の割れ目に泳ぎこみ，その骨性の"ひきがね"を立てて，適当な場所に体をしっかりと固定する。こうなると水流も，飢えた捕食者も，好奇心の強いスキンダイヴァーも，もうこの魚をつまみだすことができない。

一部の硬骨魚は軟骨魚のエイやガンギエイをまねて，かつては祖先の成功の原因であった浮袋をすて，底生生活を行なうようになった。胸鰭の用途もひろがった。ホウボウでは，胸鰭の前部の皮膜がなくなったため，鰭条が遊離して，クモの肢のように独立して動くようになった。彼らは，この鰭条をつかって石をひっくりかえし，餌をあさるのである。カレイは驚くほど底生生活に適応している。この魚は，一部の生物がみずからの発生の過程で進化の歴史の諸相を示す傾向があるということをふたたびおしえてくれる。カレイは卵からかえったときは，祖先と同じように海中を泳いでいる。ところが，2，3カ月たつと，彼らは変態を行ない，それまでもっていた浮袋を失う。頭はねじれ，口は横に移動し，片眼が右によって反対側の眼とならぶ。そのころになると，海底に降りていって横たわるのである。胸鰭はまだ残っているが，もうほとんどつかわれることがない。背鰭と尻鰭は大きくなって体をふちどり，彼らはこれを波打たせて泳ぐのである。

このように魚たちは，尾を打って進み，胸鰭でこぎ，腹鰭で水面を滑走し，サンゴ礁のロココ建築から海底の山や平野，ゆらめく海草の林，陽のさす青い海原にいたるさまざまなすみ場所をすばやく正確に泳いでいる。だが，移動力が増してくると，それに応じて感覚能力も増さねばならない。つまり，自分がどこへ向かって移動しているかがわからなくてはならないのである。

あらゆる魚は，われわれにはないある感覚を備えている。魚の体には，体のほかの部分とは若干質感の異なる1本の線が腹にそって走り，頭部で何本かに枝わかれしている。この線は側線とよばれ，実は多数の小孔が表皮直下を走る溝で連なったものである。この側線系によって魚は水圧のちがいを知ることができるのである。魚が泳ぐときには，圧力波を生じ，それが魚の前方に向かってひろがってゆく。この波が他の物体にぶつかると，魚はその変化を側線系によって感じとることができる。また，この距離探知能力によって，ならんで泳いでいる他の魚の動きを検知することもできる。これは群れをなす種にとっては重要な能力である。

魚は嗅覚も鋭い。鼻孔はカップ状にひらいていて，水の化学組成のごくわずかな変化をも感じとることができる。サメ類は0.04ppmの味を検知することができ，水流の向きがよければ，500メートル離れた動物の体から流れでる血のにおいをかぎつけることができる。彼らは食物をみつける際に，ほぼにおいにたよっているわけだが，このことはサメ類

の中でも最もグロテスクなシュモクザメが，なぜそのような形をしているかの説明となっている。シュモクザメの鼻孔は，頭の左右にはりだした突起の先端にある。獲物のにおいがすると，彼は頭を左右にふって，においがどこからくるかを調べる。そして，においの強さが左右の鼻孔で等しく感じられるようになったところで，まっしぐらに進むのである。こうして，このサメは，しばしば現場にいちばん先に姿を現わす捕食者の1つとなるのだ。

　魚類はごく初期から音を感知できたらしい。原始魚類やヤツメウナギの頭骨の左右には，アーチ形をした2個の半規管をふくむ小胞があるが，顎のある魚では，これがさらに改良されている。つまり後者では，水平面に第3の半規管があり，その下に大きな囊状部（のうじょうぶ）がついている。この3個の半規管と囊状部は，きわめて感受性の強い内壁を備えているとともに小さな石灰質の粒子をふくんでいる。これらの粒子が，体の傾きぐあいや音波によって移動したり振動したりすると，それを内壁で感じるしくみになっているのである。また，水中では空気中の場合よりもはるかに音がつたわりやすく，しかも魚の体には水分が多い。そこで，空気中で生活している脊椎動物には必要な，外部と半規管をつなぐ特別の通路がなくても，音波は頭骨を直接つきぬけて半規管に到達する。こうして，彼らは他の魚たちが水中を勢いよく進むときに発する音や，サンゴに生えている海草をかきとる音，また甲殻類がそのかたい殻をカチカチいわせる音などを聞くことができるのである。

　さらに，魚たちが浮袋を獲得すると，音の受信と伝達に関して，より一層の改良の可能性が生じることになった。現在では，数千種にのぼる魚が，何らかのかたちで浮袋と内耳とをつなぐ骨性の連絡路を発達させており，浮袋でとらえられ増幅された振動を半規管に伝えるようになっている。さらに，ある魚たちは，特別な筋肉まで発達させて浮袋を振動させ，大きなとどろく音を出せるようになっている。数種のナマズがこうした音を出すが，これは暗い水中を移動しながらたがいによびかわしているのだろうと思われる。ほかに多くの魚が求愛行動中にコミュニケーションを交わすのに音を利用している。

　視覚もやはりごく初期に獲得された能力である。ナメクジウオの眼点は明暗のちがいを感受する。この顎のない魚は，頭が重い板でおおわれていたときでさえ，そのよろいに眼のためのすきまをもっていた。光の反射や屈折を支配している法則は普遍的なものであるから，効率のよい眼の基本的なデザインの数があまり多くないのも当然であろう。サンヨウチュウはモザイク眼をつくり，昆虫も同じくモザイク眼をつくっている。他方，カメラのように単一の像を結ぶ眼，すなわち像形成眼は，どの動物のものも基本的には同じ構造をもっている。すなわちいずれも，前面に透明な窓とレンズをもち，後部に光を感じる内張りをもったとじた室になっている。これはイカやタコの眼のパターンであると同時に，人間がつくった機械，つまりカメラのパターンでもある。それはまた，魚類が発達させ，陸生の脊椎動物すべてに伝えた眼の基本でもあるのだ。感光性の内張りには，形の異なる2種類の細胞，すなわち桿体（かんたい）細胞と錐体（すいたい）細胞がふくまれている。前者は明暗を区別し，後者は色を感じるのである。

　ほとんどすべてのサメ類とエイ類の眼は，錐体細胞をもっていないので，彼らは色を識別することができない。このことから，彼ら自身が，褐色や灰色，オリーブ色やはがね色

海の征服者

といったくすんだ体色の動物であることもうなずける。また，体に模様がある場合も，単純な斑点やまだら模様であることが多い。一方，硬骨魚類は非常に異なっている。彼らの眼には，桿体細胞と錐体細胞の両方があり，大部分のものは色覚がすぐれている。したがって，彼らの体色はあざやかで多様なのだ。サファイア色の体に黄緑色の鰭がついているものもあれば，灰緑色の脇腹にオレンジ色の点がちりばめられているものもある。チョコレート色の鱗の1つ1つのふちがクジャクの尾羽のような青でかざられている魚があるかと思えば，金色の中心斑を赤，黒，白の環が弓の的のようにとりかこんだ模様を尾にもっているものもある。硬骨魚類は，ほとんどありとあらゆる模様と色を駆使して身をかざっているようである。

　これらの魚の中で最もはでな色や模様をもっているのは，そのデザインがよくみえる場所，すなわち熱帯の湖や川，サンゴ礁のまわりなど陽のさしこむ水域にすんでいる魚たちである。このような場所にはさまざまな種類の生物がおり，また食物も豊富なため，魚の個体数が非常に多く，こみあっている。このような環境では，相手が自分と同じ種に属しているかどうかを知ることがきわめて重要になってくる。そこで，魚たちは非常にはでな制服を採用し，その目的に役立てているのである。

　その体色の美しさからチョウチョウオとよばれているグループは，1つの小さな科の中にどれほど多様な色や模様がありうるかを示す好例である。彼らはどれもほとんど同じ大きさで，全長数センチほどしかなく，体形もだいたい同じである。体が薄く，おおよそ菱形で額が高く，口は小さくとがっている。それぞれの種には，好みの深さと好みの食物があり，おのおのサンゴ礁の上の特定の場所を選んですんでいる。ある種はサンゴの枝の間をつつくための長い顎を備えており，またある種は特定の種類の小形甲殻類をくいちぎるのにつごうよく特殊化している。このようにこみあった環境では，"このテリトリーには持ち主がいるから同種の他個体は侵入してはならない"と明瞭に宣言することが，それぞれの個体にとって重要である。同時にこの体色は，同種の雌に，彼女がちゃんと子をつくることのできる同種の雄がここにいるぞということを知らせる役目をもはたしている。多くの環境では，このような方法で自分の属する種を明示することは，捕食者の好目標になるという点からおのずと限界がある。ところが，チョウチョウオの場合は，そういった心配があまりない。というのも，彼らはサンゴの上をうろついていて，いざというときには一瞬のうちに，その石のようにかたい茂みに逃げこめるからである。こういうわけで，この科のそれぞれの種は，形の似かよった体のカンバスの上に，縞模様や斑紋，点々，眼玉模様，ジグザグ模様を基調にしたはでなデザインを描いているのである。

　産卵期が近づくと，配偶者をみきわめる必要性は特に強いものとなる。サンゴ礁から離れた危険の多い開けた水域にすんでいる魚でも，雄たちは自分のライバルを脅し雌をひきつけるために，危険をかえりみず，やはりはでな体色をとることが多い。雄はライバルに出会って興奮すると，皮膚の色素胞のはいった細胞を拡張させるのである。彼らは闘牛士のマントよろしく鰭をはためかせながら，たがいにぐるぐるまわり，体色をみせびらかして戦う。尾を打ってライバルの側線に強い波を送るかとおもうと，たがいに鰭の模様をひ

次見開き
トゲトサカ（*Dendronephthya* sp.）の前を泳ぐタテジマキンチャクダイ（*Pomacanthus imperator*）。エジプト，紅海。

っかきあったりする。こうして戦ううちに、やがて片方がもうたくさんだと感じると、彼は降服のしるしに、今まで拡張していた色素胞を収縮させ、別の色素胞を拡張させて脇腹の模様をかえ、降服の白旗をかかげるのである。こうしてやっと、勝者は邪魔されることなく雌に求愛することができる。その際、彼は、攻撃につかったのとほとんど同じレパートリーの模様や鰭のディスプレーをもちいるが、雌にとっては、これらは攻撃の意味をもたず、産卵にいたる一連の性的反応のひきがねとして作用するのである。

ある種の魚たちは、まわりの水中で起こっていることばかりでなく、水面の上、つまり空気中で起こっていることまでみることのできる眼を備えている。テッポウウオは、岸辺に生える草などにとまっているハエその他の昆虫が好物である。そこで彼らは、光が水中から空気中に進むときに屈折する分を補正して狙いを定め、水をふきかけて昆虫をとまっている場所からたたき落として食べてしまうのである。ヨツメウオとよばれる中央アメリカ産の小形の魚は、その面でさらに特殊化している。この魚の眼は、瞳孔がまんなかから上下にわかれていて、下半分で水中を、上半分で空気中をみるようにできている。効果の面からいえば計4つの眼をもっているわけだ。この眼のおかげで、彼らは水面を泳ぎながら、水中の食物と空気中の食物を同時にさがすことができるのである。

こうした水面近くで生活している魚たちに対し、他方の極端な例として750メートルもしくはそれ以下の深海で生活しているものたちもいる。こうした深海では、魚たちがたがいの信号をみるのに必要な光がないので、多くの種は自分で光をつくりだしている。あるものは、発光物質をつくれるように細胞を変化させている。あるものは発光バクテリアの培養器官を備えており、その上をおおっている皮膚片を動かして、バクテリアを露出させたりかくしたりして、光を点滅させる。このため深海は、リズミカルに動き絶えまなく点滅する光でいっぱいである。これらが一種の社会的信号、たとえば群れの中の他個体への合図や異性への呼びかけであるかどうかは推測の域を出ない。その機能が正確に理解されるまでには、まだ多くの研究がなされねばならない。しかしながら、あるタイプの生物発光にはまぎれもない目的がある。深海性のアンコウは、糸のように細くのびた背鰭の前に長い棘をもっており、これを口の前にぶらさげている。その先端には緑色に光るふくらみがある。他の魚がこの揺れる光を調べに近づいてくると、アンコウはやおら大きな口をあけ、その魚をのみこんでしまうのである。

深海以外にも、暗い水域はどこにでもある。熱帯には、浮遊性の植物でおおわれ、朽ちた葉がいっぱいはいっているため黒く濁っている川がある。こうした川にすむ魚たちは、これまで他のどんな生きものも試みたことのない独特の方法をあみだした。彼らは体内で発電をするのである。発電魚には小形の硬骨魚が多い。南アメリカ産のナイフフィッシュや西アフリカ産のエレファントフィッシュ——長くのびた口をゾウの鼻にみたててこの名がつけられた——などがそれである。彼らをみつけたいときにはこうすればよい。まず、小さなバッテリーと小型スピーカーをとりつけたアンプを用意する。次いで、アンプの電極に2本の針金をつなぐ。それから、この針金の先を発電魚が川底の泥の中で餌をあさっていそうな流れにつけてやる。すると、スピーカーからパチパチという音が聞こえてくる

ヒレナガチョウチンアンコウの一種（*Caulophryne jordani*）の雌。700mから3000mの大西洋深海に棲息する。

だろう。これが，人間が聞ける音になおされた，魚たちの発する電気信号なのだ。

彼らは，脇腹の筋肉をこのような電気を発生させ放電する器官に変化させている。ほとんど連続的に信号を発している種がある一方，ときおり短い信号を発するだけのものもいる。彼らは，それぞれ自種を認知できる特有のコードをもっているようである。このような放電によって，魚の体のまわりの水中に電場が生じる。水とは異なる導電率をもった物体があると，この電場にゆがみが生じる。魚は体表に散在する受容器でこの変化を感じとり，まっ暗闇の水中でもまわりにある物体の形や配置を知ることができるのである。

発電魚の中で最大のものは，南アメリカのデンキウナギである。この魚は本物のウナギとは類縁がないのだが，外見が似ているためこうよばれている。彼らは全長約1メートル半，太さは人間の腕ぐらいになり，川の土手の下の穴や岩の間にすんでいることが多い。ウナギのように細長い体をした生きものにとって，尾のほうから逆向きにこのような穴にはいってゆくのはかなりむずかしいことだ。そこで，デンキウナギは電気を利用してこれを行なっている。水槽の中でデンキウナギがこの問題にとりくんでいるところを観察すると，放電するパチパチという音が聞こえてくる。彼が自分の背後に選んだ休み場所の輪郭を知ろうとするにつれて，その音の周波数はだんだん高くなってゆく。このようにして，その長い体をゆっくりとあやつって，周囲の壁にまったくふれることなく中にはいるのである。だが，デンキウナギはもう1組のバッテリーをもっている。それは，方向探知のための一様な低ボルトの電流ではなく，非常に強力な電流を流すことができる。このため，ゴム手袋とゴム長靴なしにうっかりこの魚をつかもうものなら，ふいに猛烈なショックをうけて仰向けにばったり倒れることはまちがいない。デンキウナギはこの放電を利用して狩りを行なう。最近，ある向こう見ずな科学者が，デンキウナギが獲物を襲うプロセスを動画解析によって正確に解明しようとした。標的には自分の体をつかった。デンキウナギは水からとびだすと，被害者に鼻先からすり寄るような動作をみせ，そのあいだに電気ショックの波状攻撃をしかけてくる。その科学者によると，このときのショックは激しい痛みを伴うものだった。だが賢明にも，彼はこの実験で幼いデンキウナギを選んでいた。成体のデンキウナギは，電気で獲物を殺すことのできる世界でもごく珍しい動物なのである。

よろいをつけた顎のない生きものが，古代の海の泥深い海底を，尾をふってもたもた動きはじめてから5億年の歳月を経た今日，魚類は約3万種を数えるまでになった。この間に，彼らは世界中の河川，湖沼，海洋のあらゆる水域にすみついた。魚類が水圏をわがものにする巧みさは，最も堂々とした，勇ましい有能な魚，サケにその典型をみることができる。

北アメリカの河川をのぼるサケは5種ある。彼らは太平洋でその生涯の大半をすごす。幼魚時代はプランクトンを食物にしているが，大きくなると魚を捕えて食べる。そして，毎年8月になると成熟したばかりのサケがアメリカの沿岸に姿を現わす。彼らはいったん沖あいに集まり，それから川をさかのぼりはじめる。急流と闘い，くぐりぬけ，側線の水圧受容器の助けをかりて流れのゆるやかなコースを選び，疲れると静かな淵で休み，また体力が回復したところで次の急流にいどんでゆくのである。

海の征服者

デンキウナギ (*Electrophorus electricus*)。ベネズエラ。

　サケがさかのぼる川はでたらめに選ばれるのではない。それぞれの個体は、自分が生まれた川の水の味とにおいを、つまり泥の中の無機質やそこにすむ動植物から生じる感覚をおぼえているのだ。彼らは、故郷の水が海に流れ出て数万分の1にうすまっても、そのにおいをみつけることができる。しかし数百キロも離れた海中から特定の河口をみつけるには、何らかの地図が必要だ。彼らの使う地図に記された大規模な目印は、物理的なものではなく、化学的なものでもなく、磁気的なものらしい。地殻の場所ごとに異なる地球の磁場強度の変化を利用して特定の入江に戻り、そこから先は嗅覚を利用する。においが強くなる方向をたどって特定の川にたどりつくと、あとは特定の支流にはいるまでその川をさかのぼっていく。旅のこの段階で彼らを導いているのがにおいであることはたしかだ。というのは、サケは鼻孔をふさがれると迷い子になるのである。彼らの記憶とナビゲーションの正確さにはおどろかされる。複数の実験で、孵化してまもない数千の稚魚に印をつけて放したところ、のぼる川をまちがえたのはわずか1、2匹にすぎなかったのである。

　故郷の川に帰る衝動は強いが、それには障害もたいへん多い。塩水から淡水に移動する

海の征服者

には，まず体の大々的な化学的調整が必要であるが，サケはこの問題を首尾よく克服している。また，上流にさしかかると，滝にぶつかる。彼らは，そのよくみえる眼で滝の最も低いところをみさだめ，筋力たくましい銀色の体を曲げて尾を勢いよく打ち，水からとびあがる。何度もジャンプをくりかえさねばならないこともあるが，ついには滝の上の淵に着水して，再び旅をつづけることになる。

やがて彼らは，親たちが産卵した浅瀬に到達し，そこで頭を上流に向け，彼らの黒い背で川床の白砂がみえなくなるほどぎっしりとならんで，しばしの休息をとる。だが，2，3日もたつと，雄の体の形が目にみえて変化してくる。背に大きなこぶができ，上顎は鉤形になり，歯は長い牙になる。この牙はものを食べるのには役立たない。といっても食物をとる時期はとうにすぎているので心配はいらない。この歯は戦いのためのものなのだ。やがて雄どうしは体を打ちつけあって，たがいに相手の顎にかみつき，つきだした歯を相手の体につきたてて，はげしい戦いをくりひろげる。水が浅いので，のたうちまわる彼らのこぶのある背が水面からとびだしてみえる。長い戦いの末，ようやく片方が勝ち名乗りをあげ，川床の一画を確保して砂をならす。次いで，1尾の雌が彼のそばによってくる。すぐに卵と精子が放出され，その上に砂利がかぶせられる。

今やサケたちはすっかり力をつかいはたした。彼らにはもう傷ついた体をいやすだけのエネルギーすら残っていない。鱗ははげおち，たくましかった筋肉はおとろえ，あとは死をむかえるだけである。川をのぼってきたおびただしいサケのうち，1尾として海にたどりつけるものはいない。ぼろぼろの屍体は腐るにまかされて水面をただよい，やがて山のように砂州に打ちあげられるのだ。それでも，流れのここかしこでは，最後まで生き残った連中が，絶望的なあがきをくりひろげている。だが彼らも，群れをなして集まってきたカモメたちに眼をえぐられ，黄色い肉を引き裂かれてしまうのである。

しかし，砂利の下には，すべての雌が1尾あたりおよそ1000個ずつ産みつけた卵が，静かに時をまっている。きびしい冬を安全にすごし，やがて春がめぐってくると，卵はいっせいに孵化する。稚魚たちは2，3週間川にとどまり，あたたかくなった水の中にどっと現われてくる昆虫や甲殻類を食べて育つ。そして幼魚になると生地を離れ，流れを下って海へと向かうのである。海ですごす期間は，種によって異なり，2年のものもあれば，5年におよぶものもある。そして，多くのものがそこで他の魚に食べられ命を落とす。だが，やがて，無事に生き残ったサケたちは故郷の川をさかのぼり，それから自分が生まれた場所で死ぬのである。

地球表面の4分の3は水におおわれている。そして，まさに世界の4分の3が，これら魚たちの領域なのである。

産卵のため川を遡上するベニザケ（*Oncorhynchus nerka*）。カナダ，ブリティッシュコロンビア州，アダムズ川。

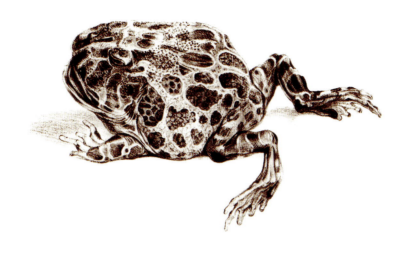

6

陸への招待

　生物の歴史において最も重大な事件の1つが，約3億7500万年前に熱帯の淡水の沼で起こった。すなわち，魚が水から這いだし，はじめて脊椎動物が陸地にすみつくようになったのである。この境界線を越えるために，彼らは，最初の陸生無脊椎動物と同様に2つの問題を解決しなければならなかった。その第1は，水の外でいかにして移動するかという問題であり，第2はどのようにして空気中から酸素を手にいれるかという問題だった。

　現生の魚の中に，この2つの問題をどちらも解決しているものがいる。トビハゼ類がそれである。しかし，この魚は，はじめて陸にあがった魚たちと近縁ではないので，比較する場合には細心の注意をはらわねばならない。それでも，両者を比較することは，この重大な移住がどのようにしてなしとげられたかについて，あるヒントを与えてくれる。トビハゼ類は体長が数センチしかない。彼らをみたければ，熱帯地方の随所にある海岸のマングローブ林や泥の多い河口にゆけばよい。水際のてらてら光る泥の上にのっかっているのがみられるはずだ。また，場合によってはマングローブのアーチ形をした気根にへばりついていたり，幹をよじ登っていたりするかもしれない。そして何かがいきなり動いたり，ふいに音がしたりすると，急いで安全な水の中に逃げこんでしまう。彼らは水のしみでた

引き潮の干潟に胸びれで足跡を残していく，トビハゼの一種（*Boleophthalmus boddarti*）。マレーシア，セランゴール州，クアラ・セランゴール自然公園。

インドネシアでみつかった，科学者の目にとまった2体目のシーラカンス。のちに *Latimeria menadoensis* という新種の基準標本になった。

泥の上にでて，そこに群がる昆虫その他の無脊椎動物を食べる。泥の上を進む際には，体の後端を急激に曲げて，ちょっとはねるようなかっこうで移動する。だが，彼らはもっと堅実な方法で進むこともできる。すなわち，対になった胸鰭(むなびれ)をつかってにじり進むのだ。これらの胸鰭は基部が肉質になっており，その内部には骨がある。いわば頑丈な杖のようになっているわけで，彼らはそれをてこにつかって這うのである。

　だが，この画期的な陸地への移住を初めて行なった脊椎動物は何だったのだろうか。たくましい肉質の基部をもつ鰭は進化史において，トビハゼ類で近年進化したものであるが，4億7000万年前から4億5000万年前に栄えていた，さまざまな種類の化石魚類から成るグループにも備わっていた。中でも最も広く棲息していたのが，シーラカンスと称する一群である。そのため，1938年に南アフリカ沿岸で生きたシーラカンスが水揚げされたときには，進化生物学者の間に大きな興奮をまき起こした。化石からはけっして得られない，この古代魚の筋肉や内部構造の詳細を解き明かす絶好の機会がめぐってきたのである。ところが残念なことに，捕獲した漁師はすでにその魚のはらわたを抜いて，きわめて重要な内臓を捨て去っていた。さらに標本を集めるために，アフリカ南部と東部の沿岸一帯で調

査が開始された。標本にはかなりの額の賞金が懸けられたが，成果はまったく挙がらなかった。その後1952年になって，2体目のシーラカンスが発見された。今回捕獲されたのはマダガスカル島の北に位置するコモロ諸島の沖合である。地元の人々はこの珍しい生物を，それほどありがたがってはいないようだった。その身はたいしておいしくないし，釣り針にかかると大暴れするからである。それでも，毎年1，2尾は揚がるので，研究者はほどなく多くの標本を手に入れて，詳細に観察することができた。これに続いて，インドネシアでもシーラカンスの個体群が発見された。潜水艇に乗り込んだ水中カメラマンが撮影した映像に，その泳ぐ姿が捉えられていた。シーラカンスはゆっくりとした堂々たる泳ぎで，ときおりその変わった肉厚の鰭を使って，櫓を漕ぐようにして海底を移動していた。だが，遺伝子解析を含む詳細な解剖学的研究から，科学者たちは最終的に，シーラカンス類がきわめて古い生物群であることに疑いはないが，それまでに想定されていたほど，最初に陸地にすみついた脊椎動物と近縁ではないと結論した。

そこで，研究は陸上脊椎動物の共通祖先を探すことに方針転換し，2004年には一段と有力な候補が，今度は古生物学者によって発見された。カナダ北東部のエルズミア島で調査を行なっていた研究チームは，魚に似た大型でがっしりした生物の化石骨を掘り出した。化石を見た地元のイヌイットたちは，それを「ティクターリク」と呼んだ。ティクターリクとは，彼らがその地域でふだんから獲っている大型淡水魚の一種，カワメンタイを指すイヌイット語だったが，現在ではこのとき発見された生物の学名となっている。とはいえ，ティクターリクはじつのところ，現生するどんな魚にも——もっと言えば，他のどんなものにも——似ていない。

ティクターリクは全長が2メートル前後で，ワニによく似た大きくて扁平な頭部をもち，その上部に1対の眼がついている。体は魚のような鱗で保護されており，頸の起原となる部位をもっていた。だが，進化史におけるこの生物の重要性は，その四肢にこそある。前肢はどちらも端に鰭がついていた。魚と聞いて思い浮かべるような鰭である。ところが肉質の基部には，手首と肘の関節で結合した骨が隠されていた。この四肢は，持ち主の生物が水の外で動き回るときに役立ったにちがいない。ではいったいなぜ，陸上を動き回る必要があったのだろうか。餌を集めるためだった可能性はある——浜辺に打ち上げられた海洋生物の残骸を餌にしていたのかもしれないし，その頃すでに水辺を離れた，内陸に定着していた無脊椎生物を捕まえるためだったのかもしれない。

だが，ティクターリクは，水の外でどうやって呼吸していたのだろうか？ トビハゼ類は口に水をふくむことで，それを何とか解決している。頭をまわして口の内側を水で洗い，水中の酸素を吸収するのである。さらに，この魚はそのしめった皮膚からも直接空気中の酸素を吸収している。だが，このやりかたでは，せいぜい短時間水の外に出られるだけのこと。トビハゼ類は数分以内に水にもどって皮膚をぬらし，新鮮な水をほおばらねばならないのである。今日まで生き残っているシーラカンス，つまりラティメリアも深海を離れることがないので，やはりこの問題には何のヒントも与えてくれない。しかしまたしても，現生の魚の中にこの問題を解決しているグループが見つかる。

地球の生きものたち

絶滅した肺魚の一種（*Fleurantia* sp.）の化石。デボン紀後期（3億8500万年前～3億5900万年前）のもの。カナダ，ケベック州。

　それは肺魚類とよばれる魚たちである。アフリカの河川の氾濫原に点在する沼は，乾期には陽に干されて泥がからからになるが，そこには年間を通して数種の肺魚類がすんでおり，空気を呼吸して乾期をのりきっている。彼らは，水たまりが小さくなってくると，底の泥に穴を掘る。そして，その中にまるまって頭を尾でつつんでボールのようになり，粘液を分泌して巣穴のうらうちをする。太陽が泥をからからに干しあげると，この粘液の壁は羊皮紙のような薄膜になる。前章でも述べたように，ビチャーのような他の原始的な淡水魚は腸から突出した袋を1個もっており，これで空気を呼吸することができる。これに対し，肺魚は1対，つまり2個の袋をもっており，水の外では全面的にそれにたよって呼吸するのである。穴を掘るときに，この魚は外に通じる直径2, 3センチの管をつくる。空気はこの通気孔をとおって薄膜のおおいに達し，この「羊皮紙でつくったまゆ」にあいた小さな穴から肺魚の口にはいる。すると，肺魚は喉の筋肉を繰り返し細かく動かして，ポンプのように喉からその袋に空気をひきいれる。袋の壁には多数の血管がはりめぐらされ，その血管に気体状の酸素が吸収されるのである。この器官は単純な肺だといえる。彼らは，この肺のおかげで，数カ月間，ときには数年間も水の外で生きのびることができるのである。

　やがて，雨期がめぐってきて，再び沼に水がたまると，肺魚は数時間のうちに動き出し，

陸への招待

まゆを出て，やわらかくなった泥から這いだし，泳ぎはじめる。いったん水に入ると，ふつうの魚と同じように鰓呼吸をするが，ビチャーのように肺もつかい，たびたび水面に上がってきては空気をのみこむ。この能力は，水たまりの水がなまぬるくなって酸素がほとんどなくなったときに，特に役立つのである。

肺魚類は，現在アフリカに4種，オーストラリアに1種，南アメリカに1種いる。しかし，3億5000万年前にはその種数も個体数も多かった。その化石はシーラカンス類がふくまれている岩と同じ年代の地層によくみられる。肺魚とシーラカンス類，そして陸上に棲息する四足動物（四足類）の関係については，長らく議論されてきた。この問題でもまた，分子遺伝学が決定的な答えを出すことになる。はからずも，これまでに判明している脊椎動物のゲノムの中で，肺魚のものが最大であり，人間のゲノムの10倍もの大きさである。そのため塩基配列の解析は困難だったが，蛋白質合成遺伝子の研究から，肺魚がシーラカンス類よりも四足類に近縁であることが確認されている。これらの研究は，この3つの系統がティクターリクの時代にごく近い3億8000万年前頃に，きわめて短期間のうちに分岐したことも示している。

ティクターリクが私たちの祖先なのか，それとも遠い親戚にすぎないのかについては，研究者にもまだわかっていない。いずれにせよ，ティクターリクが干潟をよたよたと動き回っていた数百万年のうちに，四足類は真の陸生動物となったのである。彼らがすんでいた湿地には，トクサ類やヒカゲノカズラ類がしげっており，その頃にはどちらも立ち木ほどの大きさに育っていた。これらの幹が倒れて湿地に蓄積していくと，やがて化石化して石炭となった。そうした事情であれば，炭鉱が科学者が陸地にすんだ初めての脊椎動物，両生類の骨を最初に発見する場所となったのも，おおいにうなずけよう。

彼らのあるものはおそろしげな姿をしていたにちがいない。なにしろ全長3～4メートルにもなり，顎には円錐形の歯がずらりとならんでいたのである。彼らは続く1億年間，陸地を支配した。だがその後，およそ2億年前に，地球の生きものたちは惑星規模の大災害に見舞われることになった。それは，恐竜を絶滅させたことでつとに知られる，後年の天変地異にも比肩するほどの出来事だった。地球上のすべての種のうち，約半数が姿を消した。こうして絶滅した巨大両生類の最後の種は，体長が5メートルにもなる怪物で，1億1000万年前頃に現在のオーストラリアにあたる地域に棲息していたようだ。

現生両生類の一種であるオオサンショウウオは，そのような初期の両生類のおもかげをわずかにとどめている。オオサンショウウオには2種あり，1種は中国に，もう1種は日本に棲息しているが，どちらも祖先とはちがい，今では水中で生活を送っている。オオサンショウウオは，平たいスペード形の頭と，小さなボタンのような眼，長い尾をもち，体のまわりをだぶついた，いぼとしわのある皮膚がおおっている。日本に棲息する種は，体長が最大1.5メートルほどにまでなる。これは祖先の大きさの4分の1にすぎないが，現在の両生類の中ではけたはずれに大きい。大部分のサンショウウオとその近縁種であるイモリの仲間は比較的小さく，最も大きなものでも全長わずか10センチほどしかない。これらはまとめて「有尾類」，つまり「尾をもつ生物」の名で知られている。

陸への招待

　イモリの肢は，シーラカンス類やトビハゼ類の鰭にくらべて進歩しているとはいえ，肢としてすぐれているとはいいがたい。それらは短すぎて，後肢を適度な歩幅で前にはこぶには，体も屈曲させなくてはならないからである。イモリは石の下やコケの生えたしめった場所に身をかくして，食物の蠕虫類（ぜんちゅう）やナメクジや昆虫をさがし，ほとんどの時間を陸上ですごしている。しかし，彼らはけっして水から離れて暮らすことはできない。その第1の理由は，彼らが水をよく通す皮膚をもっていることに関係している。その結果，彼らは乾いた空気中に長くいると，たちまち体の水分を失って死んでしまう。また，彼らは，他の両生類と同様口から水を飲むメカニズムがなく，必要な水分はすべてこの透水性の皮膚から吸収するのである。第2に，イモリは呼吸のためにも体をしめらせておかねばならない。というのも，彼らの肺は比較的粗末なもので，それだけでは十分な酸素を得ることができない。そこでトビハゼ類のようにしめった皮膚から酸素を吸収して補う必要がある。これら2つのことは，イモリだけでなくほとんどすべての両生類に共通しており，このため大部分の両生類はしめった場所にしかすむことができないのだ。それに加えてもう1つ，イモリを水につなぎとめておく要因がある。それは，魚と同様，彼らの卵には水を通さない殻がないことである。このためイモリは，繁殖期になると，卵を産みつけられる水をどうにかしてみつけねばならないのである。

　繁殖期に水中生活をしている間，イモリはまるで魚そっくりになる。肢をじゃまにならないように脇腹にくっつけ，体をくねらせ尾を打って泳ぐのである。また，いくつかの種では，雄は背に背鰭のような突起を発達させ，多くの求愛中の魚のようにあざやかな体色になる。彼らは，ディスプレーに際して，尾で水を打ち背の突起をくねらせて雌やライバルに強い水流を送る。この水流を感じるのは頭部と体側に列をなす感覚器官である。これは魚類から引きついだ遺産で，魚の側線に相当する。

　雌は多数の卵を産み，それを水生植物の葉に1つ1つくっつける。かえった幼生は，親以上に魚によく似ている。すなわち，肢がなく，まだ肺が発達していないので肺呼吸を行なわず，羽毛状の外鰓（がいさい）で呼吸するのである。彼らはオタマジャクシとよばれている。

　中央アメリカの数種のサンショウウオは，このような水生の幼生をもっていることを利用して，成体は通常とは異なるもう1つの生活様式を選択することができる。たとえば，メキシコの湖にすむある種は，ふつうは陸上で生活する成体になる。ところが，雨期に特に降水量が多く，湖が小さくなったり干上がったりしない場合には，幼生はその羽毛状の鰓を失わず，そのままどんどん成長する。そして，陸生の成体ほどではないにしろ，ふつうならば変態するはずの大きさ以上に大きくなるのである。やがて彼らは，オタマジャクシの姿のまま性的に成熟し，繁殖することになる。

　ごく近縁のある種は，恒久的に祖先の水生生活にもどっている。この種はつねに幼生状態で繁殖し，頸の両側にある外鰓は極端に枝わかれして，大きな茂み状になる。この種もメキシコに棲息しており，地元のアステカ人は昔，この動物がたいへん変わった動物であることを知っていたのであろう，彼らに"水のお化け"という意味のアホロートルという名をつけていた。今日では，アホロートルの野生種は絶滅に近い状態にあるが，アルビノ

巣穴から呼吸のために出てきた，オオサンショウウオ（*Andrias japonicus*）の雄。日本，8月。

アホロートル (*Siredon/Ambystoma mexicanum*)。アルビノ個体。

の個体は動物学研究室でかなりの数が生きのびている。しかし，この動物がサンショウウオの1種であることは，彼らに甲状腺抽出物を食べさせてみるとすぐにわかる。彼らは外鰓を失い，肺を発達させ，フロリダにすむある穴居性の種のような他のサンショウウオにそっくりな動物に変わるのである。

また，アメリカのさらに北の地方には，完全に水生生活にもどってしまったオタマジャクシ型の両生類がいる。それはマッドパピーである。彼らは鰓と肺の両方を備え，川床につくった巣に産卵し，生涯を水中ですごしている。この種には，別の形態に変わるという芸当はできない。マッドパピーの体は甲状腺ホルモンを感知できるものの，なんらかの理由から，ホルモンを投与しても変態をつかさどる遺伝子には影響しないのだ。同じことが，ホライモリにもあてはまる。ホライモリは眼の退化したサンショウウオの仲間で，スロベニアの地下河川に棲息しており，現地ではドラゴンの赤ん坊と言い伝えられている。

さらに魚に近い姿に先祖がえりをしているサンショウウオの仲間もいる。彼らは，肺ばかりでなく肢まで失いつつあるようだ。合衆国南部産の両生類で全長1メートルほどになるシレンは後肢を失っており，前肢は小さくなっているだけでなく中の骨がなくなって軟骨だけになっているので，事実上歩行にはつかえない。やはり同じ地域に棲息するアンフィウマはまだ4本の肢をもっているが，ごく小さくて，よくみないとみおとしてしまうほどである。彼らは実際，その姿があまりにも魚に似ているため，その地方ではコンゴウナギとよばれている。

脊椎動物が陸地に進出する際に発明した，2つの重大な構造をすてたのは，水にもどったサンショウウオの仲間だけではない。ほぼ完全に陸上生活をおくっているサンショウウオの仲間の中にもそうしたものがいる。多くのアメリカ産の陸生サンショウウオの仲間は肺を失っているが，それでもそのぬれた皮膚と口の内側のしめった膜から十分に呼吸ができる。しかし，それには体の大きさに限度がある。この呼吸法が有効なのは，表皮面積が最大で体積が最小になるような大きさと形をもっている場合に限られる。事実，肺のないサンショウウオはまさにそうした体をもっている。すなわち，体は細長く，全長が数センチ以上にはならないのである。

両生類のグループの1つである無足類は四肢をすべて失い，もっぱら柔らかい土や泥に穴を掘って暮らすようになった。彼らはその解剖学的構造が非常に特殊で，有尾類とはたいへん異なっているため，独立の目に分類されている。この仲間の動物は世界の温暖で湿潤な地域にしかみられず，そのほとんどが熱帯にすんでいる。彼らは肢がないだけでなく，肩と腰の環状骨の痕跡すらない。体はやはりごく細長い。ふつうの有尾類の椎骨の数は10個あまりだが，この無足類では270個に達することがある。彼らは地中に穴を掘ってすんでいるため，眼はほとんどみえず，眼が皮膚，場合によっては骨の下に埋没していることもある。いくつかの種は，視力を失ったかわりに，顎のすみに小さな触手を発達させており，これが敏感な触覚器官になっている。

無足類の繁殖法は，ずいぶん変わっている。水中に戻ることも，体外受精をすることもない。そのかわりに，雄と雌はじめじめした巣穴の中で寄りそう。雄は筒状になった生殖

落葉の間にいる無足類のナンベイアシナシイモリ（*Siphonops annulatus*）。エクアドル，アマゾン熱帯雨林。

孔の延長部を突き出し，雌の総排出腔へ挿入して，卵子を受精させる。一部の種では，雌はその後，柔らかい殻に包まれた卵がたくさん入ったひも状の卵塊を産み落として，地中の巣穴で注意深く守る。また，卵を母親の体内で孵化させて，幼生を産む種もいる。母親はその後，独特の愛情深い方法で子を養う。なんと，子は脂質に富んだ母親の表皮をかじり取って食べるのである。

無足類は夜以外めったに地表にでてこないので，目につくことが少ない。また，たまたま掘りだしても，色のあざやかな巨大なミミズだと思ってみすごしてしまうことが多い。だが，腐った植物質を食べるミミズとはちがって，彼らは肉食性の動物で，昆虫その他の無脊椎動物を捕食しているようである。捕食者らしい顎を備えており，ふつうのなんでもない虫だと思っていじっていると，いきなり大きな口をあけるので，びっくりさせられることがある。

無足類は200種近く，有尾類は約500種が知られている。だが今日生きている両生類で最も種数が多いのは，これからあげる第3のグループである「無尾類」，つまりカエル類である。無尾類には約5500種がふくまれている。世界の温暖な地域では一般に，カエルには2つのタイプがあると考えられている。なめらかでしめった皮膚をもつアマガエルの

陸への招待

ようなタイプと，皮膚が比較的乾燥していていぼのあるヒキガエルのようなタイプである。しかしこれは，文字どおり皮一枚分の皮相な区別にすぎない。カエル類の大部分が棲息している熱帯では，この2つのタイプの間に明確な線引きをすることは不可能で，ある種のカエルをアマガエルとよぼうがヒキガエルとよぼうが，学問上の正確さという点では変わらないことになる。

　無尾類の体は無足類のように長くはならず，逆に短くなった。椎骨は癒着していて，四肢はなくなるどころか，たいへんよく発達し，中には驚異的な跳躍ができるようになったものもいる。最も体の大きい無尾類は西アフリカ産のゴライアスガエルで，彼らは3メートルほども跳躍できる。これはたしかにみごとではあるが，体の大きさと跳躍距離の比でみると，小形のカエルはたいていこの記録をしのぐことができる。また2，3の樹上生の種は，自分の体長のほぼ100倍にもあたる15メートルほどの距離を滑空することができる。彼らの足指は非常に長くなり，その間をつなぐ皮膚の膜もとても大きいので，おのおのの足が事実上小さなパラシュートになる。木の枝から跳ぶときには，このカエルは足指をひろげ，真下に落ちるのではなく，静かに斜め下方に滑空する。

　カエルの跳躍は，単にある地点から別の地点に移動するためだけの手段ではない。それは，敵から逃げるためのきわめて効果的な方法でもあるのだ。跳躍は，あまりにもだしぬけに行なわれるので，人間にとっても，飢えた鳥や爬虫類にとっても，彼らをつかまえるのはなかなか容易でない。また，やわらかく傷つきやすい体をもっているカエル類は，食物としてねらわれやすく，そこで可能なあらゆる手段をもちいて身を守らねばならない。多くのカエルは身を隠すという方法をとっている。あるものは，自分がしがみついているつやつやした葉にそっくりの体色をしている。またあるものは，褐色と灰色のまだらの体色をしているため，林床の落葉の間にいると，ほとんど目につかない。

　しかし，一部のカエル類はさらに積極的に身を守っている。ふつうのヨーロッパヒキガエルはヘビに出会うと，体をふくらませ，爪先で立って，突然体が大きくなったようにみせかける。これは，たいていのヘビを当惑させるようである。また，スズガエルは驚くといきなり身をそりかえらせて，黄色と黒の模様のあざやかな腹をみせる。この色のとりあわせは警戒色として動物界にひろくみられるものである。スズガエルの場合，これはまったくのこけおどしではない。というのは，両生類はいずれも皮膚に粘液腺をもっていて，粘液を分泌して皮膚をしめらせているが，スズガエルの皮膚にある一部の腺は苦い味のする毒を分泌するのである。中央アメリカおよび南アメリカでは，少なくとも20種類のカエルがこの防御法をさらに発展させている。すなわち，彼らは鳥やサルをただちに麻痺させるほどの猛毒を分泌するのである。しかしながら，自分が食べられてしまってから捕食者が死ぬのでは，個々のカエルにとってその毒は意味がない。そこで，彼らは黄や黒ばかりでなく，緋色や，毒々しい緑や紫といった非常にめだつはでな色も発達させている。だが，身を守るためのこの宣伝は，敵の目にふれてはじめて効果をもつ。そこで，これらのカエルは，他の大部分の仲間とちがって，夜でなく昼間活動し，そのあざやかな装いをひけらかして大胆に林床を歩きまわるのである。

次見開き
滑空するワラストビガエル（*Rhacophorus nigropalmatus*）。

地球の生きものたち

両生類は，その歴史の初めから捕食者であって，自分たちより先に陸に上がった蠕虫類や昆虫類，その他の無脊椎動物を狩っていた。やがて，彼らが用心しなければならないような，より大きくて強力な捕食者が現われたにもかかわらず，彼らの大多数は今日なお生き残っている。中にはなお祖先の名残りをとどめたおそろしげな姿をしたのもいる。南アメリカのツノガエルは，雛や子ネズミをやすやすとのみこめるほど大きな口をもっている。しかし，本当の意味で敏捷だといえる両生類はいない。そこで彼らは，狩りの際に敏捷さ以外のものにたよらねばならない。それは，彼らのもっている舌である。

長くのばせる舌は両生類の発明である。魚にはそういう舌はない。両生類の舌はわれわれの舌のように口の奥についているのではなく，口の前のほうについている。このため，カエル類はただ舌を前方にはじきだすだけで，われわれの場合よりはるか遠くまでつきだすことができる。これは，どちらかというと動きがのろく，しかも頸というものをもたないハンターである彼らにとって，実に重宝なものである。さらに，その先端はねばねばしているうえ筋肉質なので，彼らはそれをつかって虫やナメクジをつかまえ，口の奥へ運ぶことができるのである。とはいえ，ほとんどのカエル類は動いている獲物しか食べない。ヒキガエルの周囲に，死んではいるが好みの餌を置いてやっても，彼らはそこにじっとしたままで，やがては飢え死ぬだろう。

ツノガエルをふくむ多くの両生類は，祖先と同様に，顎にずらりとならんだ丈夫な歯を備えている。しかし，それらはもっぱら防御や獲物の捕獲につかわれており，食物をのみこみやすい大きさにかみくだいたり，食べにくいものをくいちぎったりするのにつかわれることはない。両生類は咀嚼することができないのである。ヒキガエルがミミズなどをつかまえると，一端をくわえて全体を前足で順序よくしごいて，くっついているごみや小枝や土を落とすのは，このためである。こうしたことから，舌は大量の粘液を分泌して食物をなめらかにし，喉のやわらかい粘膜を傷つけずにのみこめるようにしており，また口内の底にそって食物を喉の奥へ送りこむのにも役立っている。だが，この食物の移動には，眼もひと役かっているようだ。どんなカエルでも，ものをのみこむときにはまばたきをする。彼らの眼窩(がんか)の底には骨がないので，まばたきをするたびに眼球が口腔におしこまれ，上顎にでっぱりをつくる。そして，それが食物のかたまりを喉の奥に押しこむのである。

両生類の眼は，彼らの祖先である魚の眼と基本的には同じ構造をもっている。このような眼は光学的には空気中でも水中とまったく同じように働く。空気中に出て効率よく働かせるために変えねばならなかったのは，ただ眼の表面を清潔かつなめらかにしておく方法だけであった。こうして両生類は，まばたきをする能力と眼球の前にひきおろすことのできる膜とを発達させたのである。

だが，彼らが空気中で音波を受容するためにつかう装置はまったく新しいものだった。魚の多くは自分の体に届いた音を，気体で満たされた浮袋で共鳴させて増幅することができる。しかし，このやりかたは空気中ではあまりうまくいかない。両生類は誕生から1億年の間は，みずからの皮膚の動きを通して，どうにか音波を感知していた。その後，重要な進化の一段階として，音に反応してそれまでより格段に敏感に振動する，ピンと張った

イチゴヤドクガエル (*Oophaga pumilio*)，コスタリカ。皮膚から神経毒をしみださせる。鮮やかな体色は潜在的な捕食者への警告。

一片の表皮，すなわち鼓膜を発達させた。鼓膜の動きは，2つの異なる構造によって神経インパルスに転換される。1つは鼓膜をもたない他の両生類にも共通する構造で，高周波の音を感知する。もう1つが無尾類にしか見られない構造で，低周波の音を感知する。われわれ人間の鼓膜は，構造的には無尾類の鼓膜とよく似ているが，2億5000万年前に発達したそれとはまったく別個に進化したものである。

　現生のカエル類はたいへんみごとな歌い手である。声帯に空気を送りこむ肺は，まだ単純で比較的弱々しいが，多くのカエルは大きくふくらんだ喉，つまり顎のすみからはりだした鳴嚢で声を増幅させる。熱帯の湿地にすむカエルの大合唱は大地にとどろくばかりで，人は大声でどならなければ話もできないほどである。また，さまざまな種のカエルが発する声は，たいへんヴァラエティに富んでおり，温帯地域のカエルしか知らない人々はびっくりしてしまう。うめき声あり，金属的なカチカチいう音あり，ネコのような声やむせびなくような声があるかと思えば，げっぷの音やいななきを思わせるものもある。最初のカエル類が現われて以来長大な年月を経て，彼らの声もずいぶんと変わってきたにちがいない。とはいえ，湿地の中に立って，この耳をろうするばかりの大合唱を聞きながら，昆虫

ワキマクアマガエル（*Dendropsophus ebraccatus*）の雄。鳴嚢をふくらませて夜に鳴く。コスタリカ，中央カリブ海地域山麓。

左ページ
クモを飲み込むアカメアマガエル（*Agalychnis callidryas*）。コスタリカ，アレナル火山。

のチーチー，ブンブンいう音以外にまだ何の音もしなかった陸上にはじめて響いたのが，このカエル類の声であったことを思うと，まことに感無量である。

　湿地や池で起こるカエル類の合唱は抱接の前奏曲である。つまり，同種の他個体すべてに，集まって繁殖しようとよびかける歌なのだ。ほとんどすべてのカエルは水中で抱接する。その際ふつう雄は雌を抱くが，わずかな例外を別にすれば，受精は体外で行なわれる。精子は，魚の精子と同様に卵に向かって泳いでゆく。この過程には，通常水が不可欠である。生殖活動がすむと，親ガエルは陸にもどるのがふつうである。

　こうして産みっぱなしにされた卵は，今やあらゆる危険にとりまかれている。殻で保護されていないので，昆虫の幼虫やプラナリアの餌食になりやすい。何とか生き残って孵化したものも，水生甲虫やトンボの幼虫（ヤゴ），またいろいろな魚に食われてしまう。死亡率がおそろしく高いのである。だが産卵数もそれにみあって多い。1匹の雌のヒキガエルは1回の繁殖期になんと2万個もの卵を産む。そして，おそらく一生の間にその数は25万個にものぼる。だが，そのうちのわずか2個がおとなになるまで生き残れば，その種の個体数を維持するには十分なのである。これはふるいタイプのやりかたである。魚はこの方法をとっていたし，今でもそうしている。だがそれは，生きた卵を無駄につくるという点で，たいへん不経済であるし，またほかに方法がないわけでもない。

　一部のカエルは別の方法をとっている。彼らは比較的少数の卵を産むが，よく卵のめんどうをみて，捕食者から守ってやるのである。その一例としてコモリガエルがあげられる。コモリガエルは最も水生の性質の強い無尾類の1つで，生涯を水中ですごし，平たい体とつぶれたような頭をもったグロテスクな生きものである。彼らは抱接のとき，水中で繁殖する大部分のカエル類と同様に，雄は雌を前肢で抱く。けれど，それにつづいて，たいへんかわったみごとなバレーが行なわれるのである。雌が後肢で水底をけると，2匹は抱接したまま上方に舞い上がり，ゆっくりと美しい弧を描いて宙がえりをする。再び水底におりたったところで，雌は数個の卵を産み，それと同時に雄は水中に精子を放出して卵を受精させる。すると，雄は水かきのある後肢の指を扇形にひろげ，それを優雅に動かして卵を集め，雌の背に静かにならべる。卵はしっかり背にくっつく。2匹はこの宙がえりを何度も何度もくりかえし，最後には100個ほどの卵が雌の背にじゅうたんのようにしきつめられることになる。やがて，雌の卵の下の皮膚がふくらみはじめ，まもなく卵はその中につつみこまれてしまう。膜は急速に発達して卵をおおい，30時間以内に卵はすっかりみえなくなるのである。こうして雌の背は再びなめらかになるが，皮膚の下では卵が発生をはじめる。2週間後，雌の背中全体が皮膚下のオタマジャクシの動きで波立ってくる。そして24日後，子ガエルは皮膚に穴をあけてすばやく泳ぎだし，安全なかくれ場所をさがすのである。

　水中で繁殖する他のカエル類は，これほど極端ではないが，やはり何らかの方法で子の安全をはかっている。いくつかの種ではただ，自分専用のプールをみつけるか，しつらえるかする。これは熱帯雨林の中ではそれほどむずかしいことではない。というのは，強い雨が1年中よく降るので，多くの植物の芽の部分にはつねに水がたまっているからである。

卵の長い帯を産みながら抱接する，ヨーロッパヒキガエル（*Bufo bufo*）のつがい。フランス，アルプ地方，アン県。

卵を背負うサンバガエル (*Alytes obstetricans*) の雄。イギリス，サウスヨークシャー。

たとえば，パイナップル科の植物は，葉が放射状に出ていて，その中心部には水がたくさんたまっている。ある種は地上に育って丈の高い茎をのばし，またある種は林の中の他の木の枝に着生して，しめった空気中に根をのばしているが，いずれも放射状にひろがる葉の中心部に水をたたえているので，いわば木の上に小さな池があるようなものだ。このような池には，魚は近づけないが，カエル類はなんなく近づける。南アフリカには，このような水に永住しているものが数種ある。そこには，2，3の無害な昆虫の幼虫ぐらいしかすんでおらず，危険な敵はまったくいない。カエルたちはこの杯の中に卵を産み，オタマジャクシもそこで発育しておとなになるのである。また，ブラジル産の別の小形のカエルは，森の中の池のへりに，10センチほどの高さの泥壁でかこったクレーターのようなものをつくり，それを自分専用のため池にする。彼らはそこに卵を産みつけ，孵化したオタマジャクシもそこで暮らす。だが，やがて雨が降って池の水位が上がり，彼らのすみかのため池にあふれてきたり，その壁をこわしたりすると，オタマジャクシは大きな池のほう

陸への招待

に移るのである。

　最初の両生類が現われた時期には，陸地は卵やオタマジャクシにとって比較的安全な場所だった。当時陸地には，卵を盗んだりオタマジャクシをのみこんだりする他の脊椎動物がいなかったので，水中で飢えた魚の群れや餌を求めてうろつきまわる大食いの節足動物に出会うことにくらべれば，ほとんど危険がないといえた。もし両生類が首尾よく水の外に卵を産むことができたとしたら，幼生が生き残るチャンスは飛躍的に増したにちがいない。だが，それにはいくつかの問題があった。すなわち，どうすれば卵が干からびずにすみ，またオタマジャクシが水の外で発育できるだろうか？　最初の両生類の中にこうした困難を克服したものがいたのかどうかはわからない。もしいたとすればきっと，彼らの化石はかつて湖や沼，小川や池だったところから遠く離れた場所でみつかっているはずである。しかしとにかく，今日では陸地を利用して繁殖する利点はそれほど大きくはない。両生類はもはや陸地を独占しているわけではないからである。爬虫類，鳥，さらには哺乳類までが，彼らの卵やオタマジャクシをみつけしだいむさぼり食おうとねらっているのである。だが，それにもかかわらず，今なお多くのカエル類が，そうした危険をおかしてでもこの作戦をとるのが有利だと考えている。

　サンバガエルというヨーロッパ産の種は，生涯のほとんどを水からあまり遠くない穴の中ですごしている。このカエルは陸上で抱接する。雄は自分の穴の端から，高い声で繰り返し雌によびかける。地中の巣穴に反響することで増幅されたその鳴き声は，晩春の夜闇に不気味に響き渡る。雌がやってきて卵が産み落とされるとすぐに，雄がそれらを受精させる。やがて，15分ほどたつと，雄は卵のはいったひもをひろいあげ，自分の2本の後肢にまきつける。それから2，3週間の間，雄は肢に卵をつけたまま肢をひきずりひきずり歩くのである。まわりの環境が乾燥して，卵にとって危険になると，彼はもっとしめった場所に移動する。やがて卵がかえりそうになると，池の縁におりてゆき，卵のついた肢を水にひたす。そして，しばらくの間じっとして，すべてのオタマジャクシがかえるのを待つ。それからおもむろに自分の巣穴にひきあげてゆくのである。この種はサンバ（産婆）ガエルとよばれてはいるが，卵がかならず無事にかえるよう面倒をみるのはじつのところ，雄なのである。

　南アメリカ産のドクガエルは，これと同じテクニックをすこし変形して用いている。卵はサンバガエルの場合と同様，しめった地面に産みつけられ，雄がそのそばにうずくまって番をする。やがてオタマジャクシがかえると，彼らはすぐに父親の背中によじのぼる。雄の皮膚からは大量の粘液が分泌され，これがオタマジャクシを背にくっつけ，また彼らが干からびるのをふせぐのである。このオタマジャクシは鰓をもっておらず，皮膚から酸素を吸収する。そのため，彼らの尾は非常に大きくなっている。

　アフリカには樹上で繁殖する何種かのカエルがいる。彼らはまず水の上につきでた1本の枝を選ぶ。そして，雌雄がつがいをつくると，雌は総排泄腔から液体を分泌しはじめる。雌雄はこれを後肢でたたいて泡だて，できあがった泡のボールの中に雌が卵を産みつけるのである。ある種では，この泡の外側が乾いてかたくなり，中の水分が保持される。また

ある種では，雌が定期的に下の池や流れにおりていって皮膚から水を吸収し，卵塊のところにもどってそれを尿でしめらせる。こうした方法で，彼らは卵の乾燥をふせぐのだ。卵からかえったオタマジャクシはなおしばらく泡の中で育つが，ある時期になると下の部分の泡が溶け，水の中にこぼれ落ちるのである。

さらに，あるカエルでは，幼生が全発育過程を卵膜内で終えるというしくみを採用し，オタマジャクシのために水の心配をしなくてもよいようになっている。しかしこの方法をとると，自由遊泳性のオタマジャクシのように幼生期間中に食物をとることができないので，当然大量の卵黄を用意して，栄養を自給できるようにしてやらねばならない。このことは，雌が比較的少数の卵しか産めないということを意味する。カリブ海沿岸地域にすむコヤスガエルはこの方法をとっており，10個あまりの卵を地面に産み落とす。卵はたいへん発育がはやく，20日以内にそれぞれの卵の中に小さなカエルができあがる。彼らは吻の先の小さな棘で卵膜をやぶって生まれ，外界の水をまったくつかわずにすますのである。

最も極端で，かつ肉体的に複雑な繁殖方法は，卵と発育中の幼生を実際に親の体内にとどめ，水分を確保するというやりかたである。南アメリカのフクロアマガエルとよばれる種類の雌は，細い裂け目状の入口のある育児嚢を背に備えている。産卵がはじまると，雌よりも体の小さな雄は，雌の背にのり，雌の喉のまわりに前肢をまわしてしがみつく。すると雌は後肢をあげるので，吻端をさげてうずくまった姿勢になり，背中は傾斜する。彼女は1個ずつ卵を産み落とす。雄が精子をかけると，卵は育児嚢の入口につづくしめった溝をころがって育児嚢にはいる。卵はこの袋の中で発生し，孵化するのである。ある種のフクロアマガエルは，1度に200個もの卵を産み，かえったオタマジャクシはすぐに袋を出て水中に泳ぎ出す。ところが，別の種のフクロアマガエルは，たった20個しか卵を産まない。そのかわりそれぞれの卵には大量の卵黄がふくまれていて，オタマジャクシは小さなカエルになるまでその育児嚢の中ですごす。そして，いよいよ子を外に出す時期がくると，雌は後肢を背中にまわし，いちばん長い指を育児嚢の入口につっこみ，入口を引き裂いて大きくし，子ガエルが這いだせるようにしてやるのである。

哺乳類の繁殖法をみなれているわれわれにとって最も奇妙にみえるのは，ダーウィンがチリ南部でみつけた小形のカエル，ダーウィンガエルのやりかただろう。このカエルでは，まず雌たちがしめった地面に産卵すると，雄たちはその周囲に群れをなしてすわりこんで番をする。まもなく発生中の卵がゼリー状の球の中で動きはじめると，雄たちは前にかがみこんで卵を食べてしまう。だが，実際には，卵はのみこまれるのではなく，鳴嚢の中にとりこまれるのである。すると鳴嚢は大きくふくらんで，体の下にぶらさがるようになる。卵はこの袋の中で発育をつづけるのだ。やがてある日，雄が1，2度ゴクリと喉を鳴らしていきなり大きな口をあけると，すっかり形のできあがった子ガエルが，その口から次々にとびだすのである。

これまで，さまざまなカエル類の繁殖法を紹介してきた。しかし，両生類の中で最も子のめんどうみがいいのは，なんといっても西アフリカにすむコモチガエルをおいてほかに

オタマジャクシを背負うミスジヤドクガエル (*Ameerega trivittata*) の雄。ペルー，アマゾン盆地，ワヌコ郡，パングアナ保護区。

ない。コモチガエルの雌は，胎盤性哺乳類のように子を体内で育てるのである。このカエルは，成体でも体長わずか2センチほどしかなく，ほとんど1年中，岩の割れ目の中にひそんでいる。だが，雨期になると，おびただしい数のカエルがかくれがから出てきてつがう。まず，雄が雌の鼠蹊部付近にしがみつく。それから雌雄の総排泄腔がぴったりあわされ，精子が雌の体内にはいる。こうして受精が行なわれるが，受精卵は産み落とされずに雌の卵管内にとどまって発生をはじめるのである。卵管内でかえったオタマジャクシは口と外鰓を備えており，まるで小さな池で水草をかじっている独立のオタマジャクシのように，卵管の壁から分泌された小さな白い薄片を食べるのである。そして9カ月後，次の雨期がめぐってくると，雌はようやく出産を迎える。ところがカエル類の胃や卵管には筋肉がないので，哺乳類の子宮のように筋肉を収縮させて子をおしだすことができない。そこで，雌は地面に前肢をふんばって，肺に空気をいっぱい吸いこんで腹をふくらませ，空気の圧力で子をおしだすのである。

　カエル類は，このようにいろいろな工夫をこらして，抱接と子の孵化および養育の際の水への依存度をできるだけ小さくしている。とはいえ，彼らの皮膚は水を通すので，乾燥して死なないためには，まわりがしめっていることがどうしても必要である。ところが，1，2の種は，この要求すら最小限に抑えることに成功している。

　ときには数年間に1滴の雨も降らないことのある中央オーストラリアの砂漠ほど，両生類がすむのに不適な環境も少ないだろう。だがここにも数種のカエルがすみついている。たとえば，キクロラナというカエルはまれに起こる短時間の大雨の間だけ地上に姿をみせる。このようなとき砂漠の岩には数日間から1週間前後水がたまることがある。カエルたちは，やはり雨とともに現われた昆虫の大群を目にもとまらぬはやさで食べまくる。そして抱接し，浅いなまぬるい水たまりに卵を産むのである。卵はたちまちかえり，オタマジャクシはとてつもないはやさで成長する。雨水がすっかり砂の下に消え，砂漠が再び乾きはじめるころには，親ガエルも子ガエルも皮膚から水を吸いこんで，はちきれんばかりにまんまるにふくらむ。そして，雨のおかげでまだやわらかい砂に深い穴を掘って小さな部屋をつくる。彼らは，その部屋の中で，皮膚から膜を分泌して，ラップでつつんだスーパーマーケットの果物のようになるのである。この膜は，蒸散によって皮膚から水分が失われるのをふせぐ効果があるが，鼻孔についた小さな管が膜の外に開いていて，これで呼吸を行なうので，このときにある程度の水分を失うことはまぬがれない。しかし，彼らは，少なくとも2年間この仮死状態で生きることができる。この方法はまさに，ごく古い時代にわかれたいとこにあたる肺魚類がとっている方法を，思い起こさせるものである。

　ともあれ，このカエルですらいつか降る雨にたよって生きているわけで，また活動できる期間も，砂漠がしめっている短い時期にかぎられている。ほとんどもしくはまったく雨が降らない地域，また水面のまったくない地域で生きのび，活動しつづけ，繁殖するためには，どうしても水をもらさぬ皮膚と水をもらさぬ卵を用意しなければならない。そしてこの2つの特性の獲得こそが，次の段階への進化に重大な突破口をひらくことになったのだった。

7

爬虫類の出現

　この地球上に今日なお爬虫類が支配している場所があるとすれば，それは，南アメリカ沿岸から1000キロ離れた太平洋上に孤立したガラパゴス諸島の一部だろう。爬虫類は，人間やその他の哺乳類が400年前にやってくるよりはるか以前に，この島々にたどりついていた。それらの爬虫類は，南アメリカの川を流れ下って海に押し出された植物の大きな"いかだ"に乗って，心ならずもこの島に流れついた旅人たちだったにちがいない。その後人間がさまざまな哺乳類をもちこんだとはいえ，この諸島の離れ小島では今なおトカゲたちの群れが岩々をおおい，巨大なリクガメがサボテンの間をのし歩いている。こうした島々に上陸すると，まるで2億年の歳月を逆もどりして，これらの生きものがこの惑星を支配していた時代にかえったかのような錯覚におちいってしまう。

　ガラパゴス諸島はやけつく太陽をまともにうける赤道直下にちらばっている。これらの島々はすべて火山島である。大きな島は高さが3000メートル近くもあるので，おのずと雲をよび，雨を降らせる。このため山腹にはサボテンやからみあった丈の低いやぶがまばらに生えている。だが，小さな島々のほとんどは水がない。活動をやめた噴火口のまわりには熔岩がかたまっており，その表面は，噴気口から糖蜜のように流れ出たときのうずや

爬虫類の出現

泡の跡をとどめて、でこぼこしている。ごくたまにはここにも雨が降ることがあるが、雨水は岩の上を流れていって、あっというまに消えてしまう。木陰をつくる木立もやぶもなく、あるのは棘におおわれた数えるほどのサボテンばかりである。太陽の熱で焼けつく黒い熔岩は、手を触れるとやけどしそうに熱い。もしここに両生類がいたとしたら、数分のうちにひからびて死んでしまうにちがいない。だが、爬虫類であるイグアナたちはおおいに繁栄している。両生類とちがって、彼らの皮膚は水を通さないからである。

ガラパゴス諸島には2種類のイグアナがいる。灌木の中にすむリクイグアナと海岸沿いのむきだしの熔岩地帯に群がるウミイグアナとである。彼らにとって日光浴は、がまんしなければならない苦業ではなく、1日の大半を費やしてこなす重要な行動である。動物の体内で起こる生理作用は、あらゆる化学反応の例にもれず、温度によって大きく左右される。ある限度までは、温度が高いほどその作用ははやく進み、多くのエネルギーを生むのである。爬虫類と両生類はどちらも体内で熱を生みだすことができない。そこで彼らは、環境から直接熱をとりいれねばならない。両生類の皮膚は透水性なので、彼らは体を直接陽にさらすわけにはいかない。そのせいで両生類は比較的低い体温のままであり、結果としてのろのろとしか動けないのである。だが、爬虫類の場合にはこうした問題はない。

ウミイグアナは体を最も効果的な温度に保つために日々の日課をこなしている。明けがた、彼らは熔岩の上のいちばん高い場所に集まるか石の東面によじ登るかする。そして、脇腹の幅広い面を、のぼってくる太陽のほうに向けるようなかっこうで横たわり、できるだけ多くの熱を吸収するのである。1時間ほどして、体温が適度の高さにあがると、彼らは体の位置をかえ、顔を太陽のほうに向けるようにする。すると脇腹はほとんど影になり、日光は胸にしかあたらない。やがて陽が高くなるにつれ、今度は過熱のおそれがでてくる。爬虫類の皮膚は水を通しにくいという陸上生活にとって決定的に重要な特性があるのに、汗腺がないため、イグアナたちは汗を蒸発させて体をひやすことができない。たとえできたとしても、水がごく少ない環境では実際の役にはたたないだろう。だがとにかく、彼らは体内が煮えたぎってしまうことをふせぐ手だてを講じなければならない。

過熱をふせぐのは楽な作業ではない。彼らは四肢をふんばって、焼けつくような黒い裸岩から身を離し、できるだけ岩の熱を吸収しないようにつとめながら、吹き渡る風を背中と腹にあてる。そして、数少ない日陰に身をよせあうのである。そこは、たとえば岩陰のすきまといった場所であり、さらによいのは、寄せる波でひやされているせまくて奥深い岩の割れ目などである。海そのものは、冷たすぎて快適とはいえない。というのも、ガラパゴス諸島の岸をあらう海水は、南極から直接流れてくるフンボルト海流だからである。しかし、ウミイグアナは少なくとも日に1度は海にはいって食物をとらねばならない。南アメリカ本土に棲息する近縁種の多くのものたちと同様、彼らも菜食主義者である。熔岩上には食べられる植物は育たないが、海中には満潮線のすぐ下に、緑藻類が厚い茂みをなしている。そこで、日中、耐えうる限界にまで血液温度があがり、日射病のおそれがでてくると、彼らは危険をおかして海にはいる。砕ける波の中にとびこみ、大きなイモリのように尾を打って泳ぐのである。岸に近い岩にしがみついて、口の端で海藻をかじりとるも

火山岩の上で日光浴するウミイグアナ（*Amblyrhynchus cristatus*）。ガラパゴス諸島、フェルナンディナ島、プンタ・エスピノーサ。

のもいれば、もっと遠くまで泳いでいって、海底で餌をあさるものもいる。

　海にはいると、今度は彼らの要求は逆になる。熱を発散させるかわりに、できるだけ長く熱を保たねばならない。彼らにはそのために役立つ複雑な生理的メカニズムが備わっている。体表付近の動脈を収縮させ、血液を一時的に体の中心に集め、なるべく長く体温を保っておくのである。もし体が冷えすぎたら、力がなくなり、寄せる波にのって泳ぎもどることができなくなるし、返す波にさからって石にしがみついてもいられなくなって、岩にたたきつけられてしまうであろう。海にはいってから数分後にはこの危険が迫ってくる。体温は約10℃もさがってしまい、このため陸にもどらなくてはならないのである。

　彼らは岩にあがると、ちょうど水泳で冷えきった人が手足をのばして甲羅干しをするように、四肢をのばして腹ばいになる。体温が再びあがるまで胃の中にとりこんだ食物を消化することもできないのである。やがて夕方になり太陽が沈みはじめると、再び体温低下の危険がせまる。そこで彼らは、また岩のいちばん高いところに集まり、夜のとばりが下りるまでに沈みゆく夕日からできるだけたくさんの熱を吸収しようと努める。

　このようにしてイグアナは、1日の大部分の間、体温を人間の体温とほぼ等しい37℃付近になんとか保っているのである。トカゲ類の中には、血液の温度をこれより2～3℃高く保っているものすらある。爬虫類をさすときによくもちいられる"冷血動物"ということばは、明らかに誤解をまねくものである。哺乳類や鳥類のように体内で熱を生みだす"内熱性動物"に対して、"外熱性動物"つまり外界から熱を得る生きものとよんだほうがはるかに適切だろう。

　内熱性、すなわち恒温性には多くの利点がある。このおかげで恒温動物は、体温が変動すると損傷をうけるようなデリケートで複雑な器官を発達させることができるし、夜になって、熱を与えてくれる太陽が沈んでしまっても活動することができる。さらには、爬虫類にはすめないような寒い地域で常時暮らしていくこともできるのである。だがその特権のために支払う代価はたいへんに高い。たとえば、われわれの食物にふくまれるカロリーの80％近くが、体温を一定に保っておくためにつかわれている。外熱性動物、すなわち変温動物である爬虫類は、体温維持に法外な量のエネルギーを費やす必要がないので、同じ大きさの哺乳類が必要とする栄養の10％で生きてゆけるのである。そのため、爬虫類は、哺乳類なら餓死するほど不毛な砂漠のまんなかでも生きてゆくことができるし、ウミイグアナたちは、ウサギ1匹生かしておけないような量の植物を食べて繁栄しているのである。

　爬虫類は水のない場所で生きてゆけるばかりでなく、水にたよらずに繁殖することもできる。そのためには、彼らの体と同様、その卵も水を通さないものでなくてはならない。そのしくみはそれほど複雑ではない。卵が輸卵管を通るときに輸卵管の下部にある腺から羊皮紙様の殻が分泌されて、卵をつつむのである。ただし、卵の中の幼動物、すなわち胚も呼吸しなくてはならないので、殻はいくぶんかは多孔質で、酸素や二酸化炭素を通すものでなければならない。この殻はたいへん便利なものだったが、同時にいささかやっかいな問題ももたらした。すなわち、卵の乾燥をふせぐほど殻がきっちりしているということ

爬虫類の出現

は，精子の進入までさまたげることになるからだ。そこで，殻が分泌される前に雌の体内で受精する必要が生じた。この問題を処理するために，爬虫類の雄は陰茎をもつようになったのである。この器官の形は，爬虫類でもグループによってかなりちがっている。このような器官をもっていない爬虫類は，今日ではたった1種しかいない。それは，ニュージーランドのいくつかの小島にすむトカゲに似た風がわりな生きもの，ムカシトカゲである。

ムカシトカゲは，一部のサンショウウオの仲間やカエル類を思わせる方法で体内受精を行なう。雌雄がいっしょになると，たがいの生殖孔がぴったりとおしつけられ，雄の精子は雌の輪卵管内に活発に泳ぎこむ。たいへんおもしろいことに，ムカシトカゲは両生類を思わせる特徴をもう1つ備えている。彼らは7℃以下になっても活動できるのだ。これは，あらゆるトカゲ類やヘビ類の好みの温度よりはるかに低い。以上のことから，この動物がたいへん原始的な型の爬虫類であることがうかがえる。これは頭骨の構造からも裏づけられている。というのは，彼らの頭骨は最も古い時代のものとされている爬虫類の化石に重要な点でよく似ているのだ。すなわち，約2億年前の岩の中から，実質的には彼らのものと同一といえる生きものの化石がみつかっているのである。したがって，このムカシトカゲの歴史は，爬虫類が両生類から分かれた時期とまではいえないにしても，爬虫類の歴史のごく初期にまでさかのぼることができる。それは，爬虫類の黄金時代の夜明け，つまり彼らが膨大な種類に分化しはじめた時期である。

当時，現在われわれが知っている大陸はすべてつながっており，地質学者がパンゲアとよぶ1つの巨大な陸塊を形成していた。四つ足で丈夫な皮膚をもち，卵生である変温性の爬虫類はいまや，この超大陸のあらゆる領域に進出していた。陸地は恐竜類（ディノサウルス類）の天下となった。その種類は，ニワトリほどの大きさのものから30トンを超える巨大な怪物まで幅広かった。魚竜類（イクチオサウルス類）や長頸竜類（プレシオサウルス類）などは海へ向かい，四肢は櫂のような形にかわった。さらに，3つめのグループである翼竜類（プテロサウルス類）は，両前肢に1本ずつある非常に長い指と体との間に皮膚の膜を発達させて，空を飛ぶ能力を身につけた。こうして，爬虫類によるこの惑星の支配がはじまり，その後1億5000万年にわたって，彼らの天下は続くことになるのだった。

恐竜類の化石がとくにたくさんみつかる地層が，合衆国中西部諸州に何カ所かある。テキサス州を流れるパラクシー川は，ゆるやかな曲線を描きながら泥岩層を横切って走っている。この泥岩層は，大昔には河口にある平坦な泥質地帯だった。ある日，引き潮のときに数頭の恐竜がこの泥の上を歩いていた。そのうちの1頭は，後肢で立って歩く肉食性の獣脚類だった。その3本指の足跡は，列をなして今日の川の片岸にはっきりと残っている。さらに下流にくだると，上をおおっている岩がいっそう浸食されていて，獣脚類の足跡がみられるのと同じ層に，巨大な植物食性の恐竜の1種がつけた直径1メートルに近い巨大な円形の足跡が4個現われている。水がこの足跡の上をさざ波をたてながら流れているので，この川床が岩ではなくまだ泥であって，これらの恐竜たちがほんの今しがた水の中を歩いていったのだという錯覚にとらわれそうになる。

次見開き
ギュンタームカシトカゲ（*Sphenodon guntheri*）。ニュージーランド，ノースブラザー島。

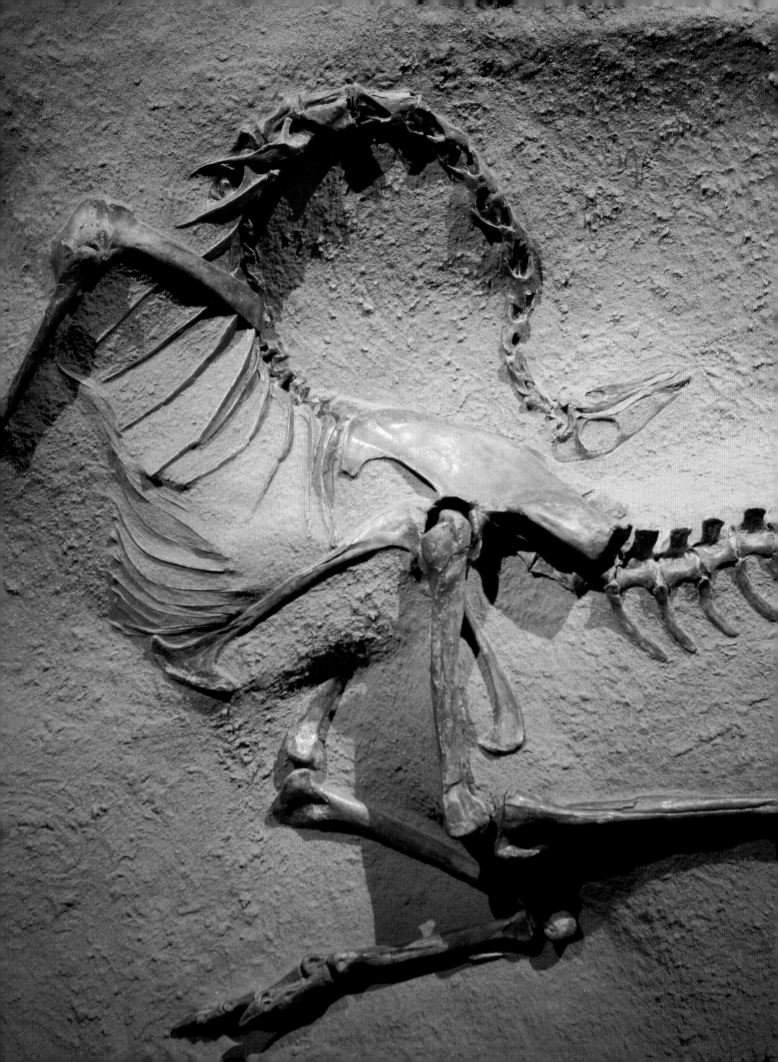

爬虫類の出現

　国立恐竜公園(デイノサウル・ナショナル・モニュメント)のユタ州側には，博物館が1つの崖の面をだきこむような形で建てられているが，この崖には厚さが4メートルもある岩の層があり，この岩層だけから14種もの恐竜の化石がみつかっている。現在までに完全な骨格が30体とりだされているが，さらに多くの骨が残っている。現在崖面となっているこの岩は，大昔は川の中州だった。川を流れてきた巨大な恐竜のくさりかけた死体が砂州に打ちあげられ，そこで一部は腐敗のために，また一部は屍肉をあさりにきた小形の恐竜によってバラバラにされたのだ。四肢の骨や椎骨など長い骨はすべて，ほぼ同じ方向を向いており，このことから当時の川の流れの方向を推しはかることができる。この堆積全体は，地質学的には一瞬と言えるほどの短期間で，おそらくは100年とたたないうちにつもったもののようである。これは，恐竜の仲間が当時いかにたくさんいたかを示すおどろくべき証拠である。

　いくつかの種はなぜあれほど大きくなったのだろうか？　考えられる理由は少なくとも2つある。長い頸と柱のように頑丈な脚をもつ，史上最大級の巨大生物として知られるのが，竜脚類だ。その全長は約25メートル，体重はおそらく15トンにおよんでいたと思われる。それらの歯からは，明らかに菜食主義者だったことがみてとれる。だが，当時の植物であるシダ類やソテツ類の葉は，かたくて繊維質だったので，消化するのがたいへんだったにちがいない。しかも竜脚類の歯は，数こそ非常に多かったが単純な円錐形のものだった。つまり，ウシやアンテロープの臼歯のように植物をすりつぶすことなど，まったくできなかったのである。このため，食物を砕いてどろどろにする仕事は胃で行なわれねばならなかった。一部の種は小石をのみこみ，ふくらんだ胃の中ですりつぶし用の石としてつかっていた。これはちょうど，ずっと小規模ではあるが，現代の一部の鳥が砂囊で砂をつかっているのと似ている。胃酸の中でこすれあったせいでなめらかでつやを帯びたこうした小石が，草食恐竜の肋骨の間の，まさに彼らの胃があったところにひとかたまりになっているのが，たびたび見つかっている。しかし消化プロセスの重要な部分は，依然として消化液の生化学的な力と胃の中にいる細菌が担っていたにちがいない。となると，消化にはたいへんな時間がかかったことだろう。そこで，草食性の恐竜類の胃は，長い発酵過程が進む間，食物を貯えておけるほど巨大でなければならなかった。そして当然のことながら，巨大な胃は，それを運ぶための巨大な体を必要としたわけである。

　当時の木性シダやトクサ類は，それらの現代の子孫よりもはるかに大きく成長した。日光をより多く得て，ライバルの上に影を落とそうとする生存競争の結果かもしれないし，大きな恐竜に食まれるのを避ける戦術だったのかもしれない。いずれにせよ，それらの植物の中には，丈が6メートルに達するものもあった。ところが，植物を食べる恐竜の一部が，長い頸をもつようになる。そのおかげで，彼らはライバルたちには手の届かない食料にありつけるようになった。そしてまた，餌を噛みつぶす必要がなかったことから，ほっそりした小さな頭部を保っていられた。だから，彼らの頸はいっそう長くなったのである。こうなっては，彼らを捕食する肉食恐竜もまた，それほど大きな獲物を捕えられるよう巨大化せざるを得なかったにちがいない。そんなわけで恐竜は，これまで地球の陸上を闊歩したものの中で，最大の動物になりおおせたのである。

白亜紀後期の恐竜(*Struthiomimus altus*)の化石。脚が長く，二足歩行で歯のない嘴をもったダチョウのような姿だった。カナダ，アルバータ州，ドラムヘラー，ロイヤル・ティレル古生物学博物館。

竜脚類は比較的動きが遅かったにちがいない。だが，それよりも小形の多くの恐竜の骨は，彼らが少なくともときおりは非常にすばやく動けたことを明確に物語っている。われわれは，この事実から，彼らの血液の温度つまり体温が，少なくともときとして非常に高かったのではないかと推測できる。体内で熱を発生させることのできた連中も多かった。今日の恒温動物はいずれも，表皮の上あるいはすぐ下にある種の断熱材，つまり毛とか脂肪とか羽毛といったものを備えている。こういったものがなければ，体温を一定に保つために必要なエネルギーは厖大なものになるだろう。

恐竜帝国の崩壊は天変地異によって事実上，一瞬のうちに生じた。約6600万年前，直径がおそらくは15キロメートルもある巨大な小惑星が地球に飛来し，メキシコのユカタン半島にあるチクシュルーブという場所に落下した。衝突の衝撃で津波や大火，嵐，地震，火山爆発が引き起こされ，5000キロメートル以上離れたところにいた動物たちをも葬り去った。だが，最大の災厄はこのあとにもたらされた。大量の粉塵が大気中に巻き上がり，暖かな太陽の光をさえぎってしまったのである。その結果，世界の気候が急激に寒冷化し，その状態がおそらく10年は続いた。こうして，地球の生物史上特筆すべき規模の大量絶滅がふたたび起こった。この地質学的事象，いや，今回は宇宙規模の事象であるが，ともあれこの出来事が気候を急変させ，それが厖大な数の生物の絶滅へとつながったのであった。これには，同じ頃に起こったその他の事象も一役買っていた可能性がある。現在のインドにあたる地域でも，当時繰り返し火山が噴火していた。ことによると，小惑星の衝突がほかにもあったのかもしれない。とはいえ，決定打となったのはやはり，チクシュルーブの衝突だったと思われる。

だが，葬り去られたのは恐竜だけではない。あらゆる種類のアンモナイトをはじめ，多くのサメ，一部の哺乳類，モササウルスとよばれる巨大な海生爬虫類，鳥類，トカゲ類など，すべての動物種のおそらく75％ほどが姿を消し，数えきれないほどの植物もまた，当然ながら同じ運命をたどった。

恐竜がいかに急速に姿を消したかは，モンタナ州のバッドランドとよばれる地域の岩の中にまのあたりにできる。そこでは，6000万年ないし7000万年前に堆積した砂岩や泥岩が，夏の激しい嵐や初春の雪どけ水による激しい流れでけずられえぐられた結果，細長い岩の塔や孤立した岩山や峡谷のある荒地をつくりあげている。くずれゆく崖の，層をなした表面には，まるでぽつぽつと落ちた水のあとのように褐色のしみが点々とみられ，そこで化石骨が風化しつつあることがわかる。そしてそれらの化石の中に，巨大な角のある恐竜，トリケラトプスの化石がふんだんにみられるのである。トリケラトプスは，生きていたときには全長約8メートル，体重は最大で9トンにもおよんだかという種だ。その巨大な頭骨には，左右の眼の上方に1本ずつと鼻の先に1本，計3本の角があり，頭のうしろには大きな骨性のフリルがつきでていた。頸を保護する役割のものだったのは確かだが，鮮やかな色がついていたとも考えられ，これみよがしのディスプレーとして誇示されていたのかもしれない。だが，その脳は非常に小さかった。体重当たりの容積で比較すれば，ワニの脳より小さかったにちがいない。

爬虫類の出現

トリケラトプスの最後の骨がみつかる層のすぐ上に，石炭の薄い堆積が黒いくっきりとした線を描いている。この線はモンタナ州を横切りカナダ国境をこえてアルバータ州にいたるまで崖から崖へとたどることができる。それは，恐竜類の絶滅をしるす証拠である。そのすぐ下にはトリケラトプスをはじめ10種にあまる恐竜の化石がみられる。だがその上の地層からは，ただ1種の恐竜の骨もみつからないのである。恐竜絶滅の原因が小惑星の衝突にあるとする説を科学者たちが受け入れるにいたったのは，1つには，このような地層が世界各地で見られ，そこに桁外れに高い濃度のイリジウムが含まれていると判明したからだった。イリジウムは地球では非常に珍しいが，小惑星には高濃度で存在することが知られている元素である。この細い線は，粉々に砕けた小惑星の粉塵が，衝突の際にできたクレーターから飛び散った岩石と混ざり合ったことを示している。

この壊滅的な大異変を生きのびたものもいた。一部の哺乳類や爬虫類がそうである。同じように，多くの両生類や鳥類も難をまぬがれた。より大形の近縁種が死に絶えていくなかで生き残った爬虫類は，寒冷化をしのぐための2つの方法をみいだしたらしい。そのどちらも，現生のさまざまな爬虫類が実際に行なっているものである。1つは岩の割れ目をみつけるか自分で穴を掘るかして，凍結のおよばないところに身をかくし，仮死状態になる，つまり冬眠するという方法である。そしてもう1つが，水にはいるという方法である。水は空気よりずっと長く熱を保っているので，10年以上にわたる寒冷期のダメージはかなり軽減される。中には，暖かい地方へ泳いで避難した種もあったかもしれない。恐竜時代から今日まで生き残っている爬虫類の3つの主要なグループ，ワニ類，トカゲ類，カメ類がこの2つの手段のどちらかを利用できるということには，大きな意味がある。

ワニは現生の爬虫類の中では最大の動物である。東南アジア産の海生の大形種では，雄は全長6メートルをこえるという報告がある。最初の化石ワニ類は恐竜類とほぼ同じ時代の岩にみられる。今日の大形のワニときわめて似たものが，竜脚類と同じ時代に生き，おそらくアンテロープ大の小形の恐竜を捕食していたのだ。恐竜に支配されたこの時代は，ちっぽけな脳をもった動物が不器用に歩きまわり，知恵のたりない単純なやりかたでたがいに反応しあっていた世界だったと考える人もいるが，今日のワニ類を観察してみれば，そうした想像がいかに誤ったものであるかがわかるだろう。

ナイルワニは毎日ほとんどの時間を砂州でひなたぼっこをしてすごし，ガラパゴス諸島のイグアナとだいたい同じようにして体温を一定に保っている。だが彼らは，イグアナほどにはこの問題にわずらわされない。体がずっと大きいので，短時間の温度変化にはあまり影響されないからである。そのうえ，彼らは体を冷やすのに特別な方法をもちいている。口を大きくあけて，体の皮よりずっと薄い口の内側の皮膚を風にあてるのだ。そして夜になると，熱帯であっても気温がぐんと下がることがあるので，川のあたたかな水の中に移動する。また，彼らはふだんは不活発なのに，必要とあらば驚くほどはやく走ることができる。彼らの社会生活はかなり複雑である。雄は繁殖のためのテリトリーを構え，岸に近い水中の一画をパトロールする。ほかの雄がこのテリトリーに侵入し，戦いをいどんでくると，大声でほえて威嚇し，必要とあらば戦う。彼らの求愛は水中で行なわれる。雌が近

づいてくると，雄は非常に興奮してうなり声をあげ，それは，脇腹がふるえて水しぶきがあがるほどにまで高まる。そして，尾を激しく打ち，巨大な顎を打ちならすのである。実際の交尾はほんの2〜3分ですむ。雄が雌を顎でくわえこみ，尾と尾をからみあわせたら終了である。

　雌は水面から十分に離れた川岸に穴を掘って産卵するが，通常はこの場所は生涯変えない。夜，数回にわけて計40個ほどの卵を産む。卵を埋める深さは土の性質によって異なるが，かならず，温度変化が3℃をこえないような深さを選ぶ。日中ずっと直射日光があたるような場所には決して穴を掘らない。種によっては，卵を一定した温度のもとにおくためにもっと骨を折るものもある。たとえば，イリエワニは植物の塚を築いて巣をつくり，熱があがりすぎるとその上に尿をかけて冷やしてやる。また，アメリカアリゲーターはやはり植物をつみあげてその中に卵を産み，たえずその植物をひっくりかえして，腐ってゆく植物質から出る湿気と一定の熱が下の卵におよぶよう工夫している。彼らがこれほど注意深く安定した温度を保つのは，1つには，他の一部の爬虫類や魚類と同じようにワニ類でも，卵の期間に発育環境の温度によって性が決定されるからである。温度が高いほど，孵化したときに雌が生まれる比率が高くなる。

　たいへん複雑で驚かされるのは，ワニ類の育児行動である。ナイルワニの卵は孵化が近づくと，中の子ワニがピーピーと鳴き声をたてはじめる。それはたいへん大きな声で，殻と砂を通して数メートル先まで聞こえるほどである。雌はこの声にこたえて，卵の上の砂をかきのけはじめる。子ワニが砂の中から這いだしてくると，母ワニはその大きな歯をピンセットのようにやさしく注意深くつかって彼らを顎の間にくわえあげる。雌の口腔内の下側には特別な袋が発達していて，その中に5〜6匹の子ワニをいれることができる。雌はそのくらいの数を集めると，彼らをつれて水にはいり，泳ぎだす。なかば開いた顎の歯の間からは，小さな乗客の子ワニがピーピー鳴きながらのぞいている。雄に助けられて，子ワニたちは短時間のうちに沼の特別な育児区域に運ばれる。子ワニたち全部が運ばれるまで，これがくりかえされる。子ワニたちは2ヵ月間ここにとどまって，堤の小さな穴にかくれたり，カエルや魚をとったりしてすごす。その間両親は近くの水域をうろついて，子どもたちを守ってやるのである。ワニ類のこうした行動をみていると，恐竜たちが同じように複雑な求愛行動や育児行動を行なっていたことは想像にかたくない。

　カメ類はワニ類と同じくらい古い祖先をもっている。カメ類もワニ類も，その歴史のごく初期に防衛体制をととのえた。ワニ類は背中の鱗の下に小さい骨を備えることによって皮膚を強化したが，カメ類はさらに極端な手段をとり，鱗を大きくして角質の板に変えた。そして，肋骨を大きく平らに広げてその板を補強し，皮膚のすぐ下にひと続きの骨の盾を形成したのである。その結果，体は事実上難攻不落の箱にかこまれ，危険に出会うと頭や手足をその中にひっこめることができるようになった。だがこれには，重大な影響がともなった。多くの爬虫類，さらにはわれわれのような哺乳類も，胸部をふくらませて肺に空気を吸い込んでいる。肋骨をもち上げることで，呼吸が可能になるのである。ところが，肋骨が平坦で結合しているカメにはそれができない。そこで，別の方法をあみださなけれ

川岸の砂をおり，ルフィジ川へ入っていくナイルワニ（*Crocodylus niloticus*）。タンザニア，セルース猟獣保護区。

ばならなかった。彼らはほかの動物にはない特異な帯状の筋肉でできた体内の隔膜をつかって，肺をふくらませたり収縮させたりしている。これは，呼吸法としてはあまり優れているとは言えないかもしれないが，カメ類はいまや，脊椎動物のもつよろいの中でも抜群に効果的なものを手に入れたのである。このよろいがおおいに役立っているのは，カメが当時から今日まで，ほぼ変化せずに生きのびてこられたことに照らせば明らかだ。

カメ類の基本的な生活パターンにある重要な変化が起こったのは，その歴史のごく初期のことだった。すなわち，あるグループは水にはいってウミガメになったのである。この陸生から海生への移行は，論理的に当然のなりゆきだった。というのは，大きくて重い甲羅を背負った生きものにとって，陸上を移動するのは非常に骨の折れる，エネルギーを消耗する仕事だからだ。だが，爬虫類が新たに獲得した能力が，彼らが完全な海生にもどることを妨げた。それは殻のある卵であった。この卵は，まさに彼らの祖先が水から離れることを可能にしたものであって，水の中ではつかいものにならない。水中では，胚は殻の中で溺れ死んでしまう。そこでウミガメの雌は，繁殖期のたびに外洋を離れて沿岸水域に泳ぎつき，ある夜苦労の末砂浜に這いあがり，陸生の仲間と同じように砂に穴を掘って卵を産みこむのである。

爬虫類の第3の生きのこり組であるトカゲ類は，ワニ類やカメ類にくらべると，現在ははるかに数が多い。彼らは祖先のパターンから大きく変化してもいる。トカゲ類は，今日では多数の科にわかれており，イグアナ科，カメレオン科，トカゲ科，オオトカゲ科，その他いろいろな科がある。彼らはみな，鱗を変化させることによって大切な耐水性の皮膚を保護している。オーストラリア産のマツカサトカゲは鎖かたびらのようにぴったり重なりあった光沢のある頑丈な鱗を備えている。メキシコ産のアメリカドクトカゲはビーズのような黒とピンクの丸い鱗を身につけている。アフリカ産のヨロイトカゲの鱗はロココ調のよろいのように長い棘状をなしている。これらの鱗は，われわれの爪と同様に，死んだ角質の物質からなり，しだいにすりへっていく。そこでトカゲたちは，たいてい年に数回，鱗をとりかえねばならない。古い鱗の下に新しい鱗ができ，古い鱗はぬぎすてられるのである。

鱗は骨にくらべて進化の圧力にずっと反応しやすいようで，摩耗と損傷から直接身を守るほかに，いろいろな面で役立つようになっている。たとえば，ウミイグアナは脊椎にそってとさか状の長い鱗を備えており，雄はテリトリー争いの際にそれをたてて，体を大きくおそろしげにみせる。また，いくつかの種のカメレオンは爬虫類の中でも最も奇抜な姿をしているが，彼らは頭部の鱗を角に変えている。1本角のもの，2本角のもの，3本角のもの，そして4本角のものさえいる。さらに，オーストラリア中央部の砂漠地帯原産の，たいへん特殊化した小形のトゲトカゲは，もっぱらアリを食物にしているが，彼らの鱗は1枚1枚が大形になり，その中心がのびてとがった鱗状をなしている。こんな棘だらけのごちそうを味わってみようとするもの好きな鳥はまずいないだろう。この鱗は，非常に効果的な防衛手段であるが，その形状からもう1つ，たいへん変わった機能も担っている。すなわち，おのおのの鱗には中心の頂きから放射状にごく細い溝がついており，夜間気温

砂浜の木の枝に登るパンサーカメレオン（*Furcifer pardalis*）。マダガスカル，マソアラ国立公園。

爬虫類の出現

がさがると棘の上に露がたまり，それが毛管現象によって溝づたいに流れて，この小さな生きものの口にはいるのである。

おそらく，最も特殊化した鱗をもっているのはヤモリ類であろう。この熱帯性の小形のトカゲは，壁をするするとかけのぼり，さかさまになったまま天井を走り，垂直の窓ガラスにしがみつくことさえできる。しかも，何らかの方法で吸引力を利用しているのではないかと思えるほど，いとも簡単にこうした芸当をやってのけるのである。実はこの秘訣は，彼らの鱗にあるのだ。すなわち，足指の下面の鱗には，肉眼ではみえないこまかい毛が無数に集まってできた吸盤がある。1本1本の毛は，電子顕微鏡でないとみえないほど微小なもので，足指が強くおしつけられると，ファンデルワールス力という電磁気学的な力によってそれらの微毛が表面にくっつく。こうしてヤモリは，ガラスのようなこのうえなくなめらかな面の上でも歩き回ることができるのである。吸着面を剥がすためには，ヤモリは微毛の接触する角度を変えればよい。そうすれば，足を離すことができる。

トカゲ類には，新大陸のサンショウウオの仲間と同様に，彼らのグループとしての歴史を通じて四肢を失う進化的傾向がある。トカゲ科の仲間には，現在この過程のさまざまな段階にある種がいくつもみられる。アオジタトカゲやマツカサトカゲといったオーストラリアのいくつかの種では，肢はあってもごく小さなもので，ずんぐりした彼らの体を地面からもち上げられるほどしっかりしたものではない。また，ヨーロッパのアシナシトカゲでは，体内にまだ肩の骨と腰の骨の痕跡が残ってはいるものの，まったく肢がない。南アフリカのヘビトカゲ類などは，その属の中だけでも，四肢の退化に多くの中間段階がみられる。あるものは前後肢をともにもっており，各肢に5本の指がある。あるものは四肢がごく小さく，十分に発達した指は2本ずつしかない。また別の種では，1本指の後肢があるだけで，体外に前肢はまったくないといったぐあいである。

約1億年前，初期のトカゲ類のあるグループにこの四肢の退化現象が起こり，その結果ヘビ類が誕生した。この祖先グループの正体については，いまだにさまざまな意見がある。だがとにかく，彼らが四肢を失ったことは，穴を掘る生活様式と関係があったようだ。ヘビ類の祖先がかつて地中生活をおくっていたことをうかがわせる手がかりがいくつかあるのである。たとえば，地下に穴を掘る生活では繊細な鼓膜は傷つきやすいうえ，いずれにせよ聴覚はたいして役にたたない。このため穴を掘る動物は一般に耳を失う傾向がある。ヘビ類にも鼓膜のあるものはおらず，他の爬虫類では鼓膜から内耳に振動を伝えている骨が，ヘビの場合には下顎とつながっている。その結果，彼らは空気中を伝わってくる音に対しては事実上無感覚である。そのかわり，足音によるもののような大地を伝わってくる振動には敏感なのである。

ヘビ類の眼もその祖先が地中生活をしていたことを裏づけている。というのも，彼らの眼は，他の爬虫類の眼とはかなり構造が異なっているのである。もしヘビの祖先が地中にすんでいたのだとすれば，地中で生活するほかの動物の場合と同様に，彼らの眼は退化の傾向をたどっていたはずである。しかし，眼がすっかりなくならないうちに，その持ち主が地上生活にもどったとすれば，再び視覚が必要となり，一度痕跡的になった眼がもう一

カベヤモリの一種（*Tarentola* sp.）。ガラスに張りついた肢のアップ。

度発達したにちがいない。こういうわけで，ヘビの眼は特有の構造をもつようになったのであろう。この説明はたいへん説得力があるが，まだ広く受けいれられるにはいたっていない。

　ヘビにかつて肢があったことを疑う人はいない。実際ヘビ類のうちのあるグループ，すなわちボア科（ボア類とニシキヘビ類）はすべて，今なお体内に腰骨の痕跡を残し，体外にも後肢の跡，すなわち腹の両側に2つの突起がみられるのである。しかし，いずれにせよ肢を失ったヘビたちは，地面の上では新たな移動方法をあみださねばならなかった。彼らは脇腹の筋肉を交互に収縮させるので，体がS字の曲線を描く。収縮の波は体を前からうしろへ伝わってゆき，脇腹は石とか植物の茎といった地上の物体におしつけられ，体を前方におしだす。要するに，彼らはのたうって進むのである。そこで，てこになるでこぼこがまったくないような平面では，このテクニックがつかえず，ヘビはむなしくもがくだけである。

　砂漠にすむ数種のヘビは，このテクニックの変形を発達させている。だが彼らの場合，その動作があまりにもはやいため，どのように動いているかをよくみるのがむずかしい。また，それをわかりやすく述べるのが，これまたきわめてむずかしい。この彼らの方法は，"横すべり"とよばれている。ほかのヘビと同じように，体を収縮させてS字形を描くが，地面には体の2カ所だけが接していて，この2つの接点が急速に体の後方に移動する。この動きは頭のうしろからはじまる。ヘビは頭をもちあげ，地面に接している点でカーブを描くように体を曲げる。この彎曲を生みだす筋収縮が，下の砂との接触を保ちつつ急速に体の後方へ移ってゆき，その間，体の前部と頭はもちあげられている。その波が途中まで進むと，また頸が下がって，一瞬砂につき，再び新しい波がはじまる。こうしてヘビはすばやく前進し，砂の上に，実際に進んだ方向に対して約45°の角度をなす一連の帯状の跡を残すのである。

　狩りをするときには，獲物に気づかれぬようできるだけ動きを少なくして進まねばならないことが多い。このような場合，彼らは体をまっすぐにのばし，直接獲物のほうを向く。彼らの腹面には体と同じ幅の1枚の横長の長方形の鱗が前後に重なりあってならんでおり，1つ1つの鱗の後端は体からはなれている。これらの鱗をヘビは腹筋を収縮させてたてることができる。このため鱗の先端が地面にひっかかり，収縮の波が後方に伝わるにつれて，ヘビは体をいっさいくねらせることなく，音もなくすべるように前進することができるのである。

　ヘビの祖先が実際にある時期地中にすんでいたとすれば，その獲物は小さなものであり，ミミズやシロアリなどの無脊椎動物や，せいぜいトガリネズミに似た初期の穴居性哺乳類にかぎられていたはずだ。そして彼らが地上に出てきたときには，哺乳類が今日みられる多様な種類に分化しはじめており，獲物の種類は格段に多くなっていた。恐竜が姿を消し，哺乳類と鳥類が台頭したあとに，ヘビ類の種類と多様性がぐんと増したことを示す明確な証拠がある。今日，2, 3のボア類とニシキヘビ類は，ヤギやアンテロープのような大形動物の体にまきつくことができるほど長くなっている。彼らはまず口で獲物をとらえ，す

横すべりするペリングウェイアダー（*Bitis peringueyi*）。ナミビア，ナミブ砂漠。

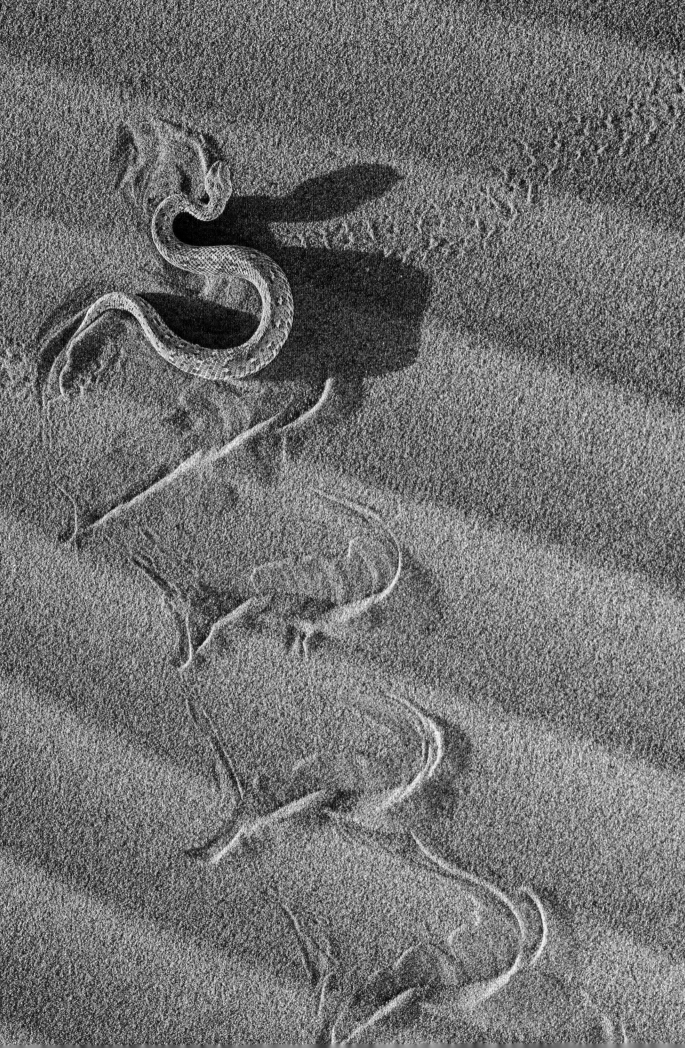

爬虫類の出現

ばやく体をまきつける。それから、まきつけた体をしめつけ、獲物が胸をふくらませて呼吸できないようにして殺す。獲物はおしつぶされて死ぬのではなく、窒息死させられるのである。ヘビは、先が口の奥に向いている歯で獲物をしっかりと捕え、ゆるく関節した顎を大きく開いて中にひきずりこむ。のみこむのに数時間もかかることがあり、ひとたびのみこんでしまうと、ヘビの体が獲物で大きくふくれあがってしまうことも少なくない。

もっと進化したヘビは、獲物をしめつけるのではなく毒をつかって殺す。後牙類というグループは、上顎の奥にある専用の歯を利用して獲物に毒液を注入する。毒腺はこれらの歯のつけ根にあり、毒液はこの歯の溝を伝わって落ちてくるだけである。そこで後牙類は獲物に咬みついたら、犠牲者の肉に口の奥にある毒牙がしっかりつきささって毒液が肉の中に流れこむまで、顎を左右に動かしながらがっちり咬みつづけていなければならない。

いっそう精巧な殺しの方法を発達させたヘビもいる。毒牙は上顎の前端にあって中に管が通っており、その中を毒液が流れるしくみになっている。コブラ類、マンバ類、ウミヘビ類の毒牙は短くて動かないが、クサリヘビ類の牙は非常に長く、ふだんは上顎にそって平らにねかせておかねばならないほどである。彼らが獲物を襲うときは、口を大きくあけ、牙のついている骨を回転させて毒牙を下前方につきだすので、ただちに犠牲者に咬みつくことができる。そして相手の肉に毒牙がつきささると、注射器から薬液が注入されるように、毒液が注ぎこまれるのである。

ヘビ類は爬虫類の中で最後に現われた大きなグループだが、その中で最も洗練されているのはマムシ類である。メキシコと合衆国南西部に棲息するガラガラヘビの仲間もこのグループに属するが、彼らはまさに爬虫類型の動物がこれまでに達した最高の完成形だといえる。

他の多くのヘビや、彼らより以前に現われた両生類と魚の一部にもみられることだが、ガラガラヘビの仲間は卵を体内にとどめておくことによって、卵にできるかぎりの保護を与えている。爬虫類の発明である卵殻は薄い膜に退化しており、胚は輸卵管内で自分の卵黄を栄養とするほか、卵にぴったりついている輸卵管壁からしみでてくる母親の体液からも栄養をとっている。これは要するに、哺乳類が利用している胎盤のしくみと同じである。

ガラガラヘビの子は完成された形で母親の腹から生まれてくるのだが、雌は子どもたちをすぐにほうりだしてしまうようなことはしない。それどころか、いっしょうけんめいに子どもを守る。そして、侵略者に対してはガラガラという音をたてて威嚇し、追い払うのである。このガラガラという音は、尾の先にある特別な中空の鱗を振ることによって発せられる。そして、脱皮のたびにこの特殊な鱗が1個ずつ尾にくっついたまま残るので、成長しきったガラガラヘビはそうした鱗を20個ももっていることがある。

ガラガラヘビは夜狩りをするが、その際に動物界には他に類をみない感覚器官をつかう。鼻孔と眼との間に、このグループの英名ピットヴァイパー（pit viper, マムシ類）の起こりになったピット器官とよばれるくぼみがある。それは赤外線、つまり熱を感受する装置で、その内面に並ぶ細胞は非常に感度が高く、300分の1℃の上昇さえ感知できる。そのうえ、この器官は指向性が強いので、ヘビは熱源の位置を正確に特定することができる。

茂みから威嚇するケープコブラ（*Naja nivea*）。南アフリカ。

こういうわけで，ガラガラヘビはピット器官の助けを借りて，50センチ先にじっとうずくまっている小さなジリスの存在を探知することができるのである。彼らは腹の鱗をつかって音もなくするすると獲物にしのびよる。そして襲える範囲にはいると秒速3メートルの速さで頭を前方につきだし，2本の巨大な毒牙で犠牲者に猛毒を注入するのだ。ガラガラヘビが動物界きっての有能な殺し屋であることはまちがいない。

　あらゆる爬虫類と同様に，ガラガラヘビも太陽エネルギーを直接体温維持にもちいるので，必要とする食物の量は少なくてすむ。1年間に十数回かそこら食事をすればすむのである。恒温性の哺乳類は，砂漠にすむ種ですら毎日たえまなく食物をさがしていなければならないが，彼らにはその必要がない。また，哺乳類のように日中の暑さにあえぎながら岩の割れ目や穴にひそみ，涼しい夜を待って出歩くという必要もない。メキシコの砂漠で石やサボテンの間にとぐろをまくガラガラヘビは，まさにこの環境の主であり，おそれるものは何ひとつない。爬虫類は，水を通さぬ皮膚と卵という利点にものをいわせて砂漠に進出した最初の脊椎動物だった。そしてところによっては現在でも，彼らのあるものがそこの主なのである。

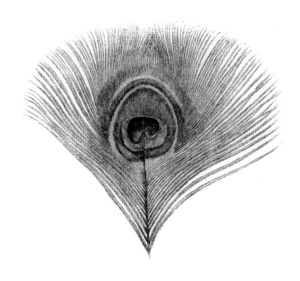

8

大空の支配者

　羽毛はすばらしくよくできたものである。熱の出入りをふせぐ断熱材として，この羽毛に匹敵するものはまれであるし，また軽量であることを要求される翼として，人造物であろうと動物の体であろうと，これにまさるものはない。羽毛はケラチンでできている。爬虫類の鱗やわれわれ人間の爪も同じ角質の材料でできている。羽毛がそれらと異なっているのは，その構造がきわめて複雑だということである。1枚の羽毛を拡大してみてみると，中央の羽軸の両側から，100本ほどの羽枝が出ている。同様に，1本1本の羽枝からは，約100本のより細かい羽枝，すなわち小羽枝が出ている。綿羽は，この構造によってやわらかいふんわりとした状態をつくりだし，その中に空気をとどめることができるので，すぐれた断熱材となっている。風切羽には，またちがった特徴がある。この羽毛は，隣接する小羽枝どうしが重なりあい，たがいに鉤でひっかかりあうことによって，1枚の板状になった羽弁を形成している。1本の小羽枝には，そうした鉤が数百もあり，1枚の羽毛では100万ほどもある。そして，ハクチョウ大の鳥には，約2万5000枚もの羽毛があるのだ。鳥類をほかの動物から区別している特徴のほとんどすべては，羽毛によってもたらされる利益と何らかの形で結びついている。いやそれどころか，今日の世界では，羽毛をもってさえいれば，その生きものは鳥類と判断してまちがいないのである。

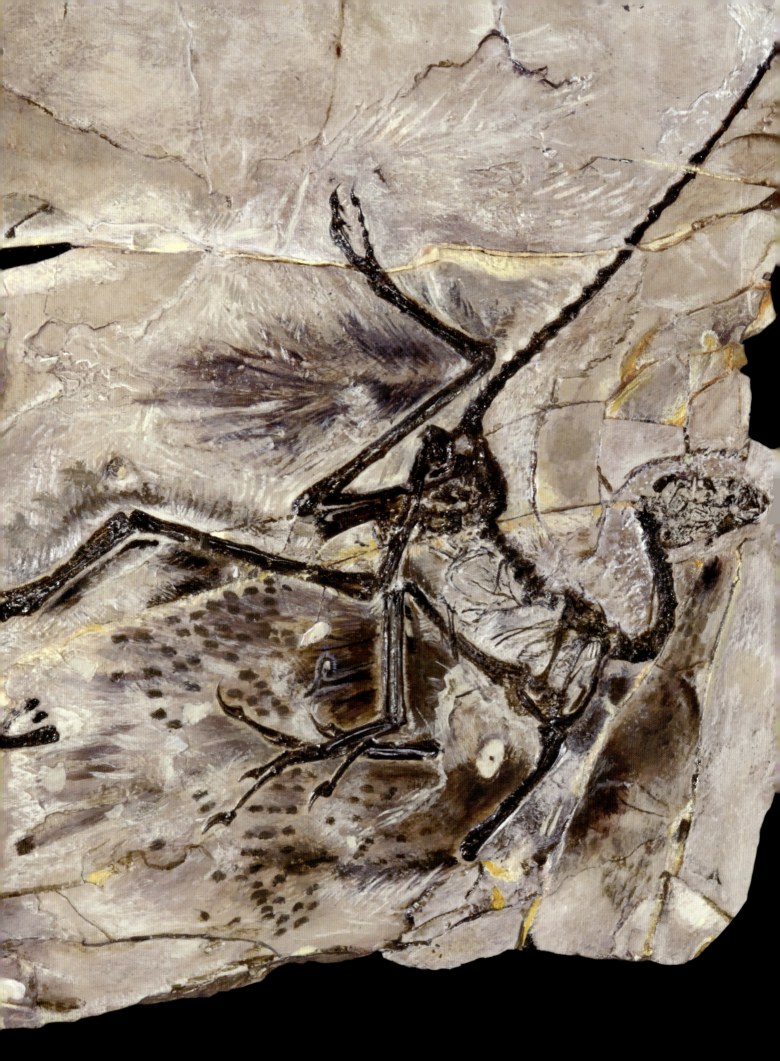

大空の支配者

　1860年，バイエルン地方のゾルンホーフェンで，石灰岩の板の上にはっきりと印された，長さ7センチのまぎれもない羽毛の輪郭が発見され，一大センセーションをまき起こした。この化石は，かつてそこに鳥がいたことを，疑う余地のないほど明らかに物語っていた。だが，その石灰岩は恐竜の時代のもので，鳥類の存在した時代として当時の人々が考えていたよりも，はるかに以前のものだったのである。

　これらの石灰岩は，熱帯地方の浅い礁湖の底にたまった沈澱物から形成された。礁湖というのは，海綿動物や，石灰を分泌する藻類からなる礁によって囲まれた海のことだ。礁湖の水は生ぬるく，酸素にとぼしかった。広々とした海から切りはなされ，海水の流れは，あってもほんのわずかだった。石灰は，一部は分解しつつある礁から生じ，また一部はバクテリアによって生産されて，海底の軟泥として沈積していった。こうした状態は，ほとんどの動物にとって，すむのに適してはいなかった。そこに迷いこんで死んだ動物たちは，礁湖の底に沈み，静かな水の中に横たわった。そして堆積する軟泥におおわれ，そのままの姿で残ることになった。

　ゾルンホーフェンの石灰岩は，何世紀にもわたって切り出されてきた。というのも，そのむらのないきめの細かさが，建物につかう材料として非常にすぐれており，19世紀に新たに発明された石板印刷という技法においても，ものの形を描くのに最適であるとわかったからである。それはまた，進化の証拠を克明に記録する上でも，この上なくすぐれた用紙だった。この石は，十分に風化すると，成層面に沿って割れる。そこで，ひとかたまりの石は，本のページをめくるように何枚にもはがすことができる。こうした採石場にゆけば，だれでも，そこでみたすべての石のページをめくってみたいという誘惑にかられるだろう。この誘惑は，ほとんど抗しがたいものである。その1ページ1ページは，いまだかつてだれにもめくられたことがなく，またその中にあるすべてのものは，1億5000万年もの間日の目をみることがなかったのだ。もちろん，そのほとんどには，何も記されていない。けれども，採石夫たちはときおり，奇跡ともいえる完全さをとどめた化石を発見する。骨の1本1本と輝く鱗をそのまま残した魚，沈泥上に跡をとどめながら這いまわっているうちに死んだと思われるカブトガニ，微細な触角まで完全にとどめているウミザリガニ，それに小形の恐竜類（ディノサウルス類），魚竜類（イクチオサウルス類），それから，ねじ曲がってこそいるがこわれてはいない翼の骨格とそのまわりの革質の皮膜の跡をはっきりとみせている翼竜類（プテロサウルス類）などが，そうした例である。そして，1860年に発見されたあの謎を秘めた美しい羽毛の化石は，鳥がそうした連中とともに生きていたことを示す最初の証拠だったのである。

　この鳥は，どんな種類の鳥に属していたのだろうか。科学者は，その羽毛だけを根拠に，これにアルケオプテリクス，すなわち"始祖鳥"という名をつけた。1年後，羽毛の化石が出たすぐ近くの採石場で，羽毛をもったハト大の生きもののほぼ完全な骨格化石がみつかった。それは，岩の上に腹這うような姿勢で，翼をひろげていた。一方の長い脚の先には爪の生えた4本の趾（あしゆび）がついていたが，もう一方の脚は，関節がはずれていた。そして骨格のまわりには，まぎれもない羽毛の跡がはっきりと刻まれていた。それは，まさに始祖鳥とよぶにふさわしい生物であるように思われた。だが，この生物は，現存しているいかなる鳥ともいちじるしく異なっていた。ななめ後方へと羽毛を張り出させた長い尾は，脊柱の延長である骨によって支えられていた。またこの鳥には，後肢の先ばかりでなく，

1億6100万年から1億5100万年前のジュラ紀後期の地層から出た，鳥に似た恐竜アンキオルニス（*Anchiornis huxleyi*）の化石。肢と胴体の周囲に羽毛の印象が残されている。中国，遼寧省。この類の化石には色彩を生み出す色素顆粒の痕跡が認められることから，この恐竜の体にはいろいろな色がついていたと考えられる。

羽毛におおわれた前肢の3本の指にも爪が生えていた。この生物は，鳥類であると同じくらい，爬虫類でもあったのだ。こうして，『種の起原』が発刊されてから2年とたたないうちになされたこの発見は，あるグループの動物は中間段階のものを経て別のグループのものへと発展するというダーウィンの主張の，幸運にも時を得た確証となった。いやそれどころか，ダーウィンの擁護者であったハックスリーは，まさにこのような中間段階の生きものが存在していたにちがいないということを予言し，その予想される生きものの詳細を記載していたのだった。今日でもなお，こうした中間段階の生きもので，この始祖鳥ほど説得力のあるものはほかにない。

その最初の化石標本が見つかって以降，ゾルンホーフェンの石灰岩からはさらに9つの化石が発見され，今日ではこの驚くべき生物の構造について，きわめて詳細な知識が得られている。そうした構造的特徴のなかには，この動物が爬虫類であると明らかに示すものもあった。歯の生えた硬骨性の顎をそなえた頭骨，それぞれに曲がった鋭い爪のついた前肢と後肢，硬い骨が中に通った尾，といったものだ。しかしこの動物は，全身を羽毛につつまれていた。前肢をつつむ羽毛はことのほか長く太いもので，いかにも効率的に空気をとらえ，飛ぶことを可能にするように思われた。

木登りをする動物にとって，この爪と羽毛とを兼ねそなえているのがいかに便利であるかを示す，現生の鳥がいる。それはツメバケイという鳥である。この鳥はニワトリぐらいの大きさのがっしりとした体つきの奇妙な鳥で，南米のガイアナやベネズエラの湿地の林にすんでおり，小枝を粗雑に集めて皿状の台巣をつくる。この巣は，マングローブの中にあることも多い。孵化したばかりの雛はほとんど赤裸だが，非常に活発に動きまわる。この雛たちをみるのは容易ではない。というのも，この地域では，カヌーのへさきがマングローブの枝にぶつかることは避けられず，その結果巣が揺れると，雛は興奮して小枝の台巣から逃げだしてしまうからだ。これらの雛の両翼の前縁部にはそれぞれ，近くの枝によじ登ることのできる2本の小さな爪がある。さらにこの雛たちを驚かしてしまうと，彼らは突然枝を離れて水中にとびこみ，からみあうマングローブの根の間を活発に泳ぎまわりはじめる。こうなると，雛たちの姿を追うのは不可能に近い。しかし，この雛たちをみていると，恐竜類が出没する木の枝の間を始祖鳥が移動していた様子がかいま見えてくるかもしれない。

それにしても始祖鳥の羽毛のようなものは，いかなる同時代の古生物にもみられたことがなかった。どのようにして始祖鳥はそれを得たのか？　樹上性だった祖先が翼の爪を用いて，枝から枝へと滑空しはじめたのだろうか？　同じことをするのがボルネオに棲息する小形のトカゲで，横腹から伸びた皮膜の助けをかりて滑空する。あるいは始祖鳥の祖先は地上性で，バタバタあおって昆虫を捕食するのに都合がよいように，前肢に羽毛を得たのかもしれない。羽毛があることで，すばやく空中に飛び上がることができ，捕食者から首尾よく逃れられた，ということもあったかもしれない。盛んな，時に熱い議論が続けられたが，1980年代になるとほとんど信じがたいような証拠が新たに中国からもたらされた。明らかに地上性でありながら羽毛につつまれた，恐竜の骨格が発見されたのだ。

場所は中国北東部の遼寧省で，化石は広大な湖の底で形成された泥岩と頁岩の中にあった。見つかった化石の中には獣脚類に属する，肉食性の小形恐竜のものもあった。獣脚類はすでによく知られた動物で，ほかの場所からもほぼ完璧な骨格が過去に出土している。

ツメバケイ（*Opisthocomus hoazin*）の雛。巣の近くのマングローブの枝をよじ登っている。ガイアナ。

だが遼寧省で出土したのは化石化の状況がこのうえなく良好で，羽毛の痕跡まで保存されているという，過去に類を見ないものだったのである。この羽毛は全身をおおっていた。その第1の機能は明らかに体の保温であり，行動性の高さに不可欠な高い体温を維持することだった。

したがって，羽毛が進化したのは飛翔が第1の理由ではなく，羽毛は鳥を定義する特徴ではないということになる。鳥は羽毛を，羽毛をもつ祖先から受け継いだのだ。このことから，6600万年前に小惑星がメキシコに墜落した際，すべての恐竜が絶滅したわけではない，と言える。羽毛をもった者が生き延びた。つまり，われわれの庭先を飛び回っているのが「現生の恐竜」なのである。

それでも，この「羽毛をもつ小さな恐竜」が今日われわれの知る，飛ぶことに非常に優れた生きものになるまでには，進化によって重大な変化が少なからず加えられたにちがいない。加えられた進化圧の中で最も重要だったのが，いかに体重を少なくするかということだった。始祖鳥の骨は現生の爬虫類同様，中がつまっていた。真の鳥類の骨は紙のように薄く，中空になっている。またその内部は，飛行機の翼を強化するのに設計された交差支柱によく似た構造物によって支えられていることが多い。鳥類の肺からは気嚢が出ている。これは体の空隙に入りこんでふくらみ，その空間を埋めているので，体重はきわめて軽くなる。始祖鳥の尾は脊柱の延長である重い骨によって支えられていたが，現代の鳥類ではこの骨は失われ，かわりに骨の支持物など必要としない，頑丈な羽軸をもった尾羽が発達している。歯のある重い顎は，飛ぼうとする生きものにとってはつねに大きな障害だったにちがいない。なぜならそれは，体の前方部を重くして，体のバランスをくずしてしまうからである。現代の鳥類は，歯のついた顎を失い，そのかわりに，ケラチンでできた軽い構造物，すなわち嘴（くちばし）を発達させている。

だが，どんなにすぐれた嘴でも，食物を咀嚼することはできない。そこで大部分の鳥は，食物を細かく分解するためのほかの器官をもたねばならなかった。その遠い祖先である竜脚類がしたように，彼らはそれを，筋肉質の特殊な胃，筋胃で行なっている。こうして，嘴それ自体は，食物を集める以上のことをする必要がなくなったのである。

爬虫類の鱗に似たケラチン質の嘴は，進化の圧力によって容易に変形されてしまうようだ。嘴が食性にあうようにいかにはやく変化しうるかは，ハワイ諸島にすむハワイミツスイ類によってあざやかに示されている。これらの鳥の祖先は，おそらく，アメリカ大陸にすんでいたヒワ類で，その嘴は短くてまっすぐだったと思われる。はるかな昔，その鳥の一群が，嵐によって偶然に海上に迷い出てしまったのだろう。これらの鳥は，結局ハワイ諸島へとたどりついた。この地で彼らは，青々と茂った森林をみつけた。ここには，彼ら以外に鳥はすんでいなかった。というのも，この島々は火山起原で，比較的新しい時期に形成されたものだったからだ。何ものにもじゃまされず，さまざまな食物を利用するうちに，これらの鳥はいろいろな種へと進化していった。つまり，それぞれの種がある特定の食物に特殊化し，それを集めるのに最も適した形の嘴を発達させることになったのだ。いくつかの種は，種子食に適した短くて太い嘴をもち，別のいくつかの種は，屍肉を引き裂くのに適した先が鉤形の頑丈な嘴をもっている。またある種は，ロベリアの花から花蜜を吸いとるのに適した，長くて下方に彎曲している嘴をもっており，別の種は，上嘴が下嘴の2倍もある嘴をもっている。この嘴は，樹皮をたたき，それをはぎとって，中にいる甲

長い下嘴で川面を切るように飛びながら魚を捕えるクロハサミアジサシ（*Rynchops niger*）。ブラジル，パンタナル。

虫類の幼虫をさがし出すのにつかわれる。さらにまた別の種は、上嘴と下嘴の先端が交差した嘴をもっている。これは、明らかに、植物の芽から昆虫をひき出すのに都合のよい形となっている。ダーウィンは、ガラパゴス諸島にすむダーウィンフィンチ類の嘴に、これらとよく似たヴァリエーションがあることに気づいていた。そしてそうしたヴァリエーションを、彼の自然淘汰の理論に対する有力な証拠と考えた。彼は、ハワイ諸島を訪れる機会には恵まれなかったが、もし訪れていたら、これらのハワイミツスイ類が彼の主張をさらにはっきり例証していると結論したにちがいない。

　ある特定の目的にあうような嘴の進化が、ずっと長い期間にわたって進行してきたほかの鳥の世界では、さらに極端な形の嘴が生じている。ヤリハシハチドリは、体長の4倍もある長い嘴をもち、それをつかって、アンデス山脈に生育する花筒部の長い花から蜜をとって食べる。コンゴウインコは、先が鉤形になったきわめて頑丈な嘴をもち、非常にかたい木の実であるブラジルナットを割って食べることができる。キツツキ類は、嘴をドリルのようにつかって幹に穴をあけ、その中から穿孔性昆虫を探り出して食べる。フラミンゴ類の彎曲した嘴には、中に細かな剛毛が生えている。この鳥は、喉をふくらませたりすぼめたりしながら、嘴の中に水を出し入れして、微小な甲殻類を濾しとって食べる。ハサミアジサシ類は、下嘴が上嘴の2倍近くもあり、下嘴で川の水面をまさに切るようにして低く飛ぶことができる。そして小魚に触れると、即座に嘴をパチッと閉じ、くわえとってしまう。こうした奇妙な形の嘴をあげていけば、実際きりがない。このことは、ケラチン質の嘴が目的に応じていかに変形しやすいかをよく物語っている。

　鳥がとる食物、つまり、魚、木の実、花蜜、昆虫の幼虫、糖分に富んだ果実などは、たいへん栄養価が高いが、これには重要な意味がある。すなわち、飛翔がたいへんな重労働であるために、彼らはこういった食物を好むのである。また、エネルギーを熱の形で浪費しないために、保温がきわめて重大な問題となる。このことから、鳥の羽毛は、翼を形づくるという面からだけでなく、それを羽ばたかせるのに十分なエネルギーを確保する上でも不可欠なものなのだ。

　体内から熱が逃げるのをふせぐものとして、羽毛は毛よりもさらにすぐれている。地上で最も寒い場所、冬の南極の雪と氷の中で生存することができるのは、ただ1種の鳥、コウテイペンギンだけである。彼らの羽毛は、まさにこの地で生き残るためにだけあると言ってよい。羽毛は幅が狭く、体全体にくまなく層をなして生えており、その中に空気をとどめている。この羽毛と、皮下脂肪の分厚いコートの助けによって、恒温性のこのペンギンは、氷点下40℃にもなるブリザードの中に立ったまま、何週間もその場所にとどまることができる。しかもその間、食物をとって内側から体をあたためなくても平気なのである。また人が極地に行く際に考案した、最もぜいたくでまた最も効果的な方法は、北極にすむカモ類の1種であるケワタガモからとった綿羽を身にまとうことなのだ。

　鳥の生活にこうした重要な役割をはたしている羽毛は、通常、年に1回、定期的に抜け換わり新しくなる。しかし、それでもなお、鳥はその羽毛をたえず手入れしていなければならない。鳥は羽毛を水の中で洗ったり、土になすりつけたりする。この水浴や砂浴によって乱れた羽毛は、その後、注意深く整えられる。よれよれになったり羽弁をいためた羽毛は、嘴で注意深くすいてもとどおりにされる。嘴で羽枝の間をすいて、それに圧迫を加えると、小羽枝にある鉤がチャックの歯のようにたがいにかみあって、再びなめらかな1

チョウセンアサガオ（*Datura* sp.）の花から蜜を吸おうとするヤリハシハチドリ（*Ensifera ensifera*）。ヤナコチャ・クラウドフォレスト保護区、エクアドル。

枚の羽弁がつくり出されるのである。

　大部分の鳥には，尾のつけ根近くの皮膚に大きな尾脂腺がある。鳥はそこから嘴で油をとり，1枚1枚の羽毛になすりつける。これによって羽毛は，しなやかで水をはじく性質を保っておくことができるのだ。サギ類，オウム類，オオハシ類など一部の鳥には，この尾脂腺がない。これらの鳥は，細かな雲母状の粉末をつかって羽毛の鮮度を保つ。この粉末は，特殊な羽毛である粉綿羽——これは，ひとかたまりになって生えたり，他の羽毛の中に散在するかたちで生えたりする——の先端がたえずすり切れることによって生じる。ウ類とそれに近縁なヘビウ類とは，その生活時間の多くを水中にもぐってすごすにもかかわらず，ひどくぬれてしまう構造の羽毛をもっている。だがこれは，彼らにとって不利なことではない。というのは，羽毛の間の空気を失うことで浮力がいちじるしく減少し，魚を追って容易にもぐっていくことができるからだ。ただし，採食を終えると，彼らは翼をひろげて岩の上にたち，羽毛をかわかさねばならない。

　羽毛の下の皮膚は，ノミやシラミなどのような寄生者にとって，この上なく魅力的な場所である。そこはあたたかく，居心地がよく，また外からはみえない。鳥をなやましかねないこうした生きものは数多くいる。そこで鳥はよく，羽毛をたて，羽軸の根元のまわりを細かく調べながら，寄生者をとりのぞいている。また，カケス，ホシムクドリ，コクマルガラスなどいくつかの種は，たぶん寄生者を駆除する手段としてやっているのだろうが，自分の皮膚に進んで他の昆虫を這いまわらせたりまでする。彼らは，羽毛をたてたりひろげたりして，アリの巣にうずくまる。こうすると，かき乱されて怒ったアリが鳥の体中に群がることになる。また，ときとして，アリを1匹1匹嘴でくわえあげては，羽毛の間にさしいれることもある。しっかりと，だがていねいにくわえあげるので，アリは死なずに鳥の皮膚を刺す。また，くわえあげたアリを羽毛になすりつけることもある。こうした"蟻浴"に使われるアリは，ふつう，怒ったときに蟻酸を出すアリなので，この習性には明らかに寄生者を殺す役割があるようだ。このように，この行動は，本来自分の体を清潔に保つことからはじまったと思われるのだが，現在，個体によっては，それを楽しんでやっているようにみえるものもいる。彼らは，皮膚に心地よい刺激を与えてくれるものならなんでも，スズメバチ，甲虫，煙，タバコの吸い殻までつかって，"蟻浴"をしている。そして，それに費やす時間は30分にもおよぶことがある。その間彼らは，とどきにくい体の部分を刺激しようとして興奮し，しばしばあおむけにひっくりかえったりもする。

　鳥は，飛んでいない時間のかなりの部分をこうした羽毛の手入れに費やす。その報酬は，鳥が飛んでいるときに現われる。きちんと整えられた羽毛は，翼や尾を完全な形にするだけではない。手入れのゆきとどいた頭や体の羽毛は，飛んでいるときに，抗力や渦の発生が最小限になるよう体の輪郭を流線形にする上で，有効な機能をはたしているのである。

　鳥の翼は，飛行機の翼よりもずっと複雑な仕事をこなさなければならない。なぜなら，体を支えることに加えて，空中を推進させるエンジンとしても働かねばならないからだ。だがそれにもかかわらず，鳥の翼の外形は，人間が飛行機を設計するにあたって最終的に考え出したのと同じ航空力学の原理にしたがっている。さまざまな種類の飛行機がどのような飛びかたをしているかを知れば，それらと同じような特徴をそなえた鳥の飛行能力を，予測することができよう。

　短くて幅の広い翼は，第二次世界大戦時の戦闘機が空中戦で巧みな旋回飛行や高等曲芸

大空の支配者

飛行をやるのに役立った。一方，これとよく似た形の翼をもつフウキンチョウ類など森林にすむ鳥も，それをつかって下生えの間をすばやく動きまわることができる。後退翼を有するもっと近代的な戦闘機は，ちょうどハヤブサが身をすぼめ獲物めがけて時速130キロで急降下するときのように，より速いスピードを出すことができる。グライダーは，長くて薄い翼をもち，それによって上昇気流の中で高度を保ちつつ何時間も静かに飛びつづけることができる。空飛ぶ鳥の中で最大級のアホウドリの1種は，グライダーとよく似た形の翼をもち，翼開長は3メートルにもなるが，グライダーと同様，羽ばたかずに何時間も海洋上を飛びつづけることができる。上昇気流にのってゆっくりと輪を描いて飛ぶハゲワシ類や大形のワシ類は，非常に低速で飛ぶ飛行機の翼と同様，幅広い長方形をしている。停止飛行のできる翼を開発することは結局われわれにはできず，ヘリコプターのはねの水平回転や，垂直離着陸用ジェット機の下方を向いたエンジンをつかって，停止飛行を行なうのが関の山だ。ハチドリ類は，こうした飛行テクニックをわれわれよりもずっと前にマスターしていた。彼らは，ほぼ直立姿勢になるように体を傾けたまま，翼を毎秒80回もの頻度で打ち震わせ，同じように下向きの風を起こす。こうしてハチドリ類は，停止飛翔とともに，飛びながら後退することまでできるのである。

　鳥ほど速く，また長距離を飛ぶことのできる生きものはほかにいない。アマツバメ類は実際最も速く飛ぶことのできる動物である。アジアにすむこの類の1種は，水平飛翔において時速170キロもの速さを出すことができ，また毎日約900キロの距離を飛びながら，主食としている昆虫を捕えている。この類の鳥の空中生活に対する適応は，きわめていちじるしく，その脚は，物をつかむ小さな鉤といった程度のものにまで縮小している。三日月形をしたその翼は体の割に非常に長いので，地面にペッタリしゃがんでしまうと，翼をうまく羽ばたかせることができない。そこで彼らは，崖や巣の縁から飛びたつ以外には，空中に舞い上がれないのである。この類の鳥は，交尾さえ空中で行なう。高いところを飛んでいる雌が，ひろげた翼をこわばらせ，その背後から雄がやってきて背中にのり，そのまましばしの間2羽が一緒に滑翔するのだ。これらアマツバメ類は，繁殖終了後，次の繁殖期まで地上に降りることは決してない。したがって彼らは，1年のうち少なくとも9カ月は空中で暮らしていることになる。けれども，セグロアジサシは，それよりもさらに長期間空中生活をつづけている。この鳥は，最初に巣を去ってから4年後に繁殖するまで，地上や水面に降りることがまったくないらしいのだ。

　多くの種の鳥は，毎年，長距離の渡りをする。ヨーロッパのコウノトリは，毎年秋になるとアフリカへと南下し，春になるとまたヨーロッパにもどってくる。この渡りの航行は非常に正確なもので，同じつがいが毎年毎年同じ屋根にもどってきて，そのてっぺんにある同じ巣をつかって繁殖する。

　あらゆる鳥の中で最も大規模な渡りをするのは，キョクアジサシである。この鳥の中には，北極圏のかなり北のほうで繁殖するものもいる。7月にグリーンランド北部で孵化した雛は，その後数週間のうちに1万8000キロもの飛行へと旅立つ。つまり，ヨーロッパそしてアフリカの西海岸を南下し，南極海を経たのち，南極からそう離れていない叢氷の越夏地へと向かうのだ。その後この鳥は，南極の夏の間，絶え間なく吹く西からの強風に流されながら，南極大陸をひとまわりすることがある。そしてアフリカ南部に向けて再び旅立ち，北上してグリーンランドへともどる。こうしてこの鳥は，太陽が水平線の下に沈

次見開き
南への渡りの時期に，雪をいただくピレネー山脈を背景に飛ぶクロヅル（*Grus grus*）。フランス，ガスコーニュ地方，オート＝ピレネー県。

むことがほとんどない南極と北極の両方の夏を体験し、毎年ほかのいかなる生きものよりも多くの日光を浴びているのである。

　こうした大規模な渡りに費やされるエネルギーは莫大なものであるが、その利益は明らかである。渡りのルートの両最終地点で、鳥たちは、それぞれ1年の半分という期間にわたって、その地の豊富な食物を利用することができるのだ。しかし、彼らはどのようにして、きわめて遠い場所にあるこうした資源を発見しえたのだろうか。この答えは、彼らの旅が、最初はかならずしもそう長いものではなかった、ということの中にあるようだ。彼らの旅の距離を長くした原因は、約1万1000年ほど前の氷河時代末期における世界的な気候の温暖化にある。それ以前には、たとえばアフリカの鳥は、ヨーロッパ南部に位置していた氷原の縁まで比較的短い距離を移動していたらしい。当時この地域には夏の2, 3カ月の間に昆虫が大量発生し、しかも恒常的にすみついてそれらを食べる鳥もいなかった。氷河が後退しはじめると、この食物の豊富な地域は年々北上していった。こうして鳥は毎年毎年、より先まで飛ぶことによって豊富な食物にありつくことができた。そして、この毎年の旅は、ついに数千キロもの距離に伸びてしまったのである。ヨーロッパや北アメリカには、夏には大陸の中央部におり、冬になると海流の影響でより温暖な沿岸地域に移動する渡り鳥がいる。彼らは東西方向に移動するわけだが、その移動距離の延長にも、似たような気候の変化が関係しているようだ。この変化はいまだに続いている。夏の数カ月の間ドイツですごすズグロムシクイは、越冬の地を従来はもっぱらスペインとしていたのが、今ではイギリスで冬を越すものもでてきた。その結果、イギリスに渡るズグロムシクイは、スペインに渡る仲間とは徐々に異なってきている。彼らはいま、2つの別の種に分化する途上にあるのかもしれない。

　しかし、鳥は、その渡りの道筋をどのようにして見つけだしてゆくのだろうか。この問いに対して、単一の答えというのはないようである。彼らは、いくつもの方法をもちいてその進路を確認している。そのうちの一部はわかりかけているが、一部はまだ謎につつまれたままである。また、われわれがまだ考えもつかないような能力による方法もあるのかもしれない。だが、多くの鳥が大きな地理的特徴をたよりに飛んでいることはたしかである。春にアフリカを北上してくる鳥は、アフリカ北部の海岸に沿って飛び、ジブラルタル海峡に集結したのち、前方にひろがるヨーロッパ大陸にはいってゆく。その後、これらの鳥は、アルプス山脈やピレネー山脈を通る定まった進路を渓谷沿いに飛び、夏のすみかへと到着する。また一部のものは、ボスポラス海峡方面の東寄りのルートをとって渡っている。

　しかしながら、すべての鳥がそうした単純な方法を用いて渡っているわけではない。たとえば、キョクアジサシは、目印になる陸地がまったくない南極海をこえるのに、少なくとも3000キロもの距離を飛ばなくてはならないのである。また、夜間に渡る鳥の中には、星をたよりに飛ぶものがいることがわかっている。そこで星のない曇った夜には、彼らは方向を見失いがちになるのである。これに関しては次のようなおもしろい実験が行なわれた。彼らを籠に入れ、プラネタリウムの中に置くのである。天空にある本ものとは異なった位置に星空をまわしてやると、鳥たちはそこにみえている人工の星座にあわせて体の向きを変えたのだった。

　昼間渡る鳥は、太陽をたよりにしているようだ。もしそうであれば、これらの鳥には、

毎日天を横切る太陽の位置の移りかわりを補正して方角を知る能力があるということになる。このことは，彼らが正確な時間の感覚をもっていることを意味している。一方，中には地球の磁場を1つの指針として用いることのできる鳥もいるようである。

　以上述べてきたことをあわせて考えると，渡りをする多くの鳥は，おそらくその脳の中に，時計やコンパスや地図などをもっているのではないかと思われる。ツバメは孵化後数週間もたてばこのような旅ができるが，人間がやろうとしたら，どうしてもこの3つの道具が必要になる。

　鳥たちが渡りにおいて発揮する能力がどんなものかを理解してもなお，彼らの芸当は驚くべきものである。次のような有名な例がある。ミズナギドリ類の1種が，ウェールズ西岸のスコックホルム島の営巣地からつれだされ，5100キロも離れたアメリカ合衆国のボストンまで空輸された。ところが，そこで放されたこの鳥は，その後12日半でもとの繁殖地へともどってしまったのだ。この日数は，目的地まで途中寄り道や回り道をほとんどせずに飛んだのでなければ，理解しがたいほど少ないものである。「驚異」の一語に尽きる。

　体をあたたかく保ち，飛ぶことを可能にしている鳥の羽毛は，さらにもう1つの方法で鳥の生活に役立っている。すなわち，容易にたてたり折りたたんだりすることのできる体表面の羽毛は，メッセージを送るための旗としてもたいへん役に立っているのである。そう，これも非鳥類型恐竜が利用していたやりかたのひとつだったのかもしれない。大多数の鳥は，生活時間の大半を目立たないようにして暮らしている。羽毛は，この目立たない生活に必要な十分にカムフラージュ効果のある色や模様をもっている。だが一方，鳥たちは毎年繁殖期の初めに，自分の存在をたがいに知らしめあう必要もある。この際，営巣場所をめぐってテリトリー争いをする雄どうしは，一連の儀式化された威しの動作として，大きな冠羽をたてたり，胸の斑紋をふくらませたり，あるいは翼をひろげてその模様をきわだたせたりする。このような目にみえる信号は，ふつう，鳴き声によってその機能がさらに強められる。そして，この視覚と聴覚にうったえる2つの信号は，全体として3つのメッセージをほかの鳥に伝える役割をはたしている。すなわち，自分が属する種を明示すること，同じ種のほかの雄に対するテリトリー宣言，そしてつがい形成のための雌への誘いである。

　これら，視覚と聴覚にうったえる2つのコミュニケーション手段のうちのどちらがより重要なものになっているかは，その鳥がすんでいる環境の質と，彼らの性質によってきまってくるようだ。森や林の中で，通常ひっそりと暮らしている用心深い鳥は，目にみえる信号はごくわずかしか用いず，かわりに，非常に長くて精巧な囀りをすることが多い。震えるような，流れ出るような精巧な節まわしに満ちたすばらしい囀りをする鳥がいたら，それは，おそらく地味な羽色の目立たない鳥のはずだ。アフリカのヒヨドリ類とかアジアのチメドリ類とかヨーロッパのナイチンゲールとかがそういった鳥である。一方，クジャク類，キジ類，オウム類などは，外敵に簡単には捕食されないので，目立つ場所に出てその豪華絢爛たる飾り羽をきわだたせることにたいして気をつかう必要がない。こうした鳥の主な信号はそのような視覚的なものなので，これらの鳥が一般に短くて単純で耳ざわりな声を出すことは，何ら驚くべきことではないのである。今日われわれは，鳥の精巧な囀りはおよそ3000万年の過去に3度，まったく別の鳥類系統において進化したことを知っ

ている。羽毛をもつ恐竜や最初期の鳥たちは，麗しく囀ることはなく，ガーガー，ゴロゴロ，シューシュー言うのがせいぜいだったことになる。

　鳥がもつ信号の中に，自分が属する種を明示する要素があることは，子をつくることのできない鳥どうしが求愛行動や交尾に時間を費やすことを避ける意味から，明らかに重要である。鳥の中には，種の認知を囀りだけによって行なうものもいる。イギリスの生垣にひそむ褐色の小さなムシクイ類がどの種に属しているか，もし視覚だけにたよって知ろうとしたら，鳥学者も鳥の雌もたいへん苦労するだろう。外観だけからでは，この仲間の鳥の種を正確に知ることはまずできない。その鳥が囀りはじめたときはじめて，学者も雌鳥もそれがキタヤナギムシクイかモリムシクイか，それともチフチャフかを知ることができるのである。

　しかし一般には，自分が属する種の明示は，羽毛によってなされていることが多い。このことは，眉斑や翼の斑紋などを近縁種のそれに似せて塗りかえてしまう，いささか薄情な実験を行なってみるとよくわかる。そのように塗りかえられた鳥は，近縁種の個体とつがいになってしまうことがあるのだ。種の識別は，多くの近縁種が同じ地域にすんでいて，それらの間に交雑の危険がある場合には，特に重要な問題となる。サンゴ礁にすむチョウチョウウオ類の近縁種間にみられる変化に富んだ美しい体色は，まさにこのような関連の中から生じてきたものである。同様に，多くの近縁種の鳥の間で，はでな羽毛のパターンやあざやかな羽毛の色に多様な差異が見られる場合，それは，こうした鳥たちがしばしば同じ環境にすんでいることの証しとみることができよう。オーストラリアで最もあざやかな羽色をした鳥の中に，インコ類とカエデチョウ類がいる。この2つのグループの場合も，何種もの近縁な鳥が同じ地方の同じ場所にすんでいるのである。また，カモ類の多様な種は，世界のいたるところで，冬から春にかけて同じ開水面で大きな群れをつくり一緒に暮らしている。これらカモ類の各種の雄は，この時期，頭や翼にいちじるしく特徴的な模様や色をもっているので，雌は自分と同じ種の雄をみまちがうことはない。こうしたあざやかな羽色の主要な役割が交雑の防止にあることは，次の事実から明らかである。カモ類のある1種だけが1つの島にたどりつき，そこで長い時間をかけて固有の鳥に進化している場合，その鳥はつねに本土のものよりずっと地味な羽色をしている。つまり，そこには雌が混同してしまうようなほかの近縁種の鳥がおらず，雄はもはや，自分がだれであるかについてあざやかな羽色による信号を送る必要がないのである。

　自分が属する種を明らかにするのと同時に，それぞれの鳥は，自分の性別をもたがいに明らかにしなければならない。カモ類は頭部の模様でそれを行なっている。というのも，その部分に雌雄で最も目につくちがいがあるからだ。しかし，海鳥類や猛禽類など多くの種では，雄と雌は1年中よく似た外観をしている。そこでこれらの鳥では，雌雄の識別は，その囀りや行動のちがいに基づいてなされることになる。ある種のペンギンの雄は，自分と同じ羽装をした他個体の性別を知ろうとするとき，非常に愉快な方法を用いる。彼は嘴に小石を1個くわえて，1羽で立っている鳥のところへちょよちょと歩いていく。その鳥の前までくると，そこで小石をものものしげに置く。もしその鳥が怒って彼をつついたり，攻撃的に身がまえたりすれば，彼はひどいまちがいをしでかしたことに気づく——その鳥は雄だったのだ。また相手が，さし出した小石をみてみぬふりをすれば，彼は，その鳥がまだ繁殖状態に入っていない，あるいは逆にもうすでにつがいになってしまった雌である

求愛の儀式中の見せ場，「水草ダンス」をするカンムリカイツブリ(*Podiceps cristatus*)のつがい。イギリス，ダービーシャー。

雄のセイラン（*Argusianus argus*）による求愛ディスプレー。ボルネオ，サバ州，ダナンバレー保護地域。

ことを知る。そこで彼は，無視された贈り物をまたくわえあげ，ほかの鳥のところへ歩いていく。そしてついに，その小石を深くおじぎをして受けとる鳥に出会う。ここではじめて彼は，自分が求めていたつがいの相手にめぐりあえたことになる。彼もまたおじぎをし返し，その後2羽は，首を伸ばしながら結婚祝いのコーラスを吹き鳴らすのである。

　ヨーロッパの水鳥の中で最も愛らしい鳥の1つ，カンムリカイツブリは，ペンギン類よりもずっと凝った羽装をしている。春になると，頬から嘴の下にかけて栗色の長い襟状をした羽が生え，頭には1対の角のような光沢のある黒い冠羽が生える。やはりこの鳥の場合も，雌雄は同形同色である。この鳥の求愛行動は，これら頭部の飾り羽を効果的にきわだたせるためのさまざまな巧妙な動作で構成されている。だが，同じ動作をしても雌雄によって反応のしかたがちがうので，それらの誇示行動をつうじて，それぞれの鳥は相手の性別を知ることができる。雌雄の2羽は，だいたい以下のような行動を展開する。首を上のほうに伸ばし，襟状の羽毛を扇形にひろげながら，頭を左右にすばやく振る。たがいに相手の鳥の前で，もぐったり水中からひょいととび出したりする。嘴にひとかたまりの水草をくわえ，首を水面近くで横に伸ばしながら，それをたがいに相手の鳥に与える。そして，こうした儀式がクライマックスにいたると，2羽は突然ならんで伸び上がり，水面にあたかも立っているかのようになるまで，足で水面をけり進んでいく。このとき，頭は左右に激しく振られている。

　このような求愛行動は，何週間にもわたってつづけられる。またその行動の一部は，繁殖期を通じて，2羽が顔を合わせたときや抱卵を交替するときなどに頻繁に繰り返される。こうした行動をみていると，この同じ羽色をしたつがいの鳥どうしは，たがいに相手が同じ個体であることを確認し合いながら，その関係を維持しているようだ。

　しかしながら，多くの種では，雌雄を区別する何らかの目にみえる特徴が発達している。それは，ヒゲガラの口ひげ状の斑紋とかイエスズメのよだれかけ状の斑紋，オウム類にみられる眼の色のちがいのように，ごく小さな点でのちがいであることもある。だが，そのちがいは明確であり，求愛行動の際には，一般にこうした特徴をもつものが，もたない相手の前でそれを目立たせる行動，すなわちディスプレーを行なうのである。雌雄の羽色がまったく同じか，あるいはわずかしかちがっていないような鳥は，一般に一雄一雌のつがいで繁殖し，雌雄ともに抱卵や育雛にかかわることが多い。

　一方，いくつかの鳥の仲間では，この羽毛にみられる雌雄のちがいが極端なまでに発達している。キジ類，ライチョウ類，マイコドリ類，フウチョウ類などがそうで，これらの雄には，非常に大きく，しかもすばらしい色の羽毛が現われる。そして彼らは，もっぱらその美しい羽毛を誇示することに熱中する。一方，こうした鳥の雌は，地味な外見をしている。彼女たちは，雄の踊り場に現われて交尾をすませると，すぐにその場を離れ，その後まったく独力で産卵や育雛の仕事をつづけていく。踊り場に残った雄は，なおも気どって歩いたり爪先回転をしたりすることに熱中し，新たな雌がやってくるのを待っている。

　あらゆる羽毛の中で，最も精巧にできているのは，セイランの雄の翼に生える羽毛である。この羽毛の一部は，1メートルを越す長さになることもあり，そこには巨大な眼玉模様が列在している。ボルネオの森林にすむこの鳥は，林床の一部をきれいにして踊り場をつくり，頭上に両翼を盾形にたてて雌にみせびらかすのである。

　オーストラリアの北方，ニューギニアには，40種ほどのフウチョウ類がすんでいる。

次見開き
雪の中で求愛ディスプレーするキジオライチョウ（*Centrocercus urophasianus*）。アメリカ，ワイオミング州。

キンミノフウチョウ
(*Cicinnurus magnificus*) の雄。パプアニューギニア，エンガ州，高地低山帯。

この類に属する鳥たちは，いずれも甲乙つけがたいほど美しい羽毛をもっている。ツグミほどの大きさのフキナガシフウチョウの前頭部からは，2本の非常に長い羽軸が出ており，そのそれぞれの片側に，光沢のある青い小旗状の羽毛が1列にならんで生えている。カタカケフウチョウは盾のように起こすことのできる大きなエメラルド色の羽毛をもっており，これを高さいっぱいになるまで大きくひろげる。ジュウニセンフウチョウには，よだれかけのような形をした光沢のある緑色の羽毛や，チョッキのような形をした大きくふくらむ黄色い羽毛がある。このチョッキ様の羽毛からは，その下方に巻きこむ形で12本の裸の羽軸が出ている。この鳥の名は，その羽軸にちなんでつけられている。

　こうした鳥たちがその美しい飾り羽をみせびらかす光景は，われわれが鳥の世界に足を踏みいれて経験することのできる，最も感激的で最も息づまるものの1つである。ニューギニアの森林の中は大部分が暗くしめっている。巨大な木々がそびえたち，日光をほとんどさえぎっている。けれども，その中を歩いてゆくと，突然林床の一部がきれいになっているところに出くわすことがある。かつてその部分をおおっていた落葉，落枝は，周囲に積み上げられている。これが人間以外のものによってなされたとは，ちょっと信じがたいほどである。だが，そこでしばらく待っていれば，問題の鳥が現われてくるだろう。キンミノフウチョウはムクドリぐらいの大きさの鳥である。その尾からは，左右に円を描くようにして2本の裸の羽軸が出ている。肩に金色のケープをもち，胸には盾状になる緑色の羽毛がある。この胸の羽毛の一部には，光沢のあるたいへん細かな青い横縞模様がついている。頭の上と嘴のまわりの羽毛は，非常に細かくて光沢があるので高価な黒いビロードのようにみえる。この雄は，枝の上で体を突き出し，様子を探るような姿勢をしたまま，そこでしばらくじっとしていることだろう。それから突然，その踊り場内に生えている若木の1つに飛び移る。足でその木をつかみながら，嘴をまっすぐ上に向け，キラキラ光る金色のケープを大きくひろげる。また，胸の盾状の羽毛を伸ばして，心臓が鼓動するように，それをひろげたり縮めたりする。同時に，ブンブンという音を出し，嘴を大きくあけて緑色の喉を見せる。キンミノフウチョウは，このような行動を1日に，といっても朝に多いのだが，何回となく行ない，それを何カ月にもわたってつづける。森林内にはこうした雄があちこちに分散して自分の踊り場をもっており，雌をひきつけている。

　フウチョウ類の中で最も有名なのは，翼の下の両脇から長い紗のような飾り羽が出ている仲間である。彼らは数種おり，種によって黄や赤や白の異なる色の飾り羽をもっている。これらの鳥は，何羽かの雄が一緒になってディスプレーをする。それは特に目立つ木の上で行なわれるが，こうした木は，しばしば何十年にもわたってこの目的につかわれていることがある。そして，ディスプレーに都合がいいように，樹冠部の1本の特定の枝は小枝や葉がむしりとられている。夜が明けて少しすると，黄色い閃光が低い枝の中を走るのがみられるだろう。鳥たちが，毎日の儀式のために集まりはじめたのだ。彼らはカラスと同じぐらいの大きさの鳥で，喉には虹状に輝く緑色の羽毛がよだれかけのように生えており，頭は黄色く，背面は褐色をしている。金色に輝く飾り羽は，おりたたまれているのに両脇から長く垂れ下がっており，その長さは体長の倍近い。しばらくすると，下生えの間を数羽の雄が静かに歩いて集まってくるはずだ。中には，背中の上でその飾り羽をためらいがちにひょいと上げてみるものもいる。そうこうするうちに，1羽が踊り場の枝に飛び上がることになる。そして，耳ざわりな甲高い声を出しながら，頭を低くしておじぎをするよ

次見開き
翼を広げて求愛ディスプレーするヒヨクドリ(*Cicinnurus regius*)の雄。パプアニューギニア。

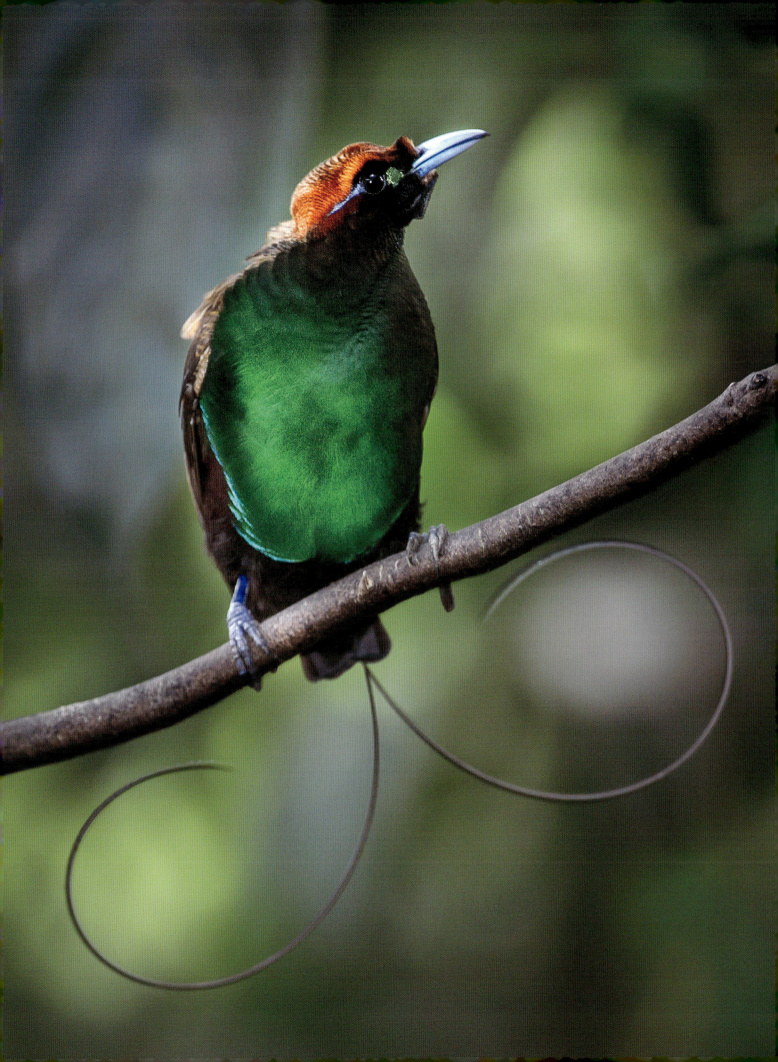

うな動作をし，嘴を枝になすりつける。彼は翼を頭の上でパチンと打ちつけてから，飾り羽を金色に輝く噴水のようにきわだたせ，その枝の上をすばやく行ったり来たりする。彼のこうした興奮がほかの鳥を刺激し，それらの鳥もディスプレーに加わりはじめるだろう。やがて10羽以上もの鳥が樹上にあがり，鳴き叫んだりディスプレーをしたりしながら，踊り場の枝に出るチャンスをうかがうのである。

　このすばらしい踊りの光景をながめていると，その付近の影になったところで，突然何かが動くだろう。目を移すと，そこには褐色の地味な羽色の雌がいるはずだ。彼女は踊り場の枝へ飛び移る。その背中に雄が荒々しくのしかかり，雄の飾り羽が下がる。交尾はほんの1，2秒で終わってしまう。彼女はその場をたち去り，産卵のためにすでに用意してある巣へともどっていくことになる。

　フウチョウ類の雄は，そのあつかいにくい飾り羽を何カ月にもわたって身につけている。だが，繁殖の時期がすぎると，それは抜け落ちる。こうした大がかりな羽毛の更新を毎年やらねばならないということは，鳥の栄養状態にかなりの負担となっているはずだ。ニューギニアにすむ，この類に近縁なあるグループの鳥は，同様に活発なディスプレーを行ない，特定のつがい関係を結ばずに繁殖するが，その一連の求愛行動をより経済的と言えるような方法で行なっている。これらの鳥，つまりニワシドリ（庭師鳥）類の雄は，ある特定の色で色調があざやかなものなら，枝，石，花，木の実，その他何でもかまわずに集めてくる。そして，それらをみせびらかして雌をひきつけ，思いをとげるのだ。彼らは，そうした宝物を目立たせるための"あずまや"をつくる。ある種は，1本の若木のまわりに小枝をつみかさねて，メイポールのような形のものをつくる。この"あずまや"は，地衣類のかけらで飾られる。また別の種は，入口が2つある屋根つきのトンネル状の"あずまや"をつくる。この入口の前には，花やキノコや木の実が，それぞれ小山をなすようにきちんと積み上げられる。

　ニワシドリ類は，オーストラリアのかなり南のほうにもすんでいる。その1種であるアオアズマヤドリの雄は，コクマルガラスとほぼ同じぐらいの大きさで，全体に光沢のある暗青色の羽色をしている。この鳥は，幅30センチほどの通路をはさんで両側に自分の約2倍の高さに小枝をつんだ"あずまや"をつくる。この"あずまや"は，一般に南北方向に向けてつくられ，北側のより陽当たりのよいほうの入口付近に，宝物が集められる。そこには，ほかの鳥の羽毛や木の実，あるいはプラスティックのかけらまで置かれていることがある。こうした物は，それが何であるかは関係ない。ただ，どういう色をしているかが問題なのだ。それらはどれも，自分の羽毛の色によく似た青か，黄色がかった緑のどちらかのようだ。彼は，こうした物をあちこちから集めてきたり，近くにいる仲間のコレクションの中から失敬してくるだけではない。青い木の実を嘴でつぶし，それを植物繊維にしみこませて，"あずまや"の壁を青く塗るという習性までもっている。

　アオアズマヤドリをその"あずまや"にひきもどす1つの方法は，彼のコレクションにカタツムリの白い殻のようなまったくちがった色のものを加えておくことである。ふつう彼はすぐさまもどってきて，彼の美学に合わないそれを嘴でくわえ，気にくわないとばかりに頭をひと振りして脇へほうりなげてしまう。アオアズマヤドリの雌は，やはり全体に地味な色の鳥である。彼女が，その地域に散在する"あずまや"を次々とのぞいてゆくと，それぞれの雄は，興奮してあわただしく自分の宝物をならべかえたり，それを嘴にくわえ

潟湖で交尾するオオフラミンゴ（*Phoenicopterus roesus*）。フランス，カマルグ，ポン・ド・ゴー鳥類公園。

て，その上等さを雌にみせるかのようなことをする。またこの間，これらの雄はけたたましく鳴きたてる。そしてある雄が，彼女を自分の"あずまや"に誘いこむのに成功すると，"あずまや"の近くか，あるいはその中の通路で交尾が行なわれる。この交尾には雄の翼の激しい羽ばたきが伴うが，ときにはあまりに激しすぎて，"あずまや"の壁がこわれてしまうこともある。

　鳥の交尾のしかたは，ぎごちないものにみえる。少数の例外を除いて，鳥の雄には陰茎がない。雄は雌の背中にあぶなっかしげにのっかり，嘴で雌の頭の羽毛をくわえて自分の体を安定させなければならない。雌が尾を一方の側にねじって雌雄の総排泄腔がくっつくと，両者のその部分の筋力の助けをかりて，精液が雌の体内へと移動する。しかし，この過程は，実際にはそううまくは進行しない。雌がじっとしていないと，雄がその背中から落ちてしまい，交尾が不成功に終わることも多いようである。

　すべての鳥は卵を産む。これは，鳥類が祖先の爬虫類から受け継いだ一大特徴である。どこにすむどんな鳥も，この特徴を捨て去ってはいない。この点で，鳥類は脊椎動物の中でも独特である。ほかのグループの動物にはどれにも，生活条件の有利さから体内に卵をとどめておき，子になってから産み落とす，いわゆる胎生の習性を獲得したものが少数ずついる。魚類ではサメやグッピーやタツノオトシゴ，両生類ではサンショウウオの一部やフクロガエル，爬虫類ではコモチカナヘビやガラガラヘビなどが，そうした例である。だが鳥類には，こうしたものは現われなかった。おそらくこれは，次の理由によるのだろう。すなわち，産み落とすまで何週間にもわたって，雌が大きな卵をいくつも体の中にかかえて飛びまわっていたのでは，雌にあまりにも大きな負担がかかってしまうからだ。そこで鳥の雌は，体内にある卵が受精するとまもなく産み落としてしまうのである。

　ところで鳥類は飛翔に必要な恒温性を発達させたことによって，ほかの面でやっかいな問題をかかえることになった。爬虫類は，卵を穴の中や石の下に隠しておくだけで，あとはそれをほったらかしにしておくことができる。この卵は成体同様変温性なので，生存や発生のために胚の温度を周囲の温度よりも高く保っておく必要がないのだ。しかし鳥の胚は，両親同様恒温性なので，ひどく冷えると死んでしまうのである。こういうわけで，鳥類は，卵をあたためなければならない。これは非常に危険な仕事である。自由に飛びたつことによって外敵から逃れることができないのは，大部分の鳥の生活の中で，まさにこの時期だけである。鳥は，可能なかぎり最後の瞬間まで，またときにはその時点をこえてもなお，卵や雛の上にすわりつづけている。驚いて飛び出してしまったのでは，卵や雛がたちどころに危険にさらされてしまうからだろう。それでもやはり，巣は，親鳥が抱卵を交代したり自分や雛の食物をとりに出てゆくのに都合のよい，出入りに便利な場所になければならないのだ。

　一部の鳥は，ほかの動物が近づけないような場所に巣をつくることができ，また実際そうしている。海岸の垂直な崖の中ほどにある岩だなまでたどりつけるのは，鳥だけであろう。だが，ここでさえも危険はある。略奪者は鳥自身の中にもいて，カモメ類などは，不注意な他の鳥の巣をねらって卵に穴をあけ，中身を食べてしまうことがある。

　砂地や砂礫の海岸にすむチドリ類などは，隠れる場所が何もないので，開けた地上に卵を産み落とす以外に方法がない。こうした鳥の卵は，砂礫の色に非常によく似ている。そこで，卵を破壊するのは，それをみつけだす捕食者よりもむしろ，気づかずにふみつぶし

小石にまぎれた，コチドリ（*Charadrius dubius*）の巣卵。フランス，ロレーヌ。

てしまう捕食者以外のもの，つまりへまな人間などである場合が多いようだ。

けれども，大部分の鳥は，苦労して何らかの保護物，つまり巣をつくり，その中で卵や雛を守る。キツツキ類は木の幹に穴をうがったり，すでにある穴をひろげたりする。カワセミ類は川の土手に穴を掘る。カワセミ類の穴掘りは，初めのうちは，嘴をわずかに開いて土手の表面へと突進するやりかたで行なわれる。こうしてある程度のくぼみをきざんでから，それを足場にして穴を掘り進んでゆくのだ。インドにすむスズメ大のサイホウチョウ（裁縫鳥）類は，枝についている葉を1～3枚ほど縫いあわせる。つまり，葉の縁にいくつか穴をあけ，そこに植物繊維を1本1本通して葉をつなぎあわせてゆくのだ。こうして，みごとな，また目につきにくいカップ状の容器ができあがると，その中に綿毛の巣がつくられる。スズメと同じ科に属するハタオリドリ類は，頭を下にして小枝にぶらさがりながら，ヤシの葉を細長く引き裂いたものを器用に織りこんで，中空で球形の巣をつくり上げる。こうしてつくられる巣のうちには，長く垂れ下がった管状の出入口がついているものもある。カマドドリ類の中には，アルゼンチンやパラグアイの開けた地方にすむものがいる。ここには営巣場所として利用できる木がほとんどない。そこでこの鳥は大胆にも，家のまわりの柵の丸太や，そこにかけてある郵便受けなどを利用し，泥を用いて非常に堅固な巣をつくる。この巣はフットボールぐらいの大きさで，その地方の人がつくるかまどを小さくしたような形をしている。入口は獣の前足や人の手が入るぐらい大きいが，内部のしきり壁が，そうしたものの巣内への侵入を完全にはばんでいる。というのもこの壁は，入口の穴の付近をうまく隠すように，内部で螺旋状に巻いているのである。サイチョウ類は木のうろに営巣する。この類の雄は，卵とそれをあたためる雌とを略奪者から守るために極端な手段を用いている。彼らは，中央に小さな穴だけを残して，巣の入口を泥の壁で塗りかためて，中に雌をとじこめてしまうのだ。彼らはその小さな穴を通して，その中で長いこと耐えている雌や雛に食物を与える。東南アジアにすむアナツバメ類は，洞窟の中に営巣する。その巣は，粘着性の唾液をつかってつくられ，少数の羽毛や細根がまぜられることもある。中国人は，この巣をつかえば最もおいしいスープができると信じている。

鳥の中には，侵入者をふせぐために，ほかの手ごわい生きものの威光を借りているものもいる。ゴウシュウムシクイ類のあるものは，自分の巣をつねにスズメバチの巣のそばにつくる。ボルネオにすむカワセミ類のあるものは，格別攻撃的なハチ類の巣の中に産卵する。また，オウム類には，樹上生のシロアリ類の巣の中に，自分で穴を掘って巣をつくるものもいる。

ある科の鳥は，きわめて巧妙な方法を用いて，抱卵期間中に卵の上にすわりつづけるという危険な仕事を避けている。オーストラリア東部にすむオーストラリアツカックリは，雄がつくる大きな塚の中に雌が卵を産みこむ。塚の中心部は発酵しつつある植物からなっており，外側は砂で厚くおおわれている。この鳥の繁殖期は非常に長く，5ヵ月以上にもわたる。この期間中ずっと，雄は塚の付近にとどまって，嘴で塚の中の温度を調べながら，その世話をしていかねばならない。春には，集めたばかりの中央部の植物が急速に発酵して多量の熱を出すので，塚の中は卵の発生にとって暑すぎる状態になりかねない。そこで，雄は塚の上から砂を熱心にとり除き，熱を放散させる。夏には別の危険が生じる。太陽が照りつけて，塚を外側から過熱させてしまうのだ。今度は彼は，塚の上に遮蔽物として多量の砂をかけねばならない。中心部の発酵がその効力を弱めてくる秋には，彼は外側の層

洞窟の中で営巣するドウクツアナツバメの群れ（*Collocalia linchii*）。インド洋，オーストラリア海外領土，クリスマス島。

をとり除いて，卵のある中央部が太陽の熱であたたまりやすいようにする。また夕方には，もう一度外側の砂をかけて，中の熱が逃げないようにするのである。

　この地域のずっと東方，太平洋の島々にすむ同じツカツクリ類に属する別のメンバーは，この繁殖システムをまたちがった方法で特殊化させている。この鳥は，火口丘の側面の灰の中に卵を埋めこみ，深層部の熔岩から伝わってくる熱でその卵をあたためるのだ。

　一部の鳥は，ほかの種の鳥の巣に卵を産みこみ，その親鳥に自分の雛を育てさせることによって，抱卵の危険や苦労をまったく回避してしまっている。このような習性をもつ鳥としては，カッコウが特に有名である。これらの鳥は，自分の卵がその巣の親鳥に投げ出されないように，卵の色を相手の鳥の卵の色に似せねばならなかった。こうしたことから，それぞれ異なる種の鳥の巣に托卵するカッコウのいくつかの生態的品種は，それぞれ相手に応じてちがった色の卵を産むのである。

　抱卵は，ただ卵の上にすわっていればよいといった単純なものではない。体からの熱の放出をたいへん効果的にふせいでいる羽毛は，同時に，鳥の体と卵の間の熱伝導を阻害するきわめてがんこな遮蔽物にもなっているのだ。そこで多くの鳥では，抱卵に際して特別の変化が生じる。抱卵がはじまる直前に，胸腹部の羽毛が抜け落ち，露出した皮膚が皮下の血管の膨張によってピンク色になるのである。その結果，卵はこの部分にぴったりとおさまり，非常に効率よくあたためられる。だが，このような部分，つまり抱卵斑は，どの鳥でも自然にできるわけではない。ガンカモ類は，自分で胸から羽毛をむしりとって，この抱卵斑をつくる。一方，アオアシカツオドリは，その名のとおり，水かきのついたあざやかな青い趾（あしゆび）をもっているが，これを抱卵器官としてうまく利用している。卵の上に趾をかぶせてあたためるのである。なお，彼らの脚はディスプレーにももちいられる。すなわち，求愛行動の際に，彼らはこっけいなしぐさで脚を高々とあげながら相手のまわりを歩くのである。

　こうしてやがて雛が孵化してくる。雛は嘴の先端にある小さな卵歯で殻を破って出てくる。地上に巣をつくる鳥の雛の多くは，孵化したときにすでに綿羽につつまれている。この綿羽は，周囲の環境に対して非常によいカムフラージュ効果をもっている。そして，彼らは，羽毛がかわくとすぐに巣を離れ，雌親の世話のもとに食物をさがしまわるようになる。一方，樹上の枝葉の間にある巣や，近づきがたい場所にある巣で生まれる雛は，一般に赤裸で，自分では何もできず，親鳥から食物をもらわなくてはならない。

　こうした赤裸の雛たちの場合，日がたつにつれて，血液の充満した青い羽軸が皮膚に出てくる。そして，そこから本物の羽毛が生え出すのである。ワシタカ類やコウノトリ類の雛は，巣立つころになると，巣の縁にとまって翼を羽ばたかせながらときをすごしていることがある。この行動は，筋肉を強め，飛翔に必要な動きを習得するのに役立っているらしい。断崖の狭い岩だなにいるカツオドリ類の雛も，同じことをする。だが，カツオドリ類の雛は，その際，用心深く岩の壁面に向いている。これは，体の成長がまだ十分でないうちに羽ばたきばかりがうまくなり岩だなから落ちてしまう，といった事態をふせぐためである。けれども，こうした飛びたちへの準備は，むしろ例外的といえる。大部分の鳥の雛は，実際に何の練習もなしに飛ぶための複雑な動きを身につけることができるようだ。ウミツバメ類の雛のように穴の中で育てられるものでも，その最初の飛びたちで数キロも飛んでしまう。またいずれにせよ，ほぼすべての鳥の雛は，1日かそこらで立派に飛べる

巣づくり中のキムネコウヨウジャク（*Ploceus philippinus*）の雄。

大空の支配者

ようになるのである。

　このように，鳥類は比類のない空中での技巧と，それをやりとげるのに必要なもろもろの適応とを発達させてきた。だが驚くべきことに，彼らは，可能な場合にはいつでも飛ぶことをやめてしまうようである。始祖鳥の出現から3000万年ほどのちの，しかし非鳥類型恐竜絶滅のはるか前の時代に現われた化石鳥類に，カモメ類によく似た鳥がいた。この鳥は，竜骨突起の発達した胸骨と骨のない尾とをもち，大空を巧みに飛んでいた。この鳥は本質的に現代鳥類と変わりなかった。ところがこの時代には，これらの鳥とともに巨大な水鳥，ヘスペロルニスも棲息していた。水上で泳ぐ生活をしていたこの鳥は，人間ほどの大きさがあり，すでに飛ぶことをやめていた。飛翔力を失うことによって大いに成功した別の鳥，ペンギン類の化石も，同じころの地層から出てくる。

　地上生活をするようになる傾向は，今日でもいくつかの鳥で認められている。陸にすむある種の鳥が，四つ足の捕食者のまったくいない島にすみつくと，彼らは早晩，飛翔力を失った鳥へと進化するようだ。グレート・バリアー・リーフ（大堡礁）の島々にすむクイナ類のあるものは，侵入者が接近するとニワトリのように走って逃げ，ひどく驚かされたときにだけ弱々しく羽ばたいて空中に舞い上がる。ガラパゴス諸島のコバネウは，翼が非常に小さいので，飛ぼうとしても飛ぶことができない。ニュージーランドでも，人間が到着する以前には捕食者はいなかった。そこで，ここでもいくつかのグループの鳥が飛べない鳥へと進化した。体高が3メートル以上にもなる，これまでに存在した最も背の高い鳥であるモアがその代表である。だがこの鳥もやはり，この土地に最初にすみつくようになった人間によって狩られ，滅ぼされてしまった。この鳥に近縁で，もっとずっと小さくて目立たないキーウィだけが，この両者がふくまれるグループの生き残りとして現在でも生きつづけている。ほかのグループの鳥で同じように飛翔力を欠くものとしては，奇妙なオウムの1種であるフクロウオウムや，大形のクイナの1種であるノトルニスなどがいる。

　こうした地上生活への逆もどりは，飛ぶためにいかに多くのエネルギーが必要か，またその結果として鳥がいかに多くの食物を必要とするかを物語っている。もし地上で安全に暮らせるのであれば，そのほうがずっと楽なわけで，鳥もそうした方向を選択するのである。初期の羽毛をもった恐竜を樹上へと最初に追いやったのは，ほかの恐竜類や翼竜類の脅威であり，またその子孫をそのままずっとそこにとどまらせてきたのは，捕食性哺乳類の脅威だったのかもしれない。けれども，その両者が栄えた時代の間には，数百万年もの空白期間があった。すなわち，恐竜類はもはや絶滅してしまっており，しかも哺乳類が陸上を支配するのに十分なほどまだ優勢にはなっていなかった時代があった。この時代に鳥類は，支配的な地位を築こうとしたように思われる。6500万年前，ディアトリマとよばれる飛べない巨大な鳥が，ワイオミング州の平原を闊歩していた。呼び名こそガストルニスとちがっていたが，同じ生きものはヨーロッパにも棲息していた。この鳥はハンターだった。人よりも背丈のある彼らは，かなり大きな生きものでも十分に殺せる斧形の頑丈な嘴をもっていた。

　ディアトリマは，その数百万年後に姿を消した。だが，飛べない巨大な鳥は，今日でもまだほかの地域に生存している。ダチョウ，レア，ヒクイドリなどがそれである。これらの鳥は，ディアトリマとは近縁ではない。だが，その系統は古く，祖先は空を飛んでいた鳥だった。このことは，次の事実からうかがい知ることができる。すなわちこれらの鳥は，

日中，好奇心に駆られて藪から顔を出した雄のフクロウオウム（*Strigops habroptilus*），「シンバッド」。絶滅危惧種。ニュージーランド，スチュアート島。

飛ぶことに対する適応の多く，たとえば体内の気嚢，歯のないケラチン質の嘴，また一部のものでは部分的に中空になった骨などを，いまだに保持している。これらの鳥の翼は，短くなった前肢ではなく，かつては大空を羽ばたいて飛んだ立派な翼の名残りなのである。また，翼に生える羽毛の配列も，飛ぶのに適した状態のままである。だが，胸骨の竜骨突起は消失したも同然で，今日それは，弱小な筋肉をその面に付着させているにすぎない。飛翔とは無関係になった翼の羽毛は，小羽枝を欠いており，単にふんわりとした付属物となっている。この羽毛はディスプレーの際につかわれる。

このような鳥の中でも特にヒクイドリは，ディアトリマがいかにおそろしい生きものであったかを，われわれに想像させてくれる。彼らの羽毛は，羽枝がほとんどないので，こわい毛のようにみえる。その切り株のような形の翼には，編み針と同じぐらい太い少数の羽軸が曲がって生えている。そして，頭には骨質のかぶとがついている。彼らはこれをつかって，ニューギニアの森林のびっしりと茂ったやぶの中を突き進んでゆくのだ。頭や首には，青黒い紫や青や黄色の皮膚が裸出しており，首からは深紅色の肉垂が垂れている。この鳥は，木の実を主食にしているが，小形の爬虫類や哺乳類，あるいは巣の中の鳥の雛などもとって食べる。有毒なヘビを別にすれば，彼らはこの島で最もおそろしい生きものである。窮地に追いこまれると，相手を猛烈な勢いで蹴とばすが，これは人の胃袋をも引き裂くだけの威力があり，事実，それで何人もの人が殺されているのだ。

ヒクイドリは単独生活者である。彼らは森林内を歩きまわりながら，とどろくようなおそろしい大声を出す。この声は，かなり遠く離れたところまで響きわたる。これが鳥の出す声だとはとても信じられないほどである。近づいてみれば，やぶの中を移動する，人間の背丈ほどもある動物の姿を目にすることができるだろう。木の葉を通して，輝く眼がこちらをじっとみつめている。と突然，その巨大な生きものはどっと走り出し，ものすごい力で低木や若木をべきべきと折りながら突き進んでいく。こうした光景をみれば，だれでもためらわずにこう思うだろう。もし肉食性の大形鳥類がもっと大きな獲物まで襲うようになったら，さぞかし危険な動物になるのではなかろうかと。

けれども結局のところ，ディアトリマのような鳥は，十分にすぐれたハンターではなかった。あるグループの動物は，こうした鳥の捕食をまぬがれた。彼らは，当時はとるに足らぬ小さな生きものだった。だが非常に活発だった。そして鳥類と同様，恒温性を発達させていた。しかし彼らの体から熱が逃げるのをふせいでいたのは，羽毛ではなく，毛であった。彼らこそ初期の哺乳類である。その後，地上の世界を引きつぎ，鳥類を概して空にとどまらせつづけたのは，結局のところ，この動物の子孫だったのである。

9

卵，袋，胎盤

　18世紀も末のこと，目を疑うような動物の皮革標本がロンドンにとどいた。それは，オーストラリアに新たに樹立された植民地から送られてきたものだった。その生きものはウサギほどの大きさで，カワウソのように密生した厚い毛皮でおおわれていた。足には鉤爪と水かきがあり，尻には排泄と生殖の両方につかわれる孔，つまり爬虫類のような総排泄腔が1つあるだけだった。そして何よりも変わっていたのは，カモのような大きな平たい嘴をもっていることだった。その姿があまりにも異様だったため，一部のロンドン子はそれを当時よくあった極東のいんちき怪物の1つだろうと考えた。だまされやすい旅行者が，異なる動物のさまざまな部分をつなぎあわせてつくられた人魚や海竜をつかまされることがよくあったのである。だが，この標本をいくらよく調べてみても，いんちきくさいところはまったくみあたらなかった。毛におおわれた頭におよそ不似合いな奇妙な鳥のような嘴は，つけねにズボンの折返しのようなひだがあり，この動物自身のものにまちがいなかった。この動物は，とても本物にはみえなかったが，まさに本物だったのである。
　やがて，皮だけでなく完全な標本が手にはいるようになってみると，その嘴は，はじめひからびた皮革標本1枚から考えられたほどかたくはなく，またそれほど鳥の嘴に似ていないこともわかった。この嘴は，その持ち主が生きているときには，おそらくしなやかな

卵，袋，胎盤

革状のものだったと思われ，鳥の嘴に似ているという印象は薄くなった。重要なのは毛皮のほうだった。毛は哺乳類の特徴である。したがって，この謎の動物は，トガリネズミ，ライオン，ゾウ，そして人間というきわめて多様な生きものをふくむこの大きなグループのメンバーであるにちがいないということで意見が一致した。哺乳類の毛皮は体を外界から隔絶して高い体温を保つ。だとすれば，この新しく発見された生きものもやはり恒温動物であると考えてしかるべきだった。そして予想どおり，この動物は哺乳類の第3の特徴であり，哺乳類（mammals）の名の起こりでもある乳房（mamma）らしきものを不完全な形ながら備えていて，子に乳を与えて育てていたのである。

オーストラリアの移民たちがこの生きものを"水もぐら"（water-mole）とよぶいっぽうで，先住民がつけた名は「マランゴン」「タンブリート」「デュライワラン」などさまざまであった。学者たちはもう少しいかめしくきこえる名にするべきであると考えた。しかし，この動物には印象的な名がうかびそうなきわだった特徴がたくさんあったにもかかわらず，ひねりだされたのは"扁平な足"という意味しかないつまらぬ名，プラティプス（*Platypus*）だった。だが，その後まもなく，この名は平たい足をもつある甲虫にすでにつかわれているのでもうつかえないことが指摘された。そこで第2の名が考えられ，"鳥の嘴"という意味でオルニトリンクス（*Ornithorhynchus*）と命名しなおされることになった。これが現在つかわれている学名で，日本語のカモノハシもこれにならった名である。だが，今でもプラティプスとよぶ人々がたくさんいる。

カモノハシはその当時も今もオーストラリア東部の川にすんでいる。おもに夜間行動し，水かきのある前足で水をかき，後足でかじをとりながら，勢いよくすいすい泳いだり，水面をただよったりしている。彼らは，水中にもぐるときには，小さな筋肉質の皮膚のひだで耳と小さな眼をおおうので，川床を掘りかえすときには眼がみえない。そこで，淡水生のエビや蠕虫類その他の小動物を嘴で探るのである。神経が多数分布している嘴は，そうした獲物から発せられる圧力や電気信号の微細な変化を感知することができる。彼らは泳ぎの達人であるとともに，力のある勤勉な穴掘り人夫でもあり，川の堤に，ときには18メートルにもおよぶ長いトンネルを掘りあげる。その際には，前足の水かきの膜を掌の中にたたみこんで，鉤爪を穴掘りにつかえるようにするのである。雌はその穴の中に草やアシをもちこんで巣をつくる。ところが，このような巣の1つから，この動物についてさらにセンセーショナルな新事実が明らかになった。カモノハシは卵を産むというのである。

ヨーロッパの多くの動物学者たちはこの話をまったくばかげたでたらめだと考えた。卵を産む哺乳類などいるはずがない。カモノハシの巣で卵がみつかったとしたら，それは何かほかの動物がその巣に来て産んだのにちがいない。その卵は大きなあめ玉ぐらいの大きさでほぼ球形をしており殻はやわらかいという。それならたぶん爬虫類のものだろう。だがオーストラリアの現地の人々はそれはカモノハシの卵だといいはった。ナチュラリストたちはほぼ1世紀近くの間，この問題を熱心に論じあった。その後1884年に，1匹の雌のカモノハシが，卵を1個産んだ直後に撃ち殺された。次の卵は産卵寸前のところで体内にあった。もはや何の疑いもなかった。ほんとうに卵を産む哺乳類がいたのである。

ところが，さらに驚くべきことが明らかになった。10日後，これらの卵がかえったと

水中を泳ぐカモノハシ（*Ornithorhynchus anatinus*）。オーストラリア，タスマニア島。

き，この子どもたちは爬虫類の子のように親に置き去りにされて自分で食物をさがさねばならないということにはなっていなかったのだ。実のところは逆で，カモノハシのおとなの雌の腹には特別な腺がいくつかある。カモノハシは他のほとんどの哺乳類と同様，皮膚に汗腺をもっており，体温があがりすぎたときに体を冷やすのに利用している。腹にあるこの特別な腺は，その構造が汗腺によく似ているが，この大きな腺から分泌される"汗"は，濃く脂肪に富んでいる。つまり，それは乳なのである。乳は毛の中ににじみだし，子は毛の束からそれを吸う。たしかに，乳首がないので，それは真の乳房とはいいがたい。だが，それはまさに乳房のはじまりなのである。

　哺乳類のもう1つの重要な特徴である恒温性もやはり完全には発達していないようだ。哺乳類はほとんどすべて36°〜39℃の体温を保っている。ところがカモノハシの体温はたった30℃で，しかも変動がかなり激しいのである。

　ところで，このカモノハシと同様に，原始的な哺乳類の特性と爬虫類の特性をあわせもった生きものが，世界にはもう1種いる。それはハリモグラとよばれる動物で，やはりオーストラリア原産である。この動物の命名の経緯もカモノハシの場合と同じである。はじめにつけられた学名は"棘のあるもの"という意味のエキドナ（*Echidna*）だったが，これはすでに魚につかわれていたことがわかった。そこで，"しなやかな舌のあるもの"という意味のタキグロスス（*Tachyglossus*）という名がつけなおされた。しかし，定着したのはやはり最初の名だった。この動物は大きなハリネズミを平たくしたようにみえ，背中には黒っぽい剛毛にかくれた棘のよろいを備えている。ハリモグラは四肢を泳ぐように動かして，特別にかたい地面でなければどんな場所にでもすばやくくぼみを掘り，その中に体をもぐらせてしまうことができる。体を垂直に沈めてゆくだけだが，数分もしないうちに，手だしのできない鋭い棘の山しか外からはみえなくなってしまう。

　だが，この動物はもともと穴を掘って暮らす動物ではない。ほとんどの場合，防衛の手段としてだけ地面を掘るのである。彼らは，大半の時間をどこか人目につかない場所でねているか，アリやシロアリをさがして茂みの中をのこのこ歩いてすごしている。そして，アリやシロアリの巣をみつけると，前肢の鉤爪でそれをこわし，管状になった吻の先にある小さな口から長い舌をちらちらとのぞかせ，それらの昆虫をなめとるのである。ハリモグラの吻と棘は，カモノハシの嘴と同様に，この動物を独特な生活様式に適合させるよう特殊化した特徴である。進化の面からみると，これらはどちらも比較的最近になって獲得されたものである。基本的には，ハリモグラはカモノハシにたいへんよく似ている。すなわち，毛をもっており，体温が他の哺乳類にくらべてたいへん低く，総排泄腔をもち，しかも卵を産むのである。

　だが，ハリモグラの繁殖のしかたは，ある点でカモノハシと異なっている。ハリモグラの雌は巣の中にではなく，腹に一時的に発達する袋の中に卵を1個産むのである。産卵のときがくると，雌は体を丸めて腹の袋に直接卵を産みこみ，こんな丸々とした生きものには信じがたいほど器用な技を披露するという。殻がしめっているので，卵は袋の中の毛にくっつき，7日から10日たつと孵化する。すると濃く黄色い乳が母親の腹の皮膚から分泌され，かえったばかりの子はそれを吸って育つ。子はしばらく袋の中で暮らすが，約7週

卵，袋，胎盤

間たつと体長が10センチほどになり，棘が生えはじめる。現地の人々が言うところの「パグル（puggle）」になった子は，おそらくこの棘のせいで母親にとって心地よくない存在となるのだろう。いずれにせよこの時期になると，母親は子を袋からだして巣の中へ移し，みずからは食料を探しにいってしまう。とはいえ，母親は子に乳をやるために1週間に1度くらい戻ってくることを，その後も数週間続ける。母親は吻で腹の下に子どもたちをおしこみ，背を弓形にまげて腹を地面からもちあげ，乳をのむよう促す。すると，パグルは上を向いて，母親の毛の束に小さな顎で食らいつくのである。

これとは対照的に，爬虫類があかんぼうに与えることのできる食物は，卵の中の卵黄だけである。爬虫類の子は，殻から出るなり完全に独立してやってゆけるだけの十分に完成した丈夫な体を，この小さな黄色い玉からつくりあげねばならない。というのは，彼らはかえるとすぐに，自分で食物を，それもたいていの場合生涯食べて暮らすものと同じ種類の食物をさがしにでかけねばならないからである。これにくらべると，カモノハシの方法ははるかに将来性にとんでいる。卵には少量の卵黄しかふくまれていないが，子はかえるとすぐに消化しやすい特別食，すなわち乳を与えられるわけで，さらに長期間発育をつづけることができる。これは育児法における1つの重要な変化であり，より巧妙なやりかたを取り入れることで，哺乳類というグループ全体の最終的な成功に決定的な役割をはたした革命と言える。

ハリモグラとカモノハシの体のつくりは，たしかにたいへん古めかしいものであるが，化石爬虫類が彼らの祖先であることを示すたしかな証拠はない。一般にわれわれがある動物について知りたい場合には，歯がかなり大きな手がかりとなる。歯は，どんな動物でも体の中で最も丈夫な部分の1つなので，化石としても残りやすい。また，その動物の食性や習性について多くのことを語ってくれることに加え，種によってたいへん特徴があるために，系統的な類縁関係の強力な証拠となるのである。ところが，残念なことにカモノハシとハリモグラは，一方は水中で採餌するように特殊化し，他方はアリを食べるように特殊化したときに歯を失ってしまった。しかし，彼らの祖先がかつて歯をもっていたことはまちがいない。なぜなら，カモノハシの子は，現在でも生後まもなく3本の小さな歯を生やすからである。だが，それらはほどなく姿を消し，かわりに角質の板があらわれる。したがって，歯の面から彼らの祖先を探ることはできない。また，化石の面でも，彼らの祖先について，決定的な証拠となるようなものは発見されていない。こうしたことから，これらの動物が化石爬虫類のいったいどのグループとつながるのかを知る手だては，事実上ないにひとしい。にもかかわらず，カモノハシとハリモグラが今日もちいている繁殖方法は，爬虫類のあるグループが哺乳類に変化してゆく過程で発達させたものだと考えることは，そう無理な推測ではない。

では，彼らの祖先にあたるのは，どういう爬虫類だったのだろうか。今日の哺乳類の身分証明書である，毛や乳腺などは，化石になって残らない。けれども，われわれはそれらをつくりだす遺伝子の起原をたどることができる。そこから，哺乳類と爬虫類が分岐したのが，ケラチンを生成する別々の遺伝子が登場した3億年前であることが明らかになっている。爬虫類と鳥類では，ケラチンは羽毛と鱗をつくりだす。一方哺乳類では，ほんの少

次見開き
穴を掘るハリモグラ（*Tachyglossus aculeatus*）。オーストラリア，タスマニア島。

し異なる形のケラチンが毛をつくりだす。これと並んで，哺乳類は毛の根元に腺を発達させ，それがやがて汗腺や乳腺となった。

哺乳類のもう1つの特徴である内熱性，つまり恒温性の起原をつきとめるのは，もっと複雑な問題である。というのも，これにかかわる遺伝子，あるいは遺伝子群がまったく存在せず，化石化した構造も残されていないからである。とはいえ，哺乳類がそこから進化することになった爬虫類のあるグループは，体温を一定に保てていた可能性がある。それが盤竜類である。盤竜類の1種ディメトロドンは，背骨から長い棘を生やし，その棘と棘との間に帆のような皮膚をはっていた。この皮膚の帆は，これはまだ証明されていないが，熱を吸収するソーラーパネルとして働いていたかもしれない。しかし，すべての盤竜類がこの帆をもっていたわけではない。以上のことから，盤竜類とそのあとに続いた獣弓類は，恒温性をある程度は備えていたのではないかと考えられている。獣弓類は体長が1メートルかそこらしかなかった。恒温動物，特にこの程度の小形の生きものでは，恒温性が効果的であるためには，なんらかの断熱材が必要となる。となると，これらの動物の中には，毛皮でおおわれたものもいたのではないだろうか。毛皮をつくりだす遺伝子はまちがいなく，このころまでに出現していた。だが，われわれはそれらが存在していたかどうかを推論することしかできないのである。

獣弓類のあるものが哺乳類への道を歩んでいたことを示唆する手がかりは，ほかにもある。体内で熱を発生させるという"内熱方式"で体を恒温に保つには，大量のエネルギーが必要である。そのためには，日々摂取する食物の量をふやすとともに，消化のスピードもあげねばならない。この目的を達成するための1つの方法は，単純な円錐形で，ものをはさむ以外には役に立たない典型的な爬虫類の歯を捨て，咬み切ったり，すりつぶしたりして食物を物理的にこまかくできる特殊化した歯を備えることであったと思われる。そして獣弓類の歯はまさに，こうした変化をとげているのである。

もし，彼らが恒温性で毛をもっていたとしたら，それは哺乳類といえるのではないだろうか？ しかし，この設問はある程度人為的なものである。哺乳類とか爬虫類とかいうカテゴリーはわれわれがつくったもので，別に自然がつくったものではないからだ。実際には，祖先をたどってゆくと系統の線はいつのまにかたがいにまじりあってしまう。動物のそれぞれのグループを他のグループから区別するときに選ぶいろいろな解剖学的特徴は，それらをひとまとめにしてこそ，はじめて意味がある。ところが困ったことに，それらの特徴は1つ1つ別々のスピードで変化するので，他の特徴が比較的変化しないまま残っているのに，ある特徴だけはいちじるしく発達してしまうということがある。そればかりでなく，そのような変化を促進する環境条件が，いくつかのグループに同じような反応を引き起こすこともありうる。事実，爬虫類のまったく異なるいくつかのグループが，すこしずつ時期をちがえて恒温性を獲得したとみてまちがいなさそうである。したがって，カモノハシとハリモグラを生んだ爬虫類の系統と他の哺乳類を生んだ系統とは同じでなかったかもしれないのだ。

2億年前には，完全な形の哺乳類が姿を現わしていた。2013年に中国で発見された，1億6000万年前にさかのぼる小さな化石は，ほぼ完全な形でこれまでに見つかっている哺

ディメトロドン
(Sphenacodontid synapsid)
の骨格。ペルム紀（2億9000万年前〜2億4800万年前）のもの。

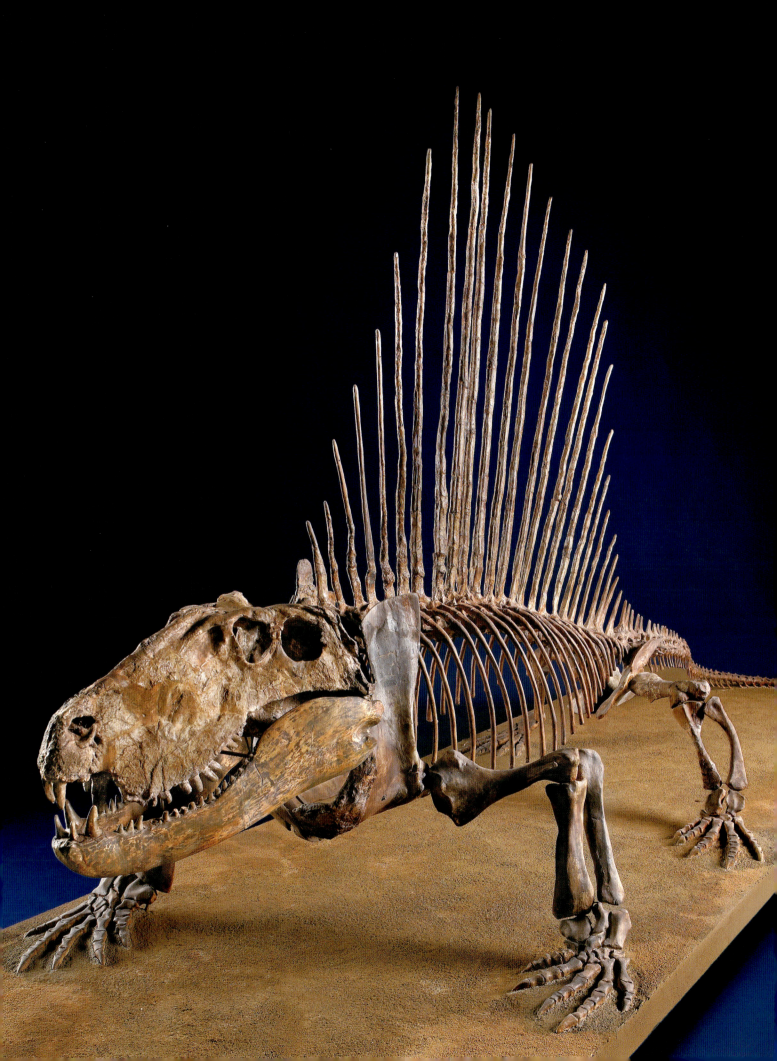

乳類の標本としては，最も古いものである。ルゴソドン（「しわの寄ったような歯」の意）と名づけられたこの生物は，体長わずか17センチほどで，どこかトガリネズミを思わせた。その歯は，ルゴソドンが植物ばかりでなく，昆虫やミミズ類も食べることのできる雑食性であったことを示している。さらに，この動物は恒温性で毛におおわれていたと考えられる。ルゴソドンは現生のいかなる哺乳類の祖先でもないが，多丘歯目という哺乳類のグループに属していた。約3000万年前に絶滅するまで，1億6000万年以上にわたって脈々と生きのびたグループである。ルゴソドンが最終的にいかなる運命をたどったにせよ，彼らの存在が物語るのは，哺乳類がすでに出現していた，ということである。

しかしながら，陸生動物の中で次に大規模な発展をとげたのは，彼らの系統ではなかった。劇的な膨張をはじめたのは恐竜類や，空を飛ぶ翼竜類（プテロサウルス類）や海生爬虫類といったその他の爬虫類だった。哺乳類たちは，数の上でも大きさの上でも，恐竜類や爬虫類にまったくかなわなかった。にもかかわらず，彼らは生きのび，その恒温性のおかげで大きな爬虫類が動けなくなる夜間に活動することができた。こうした小形の恒温動物たちは，夜になると隠れがから出てきて，昆虫やその他の小動物を狩っていたものと思われる。また，レペノマムスとよばれる種をはじめとする一部の哺乳類は，ネコくらいの大きさがあり，小形の恐竜さえ捕食していた可能性がある。とはいえ総じて言えば，こうした初期の哺乳類は爬虫類の陰でひっそりと生きていた。

この状況は，たいへん長い間，1億3500万年もの間つづいたが，天変地異によって鳥類以外の恐竜とそれ以外の生きものの多くが葬り去られることになった。小さな哺乳類はこの異変を生きのびて，短期間で新しい種類へと進化し，世界の生態系に空いた間隙にすべり込んだ。

これらの哺乳類の中には，今日アメリカに棲息するオポッサム類（フクロネズミ類）にそっくりな動物がいた。ヴァージニアオポッサムはネズミのような姿をした大きな生きもので，たくさんのほほひげをたくわえ，きれいとはいえないぼさぼさの毛皮で身をつつみ，丸い眼と毛のない長い尾を備えている。彼らはこの尾を枝にまきつけて，少なくともしばらくは，自分の体重を支えることができる。また，その大きな口をおどかすようにいっぱいにあけて，その多数の小さな鋭い歯をのぞかせる。彼らは，たいへん適応力のあるしぶとい生きもので，南はアルゼンチンから北はカナダまで，アメリカ大陸全土にわたって分布している。ある場合にはその毛のない大きな耳が凍傷にかかるほど寒い気候にも耐えることができるし，がらの悪い無法者のような様子で野山をうろつき，果実，昆虫，蠕虫，カエル，トカゲ，鳥の雛など，食べられそうなものならほとんど何でも食べてしまうのである。

だが，オポッサムについてなによりもおどろかされるのは，その繁殖方法である。雌は腹に大きな袋をもっていて，その中で子を育てる。16世紀の初頭，かつてコロンブスのもとで働いていたことのあるマルティン・ピンソンという探検家が，はじめてオポッサムをブラジルからヨーロッパへもちこんだとき，だれひとりこんな動物をみたことのある者はいなかった。スペイン王と王妃は，すすめられるままにこの腹の袋に指をつっこんでみてたいへんおどろいた。学者たちはこの構造に"小さな袋"という意味のマルスピウム

ガを食べるウスイロホソマウスオポッサム（*Marmosops impavidus*）の子。エクアドル，エルオロ県。

卵，袋，胎盤

（marsupium）という名をつけた。こうして，オポッサムは，ヨーロッパで最初に知られたマルスピアル，つまり有袋類となったのである。

さて，子が袋の中で育てられることはまちがいなかった。袋の中で，丸裸の小さなピンク色の生きものが乳首に吸いついているのが，しばしばみられたからである。だが，それらはどうやって袋の中にはいったのだろう？　当時ある人々は，子どもは文字どおり袋の中に吹きこまれるのだと考えていた。そして現在でも，アメリカのある地方ではそう言い伝えられている。その伝説によると，オポッサムは鼻をこすりあわせることで交尾する。子は雌の鼻孔の中に宿り，時がくると，彼女は袋に鼻をつっこんで鼻息を荒らげ，たくさんの子どもを吹き出すというのである。この説は，明らかにオポッサムの雌のもつ次のような習性，すなわち，子が袋の中にはいってくる直前に袋に鼻をつっこみ，子をむかえるのに備えててていねいに中をなめ，きれいにする習性からうまれたものにちがいない。

事実はこの伝説におとらず珍奇である。オポッサムは，ハリモグラやカモノハシと同様に，出口が括約筋で閉じられた単一の総排泄腔を備えており，その中に肛門と生殖排泄門とが開口している。オポッサムは交尾をし，雄は雌の体内で卵を受精させるが，その結果生じる幼い胎児は，栄養源として小さな卵黄嚢をもっているだけである。胎児は12日と18時間という哺乳類中最も短い妊娠期間の後に，この世に送り出される。ミツバチほどの大きさもなく，目も開いていないピンク色で丸裸のこの肉片は，たいへん未熟で，とても子どもとかあかんぼうとよべるようなものではない。そこで，かわりにネオネート（新しく生まれたもの）という特別な名でよばれている。雌は1度に20匹あまりの子を産むこともある。彼らは，母親の総排泄腔の出口から外へ出ると，約8センチも離れた袋の入口まで，母親の毛皮の上を這い進むのである。それは彼らにとって，生涯を通して最初のそして最も危険に満ちた旅であり，その半数が途中で命を落とすことになる。そして何とかあたたかで安全な袋に到達すると，おのおのが母親の乳首の1つにしがみつき，乳をすいはじめる。母親の乳首は13個しかなく，そのうち12個が円周上に並んでいて，残りの1つがその真ん中にある。だが，無事に旅を終えたものが13匹以上いる場合には，遅くついた個体は，あいている乳首がないため餓死するほかないのである。

やがて，9週間から10週間たつと，子は袋から這い出してくる。そのころには十分に成熟していて，ハツカネズミほどの大きさになり，心もとないかっこうで母親の毛にしがみついている。18世紀初頭の南アメリカ産オポッサムの有名な絵には，子どもたちが，長くうしろにたれた母親の尾に自分たちの小さな尾をしっかりとまきつけている姿が描かれていた。この絵をイラストレーターたちが次々にまねてゆくうちに，その姿勢がしだいに変わってゆき，ついには，母親が背の上に尾を弓なりにまげ，子どもたちが自分の尾できちんと列をなしてぶらさがっている絵になった。そして，各地の博物館がオポッサムの皮を標本にする際，こうした絵の載った本を参考にしたため，無理もない話だが，標本をこの興味をそそる姿勢につくりあげてしまった。その結果，この伝説的な姿勢はますます説得力をもつようになった。しかし，それは，この奇妙な生きものをとりまくいろいろなつくり話の1つにすぎない。実際には，子どもたちは母親の体のいたるところによじのぼり，腹といわず背といわず長い毛にまとわりついて，遊び場ではねまわる腕白小僧そっくりに

子を背負うキタオポッサム（*Didelphis marsupialis virginiana*）の雌。アメリカ，ミネソタ州。

奔放にふるまう。そして，3カ月ほどたつと，母親から離れ，自分で独立の生活をはじめるのである。

　アメリカ大陸には，100種以上のオポッサムがいる。最小の種はハツカネズミほどの大きさで，育児嚢をもっていない。米粒ほどしかない子どもは，母親の後肢の間にある乳首にへばりつき，まるで小さなブドウの房のようにぶらさがっている。大きいほうの筆頭はミズオポッサムで，小さなカワウソほどの大きさがある。彼らは足に水かきをもっており，多くの時間を泳いですごす。だが，子どもはたいへん精巧なつくりの育児嚢にいれられているため，溺れる心配はない。袋の口は，引き紐でしめる巾着のように環状の括約筋で閉じることができる。しかも，中の子どもは，ほかの生きものならたいてい窒息してしまうような二酸化炭素濃度の高い空気を呼吸しながら，数分間の潜水に耐えることができるのである。

　明らかに有袋類のものとみなされる最も初期の化石は，南アメリカでみつかっており，ここが有袋類の発祥の地だったと思われる。しかし，今日，有袋類が数多くいるのは，アメリカ大陸ではなくオーストラリア大陸のほうである。ではいったい，彼らはどうやって1つの大陸から別の大陸へ渡ることができたのだろうか。

　この問題に答えるには，恐竜の全盛時代にまでさかのぼる必要がある。すなわち，世界じゅうの大陸がつながりあっていて，地質学者がパンゲアとよぶ1つの超大陸を形成していた時代のことである。今日の大陸のすべてに，たとえば北アメリカ大陸とオーストラリア大陸に，またヨーロッパ大陸とアフリカ大陸に，たがいにごく近縁な恐竜の化石がみつかるのはこのためである。哺乳類の祖先となった爬虫類もやはり，同じように広く分布していたものと思われる。ところが，恐竜の全盛時代が終わりに近づいたころ，この大きな陸塊は2つに裂けた。すなわち，今日のヨーロッパ，アジア，北アメリカの3大陸をふくむローラシア大陸とよばれる北半分と，最終的に南アメリカ，アフリカ，南極，オーストラリアにわかれたゴンドワナ大陸とよばれる南側部分である。

　このように最初1つにまとまっていた大陸が，その後分裂・漂流して現在われわれの知っている大陸になったことを示す第1の証拠は，地質学的なものである。それは，今日の諸大陸の形がたがいにどうかみ合うかという研究，向かいあう大陸沿岸の岩石の連続性，岩の中の磁気をおびた結晶の向き（これは岩石が地球上で最初にできたときの位置を示す），大洋中の海底山脈とそこから生じた島々の形成された年代，海底のボーリングその他の資料によって明らかにされてきたのである。

　動植物もこの証拠を補ってくれる。飛べない大形の鳥は，特にこのことをはっきりと示す好適な例である。すでに述べたとおり，彼らは鳥の進化史のごく初期に現われた。獰猛なディアトリマをふくむその中の1グループは北側の超大陸で進化したが，現在では完全に絶滅している。ところが，南側の超大陸ゴンドワナにも，飛べない大形の鳥のもう1つの科が現われ，彼らよりはるかにうまく生きのびた。それが走鳥類で，この中には，南アメリカのレア，アフリカのダチョウ，オーストラリアのエミューとヒクイドリ，ニュージーランドのキーウィがふくまれる。これらの飛べない鳥はかつて，現在すみついている場所まで単に歩いて行ったのではないかと考えられていたが，今日では，飛翔能力の欠如は

卵，袋，胎盤

収斂進化の一例と見なされている。つまり，これらの鳥たちの祖先が現在の棲息地まで飛んでゆき，その後おのおのの系統が個々に，飛翔能力を失ったというわけである。

　ノミ類もまたこの説の証人となってくれる。この飛べない寄生性昆虫は寄主（宿主）の動物といっしょに旅をするが，機会があればやすやすと別の寄主にのりかえて，新しい種へと進化する。ところが，高度に特殊化したノミ類の中には，オーストラリア大陸と南アメリカ大陸だけにしかみられない科がいくつかある。だが，その間の地域のどこにもいない。飛べないノミ類が2つの大陸に拡散する唯一のルートとしては，寄主がヨーロッパと北アメリカを経由して彼らを運んだと考えるほかないが，それならば，途中で他の毛皮動物に近縁の仲間を残したはずである。ところが，そうした生きものはいっさい存在しない。

　さらに，植物からも裏づけが得られる。南半球のブナの仲間は，ヨーロッパのブナと近縁ではあるが，かなり異なる点をもつ樹木である。南アフリカでみられるものもあれば，ニュージーランドやオーストラリアに根づいている種類もある。しかし，それ以外の場所にはまったく存在しない。驚くほどよく似た見事な花をつける，亜熱帯植物のプロテアとバンクシアにも同じことが言える。プロテアは南アフリカの，バンクシアはオーストラリアの自生種である。

　やがて，ゴンドワナ大陸はさらに分裂した。最初にアフリカ大陸がわかれ，北方にただよっていった。この時点では，オーストラリア大陸と南極大陸はまだくっついたままで，南アメリカ大陸の南端部とも地橋もしくは列島で連絡を保っていた。このころはまだ，有

キングプロテア（*Protea cynaroides*）の花。

袋類は初期の哺乳類の仲間から進化する途上にあったと思われる。一部の証拠が示すように，こうして有袋類がゴンドワナ大陸の中の，のちに南アメリカ大陸になる地域で進化したあと，最終的にオーストラリアと南極になる地域へと広がっていったのである。

一方，北のローラシア大陸でも，原始的な哺乳類が進化しつつあった。この連中は別の育児法を発達させた。あかんぼうを発育のごく初期に体外の袋に移すかわりに，胎盤とよばれる装置によって子を雌の体内にいれたまま養ったのである。この方法についてはいずれくわしく述べることにしよう。

南アメリカの有袋類は，ほかの哺乳類と競合することもなかった期間には，たいへん繁栄していた。オオカミに似た大形種も現われたし，サーベル状の犬歯をもったヒョウに似た肉食獣も現われた。だが，南のゴンドワナ大陸の破片は離ればなれに漂流し，南アメリカ大陸もゆっくりと北方へ移動した。そして南アメリカは，やがてパナマ付近で地橋によって北アメリカとつながったのである。北アメリカの有胎盤類はこの通路を通って南アメリカに侵入し，そこの先住者である有袋類と領有権を争うことになった。この競争によって有袋類の多くの種が姿を消し，しぶとく，適応能力に富んだオポッサム類だけが生きのびた。そして，その中には，今日のヴァージニアオポッサムのように，侵略者の土地である北アメリカに逆に侵入して，首尾よくすみついたものさえあったのである。

一方，ゴンドワナ大陸の中心部にすんでいた有袋類は，まったく生き残ることができなかった。この巨大な大陸塊は南極大陸になってしまったからである。この大陸は南極の上に流れついたが，そこはあまりにも寒く，大量の万年雪におおわれたため，陸上の生物は生きのびることができなかった。だが今では，ここがかつて有袋類のすみかだったことを示す化石が，地質学者によって発見されている。

だが，ゴンドワナ大陸の第4の部分にいた動物たちは運がよかった。この陸塊がオーストラリアになったからである。それは北へ，ついで東に漂っていって，何もない太平洋の海盆に流れつき，ほかのどの大陸からも完全に切り離されることになった。このため，そこにすんでいた有袋類は，過去5000万年の間，まったく孤立して進化してきたのである。このとほうもなく長い期間に，彼らは利用できるさまざまな環境を活用するために非常に多くの種類に進化した。アデレイドの南250キロのナラコートにあるいくつかの石灰岩の洞窟からは，かつてそこに棲息していた何種類かのめずらしい動物の化石がみつかっている。これらの洞窟は，従来，美しい鍾乳石があることで有名だった。ところが，1969年に，主洞のいちばん奥の石の間からかすかに空気がもれてくることがわかり，その奥に未知の空間があるのではないかということになった。

そこで，掘りかえしてみると，細い通路が通じており，その奥から，1ヵ所に集積したものとしてはこれまでで最大の規模の有袋類の化石の山がみつかったのである。腕と膝をつかって這い，せまい岩のすきまを身をよじってくぐりぬけ，まがりくねったたて穴を這いおりながら，小1時間ほど進むと，ようやく天井の低い2つの回廊にたどりつく。これらの回廊にはいるには，腹這いになってせまいトンネルをにじり進まなくてはならない。こうしてようやくゆきついたところが，細い鍾乳石のぶらさがった，天井の高さが1メートルほどしかない長い回廊である。そこの空気は，息を吐くと白くなるほどしめっており，

滑空するオオアメリカモモンガ
(*Glaucomys sabrinus*)。

地球の生きものたち

洞窟探検家が5，6人もはいろうものなら，数分とたたないうちに回廊中が霧につつまれてしまう。床にはやわらかい赤い沈泥がしきつめられている。これは，はるか昔に消滅した地下の川があふれたときに，ここに運ばれてきたもので，この泥といっしょに有袋類の骨も運ばれてきた。あるものは，上の洞窟にすんでいた動物のものだった。またあるものは，このあたりの森林にすんでいて，たまたま洞窟の入口の吸い込み穴から落ちて死んだ動物たちのものと思われた。これらの骨は泥の上にぎっしりとしきつめられていた。肢の骨，肩の骨，歯，そして，とりわけ壮観だったのは頭骨だった。どの骨も美しい淡いクリーム色をしており，まるで解剖学者の脱脂槽からとりだしたばかりの標本のようだった。そのほとんどは触れるとぼろぼろにくずれるほどもろく，泡状の石膏をかぶせてやらなければ安全にもちあげることができなかった。

そこには，大きさと形がサイに似た巨大な有袋類の化石があるかと思うと，木の枝から若芽をつみとる小形のキリンを思わせる頸をした，巨大なカンガルーの化石もあった。ここでみつかったある動物に関しては，今なお議論がつづいている。その動物は，昔は肉食動物だと思われていた。彼らの奥歯が長いおそろしげな刃のようになっており，それで獲物の肉や骨を切り裂いていたのだろうと思えたからである。その体の大きさから，この動物にはフクロライオンという名がつけられた。しかし現在，その前肢をくわしく研究した結果，それが木登りにたいへん適したものであることがわかり，彼らは実際には木登りをする動物で，おそろしげにみえる奥歯は単にかたい果実を割るためのものにすぎなかったのではなかろうか，とも考えられている。

これらの動物たちは，今から約4万年前に滅んでいる。その絶滅を最終的にもたらした要因については，今なおさだかではない。しかし，気候の変化がこれらの動物に影響を与えたことは十分に考えられる。オーストラリア大陸は，南極大陸から分離した後，北方へ漂流しつづけた。実は現在でも，昔と同じ速度で，つまり1年に約5センチの割合で移動しつづけている。この移動によって，この大陸はすこしずつあたたかくなってゆき，かつ乾燥していったのである。さらに，4万年以上前に最初に到着した人類が，それらの絶滅を早めた可能性もある。

周知のとおり，現在なお非常に多くの有袋類が生き残っている。今日有袋類には主な科が8つあり，二百数十種が数えられている。これらの動物の多くは，北半球で進化した有胎盤類のどれかとたいへんよく似た姿をしている。ヨーロッパからの移住者がオーストラリアにやってきたとき，彼らはしばしばオーストラリア先住民の使っていた呼称を無視して，有袋類をいちばんよく似たヨーロッパの動物の名でよんだ。たとえば南部の温帯森林では，移住者たちは鼻の先がとがって尾が長く，やわらかい毛をした小さな生きものをみつけ，当然予想されるとおり，彼らにフクロハツカネズミという名をつけた。しかし，この名は適切なものとはいえなかった。じつは彼らは，穀物をこそこそかじる臆病な齧歯類ではなく，自分と同じくらい大きな昆虫にも果敢に襲いかかり，ばらばらに引き裂いて食べてしまう獰猛なハンターだったからである。フクロネコとよばれ，爬虫類や雛を襲う肉食性の有袋類もいる。

次に述べる2つの例では，有胎盤類と有袋類とがたがいにあまりにも似ているので，動

卵，袋，胎盤

物園に行ってたまたま彼らを見ても，手にとってみないかぎり，どちらがどちらかをいいあてることはたぶん無理だろう。フクロモモンガはユーカリの木にすみ，葉と花を食べて生活している有袋類である。彼らは前肢と後肢の間に皮膚の膜をもっており，これをつかって枝から枝へ滑空することができる。その姿は北アメリカ産のモモンガにそっくりである。また，穴を掘る生活には，それなりの体の構造が必要であるが，穴を掘る有袋類と有胎盤類はどちらもそのような諸特徴を発達させている。すなわち，フクロモグラも有胎盤類のモグラも絹のような短い毛，穴を掘るのに便利な力のある前肢，太くて短い尾を備えており，眼が退化している。けれど，フクロモグラの雌は腹に袋をもっている。子どもたちにとって幸いなことに，袋の入口が後向きに開いていて，トンネルを掘る際に土がはいらないようになっている。

とはいえ，すべての有袋類に対応して，それとよく似た有胎盤類がいるわけではない。コアラは，木の上にすんで葉を食べている中形の動物だが，オーストラリア以外の地域でこれに相当するのはサルの仲間である。しかし，コアラの姿はサルとはまったく似ていないし，のろのろと動くそのさまは，敏捷で利口なサルとは似ても似つかない。ナンバット（フクロアリクイ）は，アリを食べて生きている。彼らは，アリを食うすべての動物と同様に，餌のアリを集める際につかう長いねばねばした舌をもっている。しかし，彼らの適応の程度は，たとえば南アメリカ産のオオアリクイにみられるほど極端なものではない。オオアリクイは鼻先が長い曲がった管になってしまっているうえ，歯をすべて失っている。これに対して，フクロアリクイの顎はそんなに長くはないし，歯もすべてそろっている。また，フクロミツスイという有袋類には，有胎盤類の中にそれに相当するものがいない。彼らはハツカネズミほどの大きさで，吻がとがっており，舌はあるインコ類のように先端がブラシ状になっていて，これで花蜜や花粉をなめとるのである。

タスマニアの温帯林にはまた別な，いかにもオーストラリア地域らしい特異な動物，シロオビネズミカンガルーがすんでいる。この動物は，ネズミカンガルー類と総称される有袋類の小さなグループに属する。シロオビネズミカンガルーは完全な夜行性のきわめて臆病な動物で，肉もふくめて食べられるものなら何でも口にする。小さなとがった犬歯が2本あり，食物を食べるときにはこれがたいへん役に立つ。この動物は穴の中に巣をつくる。そのためにせっせと巣材を集めるが，それがたいへん器用でおもしろい。まず，口で2，3本ずつひろい集めてきたわらを地面につみあげる。次いで，それを後肢で自分の尾の上にのせる。それから尾をしっかりとまきつけ，わらを上手にたばねてはこぶのである。彼らは前肢をつかわず，長い足をそなえた後肢だけでとびはねて進む。オーストラリアの動物の中で最も有名なのはカンガルーであるが，もし彼らの古い祖先にあたる動物を思い描いてみるとしたら，それはおそらく，森の中をとびはねているこの臆病な雑食性の動物，シロオビネズミカンガルーのような姿になるであろう。

カンガルー類は，オーストラリア大陸がたえず北方へ漂流し，その結果気候が乾燥し温暖になるにつれて進化の速度を増していった。この気候の変化によって，大地の大半をおおっていた森林がまばらになり，開けた地域や草原にかわっていったからである。草はたしかにすぐれた食物である。だが森を出て開けた場所で草を食べることは，捕食者の攻撃

卵，袋，胎盤

に身をさらすことになる。そこで，草原にすみついたあらゆる動物にとって，すばやく動けることが非常に重要になってくる。カンガルーはこの問題を，シロオビネズミカンガルーの用いている方法をさらに大きく進展させることで解決した。すなわち，彼らは驚くべき跳躍力を身につけたのである。

カンガルーが，世界のほかの草原にすむあらゆる草食動物のように四つ足で走らずに，なぜこの方法をとったのか，ほんとうのところはわからない。ヨーロッパからの移住者たちは，故郷の動物寓話の中にこれに匹敵するような動物を見つけられなかったので，オーストラリア先住民の使っていた呼称の1つであるガングルー（gangurru）を拝借するほかなかった。シロオビネズミカンガルーが直立姿勢をとっているように，おそらく彼らの祖先にはすでにその傾向があったのだろう。しかし，このような答えは，単にこの問題をある段階にひきもどすだけにすぎない。跳躍という方法を採択したことは，たぶん，大きなあかんぼうを袋にいれて運ぶことと関係があるのかもしれない。特に，岩だらけのでこぼこした地面を胴をたててハイスピードで移動するには，跳躍のほうが四つ足で走るよりもはるかに便利だと思われる。理由はともあれ，カンガルー類は，この跳躍をその進化の過程でたいへん能率のよいものにしていった。彼らの後肢は驚くほど強力で，長い筋肉質の尾はしっかりとうしろにのびて平衡器官としての役割をはたしている。その結果，この動物はいざとなると時速60キロものスピードを出し，高さ3メートルもの柵をとびこすことができるのである。

草食動物が克服しなければならないもう1つの問題として，歯の磨滅がある。イネ科の草というのは頑丈なものであり，特にオーストラリア中央部の乾燥地に生えている草はたいへんにかたい。そこで，これらの草を口の中でパルプ状になるまで砕いてやることは消化のために重要なのだが，それは歯をたいへんすりへらすことになる。他の地域にすむ草食動物の場合は，臼歯の歯根が開いているので歯は生涯のびつづけ，磨滅を補ってくれる。これに対して，カンガルーの歯は歯根が閉じているためにそうした能力を欠いている。そこで，彼らは別の交代システムを採用している。すなわち，奥歯が顎の両側に4対あるが，最初は前の1組だけがつかわれる。やがてそれが根本まですりへると，その歯はぬけ落ち，奥にある次の1組が前方に移動してきていれかわるのである。こうして，彼らが15歳から20歳になるころには，最後の歯がつかわれていることになる。やがて，その歯もすりへってぬけ落ちるときがくる。そうなると，ほかに死ぬべき原因が何ひとつなくても，年老いたカンガルーは飢えのために死んでしまうのである。

カンガルー科には約40の種がある。小形の種はふつうワラビーとよばれている。最も体の大きい種はアカカンガルーで，彼らは立つと人間の背よりも丈が高く，現生の有袋類中では最大の動物である。

カンガルー類の繁殖のしかたは，オポッサム類とほとんど同じである。厚さ2～3ミクロンの卵殻の名残りにつつまれ中に少量の卵黄をふくんだ卵が，卵巣から子宮におりてくる。卵はそこにいる間に受精し，着床することなく発生をはじめる。これが，その繁殖期の最初の交尾であった場合には，卵はそこに長くはとどまっていない。たとえば，アカカンガルーの場合には，ネオネートが生まれるまでにわずか33日しかかからない。彼らは

後肢で立つフクロアリクイ（*Myrmecobius fasciatus*）。中央オーストラリア。

通常1度に1子しか産まない。ネオネートは眼がみえず，毛も生えていない体長2〜3センチのいもむしのような生きもので，後肢はまだ胚芽状の突起にすぎない。しかし，前肢だけはよく発達していて，子はこれをつかって母親の腹の密生した毛の中を這い登ってゆく。このとき，当の母親自身はまったく気がついていないようである。以前は，母親が少なくとも自分の毛をなめて，通りやすい道をつくってやるのだと考えられていたが，現在では，彼女が腹をなめるのは，卵膜が破れて出た液体が総排泄腔の出口からにじみ出てくるのをなめて，体をそうじしているにすぎないことが知られている。

　ネオネートは，母親の体内を出てから3分ほどで袋に到達し，袋にはいるとただちに4つある乳首の1つにくいついて乳をすいはじめる。そして，それとほとんど同時に母親の性周期が再開する。もう1つの卵が子宮におり，彼女は発情期にはいる。そして交尾が行なわれ，卵が受精する。しかし，このときに驚くべきことが起こる。卵の発生が突然とまってしまうのである。

　母親の体内で卵の発生がとまっている間に，袋の中のネオネートはどんどん大きくなってゆく。母親の乳首は長くて先がわずかにふくらんでいるので，ネオネートをむやみにひっぱったりすると，口が裂けてすこしばかり血がでることがある。しかし，母親と子の体がつながっているとか，圧力で子に乳が送りこまれるという話は，まったく真実ではない。

　190日後，あかんぼうははじめて袋から出て外出できるくらいに大きくなり，独立した存在となる。その後はしだいに外ですごす時間が長くなり，235日後には，それをかぎりに袋を出てひとりだちするのである。

　オーストラリアの中央部ではよくあることだが，この時期が乾期にあたると，子宮内で発生を停止していた2番目の受精卵は，そのまま休眠をつづける。だが，雨が降って草が生えだすと，卵はまもなく発生を再開する。そして33日後，大きな豆ぐらいしかないネオネートがもう1匹，母親の排泄腔の出口から這い出し，袋までの危険な骨のおれる道を登ってゆく。子が袋にはいるとすぐに，この雌は3度目の交尾をする。だがこの時期になっても，最初に生まれた子は乳をそう簡単にあきらめようとはしない。その子は定期的にもどってきて，自分専用の乳首から乳をのむ。しかも，その子がそのときに飲んでいる乳は，最初に飲んでいたころの乳とは成分が異なるのである。こうして，今やこの雌は3匹の子を養っていることになる。すなわち，自分で活発に動きまわって草を食べているが，ときどき乳を飲みにもどってくる子が1匹，袋の中で乳首にすいついている小さなネオネート，そして最後に，受精はしたが発生を停止したまま子宮内で時機の到来をまっている卵である。

　有袋類は，原始的な卵生動物，すなわちカモノハシやハリモグラよりたいして改良されていないおくれた生きものだというのが，今日の一般的なみかたである。だが，この見解は真実からほど遠い。たしかに，有袋類の繁殖方法が哺乳類の歴史のごく初期に現われたものであることはまちがいない。しかし，カンガルー類は，この方法をすばらしいものに改良している。カンガルーの雌は，おとなになるとほとんど全生涯にわたって，さまざまな発育段階にある3匹の子を育てているわけで，彼らと比較できるような動物はどこをさがしてもみあたらない。

クロカンガルー(*Macropus fuliginosus*)の母親と、育児嚢をのぞきこむ子ども。南オーストラリア州、カンガルー島。

　哺乳類の体はきわめて複雑な機械であって，発育には長い時間がかかる。胚ですら恒温性で，そのために燃料の消費がたいへんにはげしい。この2つの特性から，発育中の子はかなり大量の食物を必要とする。そこで，すべての哺乳類は，殻でかこまれた卵の中につめこめる量よりはるかに大量の栄養を供給する方法をあみだしたのである。北のゴンドワナ大陸にすんでいた初期の哺乳類の中には，有袋類もいた。しかしながら，とにかく，彼らの祖先が，現在のオーストラリアの有袋類ほど能率のよい洗練されたレベルの繁殖方法をもっていたとは思えない。

　とはいえ，北方で発達した繁殖方法は，子が子宮内に非常に長くとどまることを可能にする。これを実現したのが胎盤である。胎盤は子宮壁にくっついた平たい円盤で，へその緒で胎児につながっている。子宮壁との接合部分は非常にいりくんでいるので，胎盤と母親の組織との間の表面積はたいへん大きい。そして，この部分をとおして，母親と胎児の間でいろいろなもののやりとりが行なわれるのである。血液そのものは母から子へ流れないが，母親の血液中には肺から運ばれてきた酸素と食物から得た栄養がとけこんでおり，それらがこの接合部分を通って胎児の血液中に拡散するのである。また，これと逆方向の行き来も行なわれる。すなわち，胎児がつくりだした老廃物は母親の血液中に吸収され，腎臓をとおして排泄されるのである。

　こうした作業を行なうために，有胎盤類は生化学的にたいへん複雑な問題を処理できる

ように適応を進めていった。だが，問題はそれだけではすまない。哺乳類は一定の性周期をもっており，定期的に新しい卵をつくりだす。このことは，有袋類にとってはまったく問題がない。なぜなら，どの種でも次の卵ができる前にネオネートが生まれてしまうからである。だが有胎盤類の胎児は，有袋類にくらべてはるかに長い間子宮内にとどまる。その間に余分な卵がつくられて，すでにやどっている胎児と競争するようなことは避けねばならない。そこで妊娠している期間中，胎盤はホルモンを分泌して母体の性周期を止めてやるのである。

これに加えて，さらにもう1つの問題がある。胎児の組織は，遺伝的に母親の組織とまったく同じというわけではない。なぜなら胎児の組織には父親から受けついだ部分があるからだ。このため，それが母親の体とつながると，移植の場合と同様に免疫学的な拒否反応が起こるおそれがある。胎盤がこの危険をどのようにしてふせいでいるのかについては，今もって完全には解明されていない。だが，妊娠が成立したとたんに，母親の免疫応答のうち特定の部分が抑制されるのではないかと考えられている。

このようにして，有胎盤類のあかんぼうは，必要とあれば，生まれてすぐに動きまわれるほど十分な発育をとげるまで，子宮内にとどまることができる。そのうえ彼らは，生まれた後も，周囲の環境から自分で食物を集められるようになるまでは，かなりの期間乳をのませてもらうのである。

胎盤による繁殖方法では，子は有袋類のネオネートのように，ごく幼いうちに母親の体を出て危険な旅をする必要がない。そのうえ，彼らが母親の体内にいる長い期間に，彼らに必要なものはすべて母親が与えてくれる。このため，クジラやアザラシは胎児を体内に宿したまま数カ月間も氷の海で暮らすことができる。有袋類のように，空気呼吸をしているネオネートを袋の中にかかえていたのでは，とてもこうした芸当はできない。結局，哺乳類が最終的に地球全体にすみつくことに成功した決定的な要因の1つが，まさにこの胎盤による繁殖方法だったのである。

10

さまざまな哺乳類

　今かりに，ボルネオへと飛び，森の中にわけいってじっと静かに腰をおろしたとしよう。やがて，ふさふさした毛で体をつつみ，長い尾をもった生きものがひょっこりと姿を現わすはずである。灌木の枝の茂みにもぐったかと思うと，地面におりてちょこちょこと四つ足で走りまわる。長めの鼻をつかって，ありとあらゆるものを注意深くかいで調べる。その姿と機敏な動きはリスを思い起こさせるものがある。うっかり物音をたてようものなら，リスに似たその小動物は，とたんに凍てついたように体の動きをとめ，きらきらしたまるい大きな眼をいっそう大きくする。しばらくすると，動きを止めたときと同じように，急に体を躍動させて，活発な活動を再開する。体を動かすたびにひらひらとはためかせる尾の動きはリスそっくりだ。けれども，その動物が食物をみつけると，リスとのはっきりしたちがいが現われる。前歯で食物をかじるかわりに，口を大きくあけて，うまそうに勢いよく，がつがつと咀嚼するのである。どうやら，この小動物はリスではなく，何かもっと変わった動物のようだ。それはツパイとよばれるいささか重要な意味をもつ生きものなのである。

　みる人によってどうとでもみなすことのできるような生きものがいるとしたら，ツパイこそまさにそれである。土地の人々が，ツパイをリスのたぐいとみなすのも十分理解しうることだ。彼らは，こうした姿の動物のすべてをツパイと呼んでいるのだが，生物学者は，学名としてそ

オオツパイ（*Tupaia tana*）。ボルネオ。

れを1つの動物の名に採用したわけだ。一方，ツパイの標本をはじめて手にしたヨーロッパの科学者は，彼らが齧歯類特有の物をかじるための大きな門歯をもたず，かわりにとがった小さな歯をたくさん備えているのをみつけて，これをキノボリトガリネズミと名づけた。つまり食虫類の一員とみなしたわけである。また，彼らの生殖器のつくりを調べて，いくつかの特徴が有袋類との類縁関係を物語っていると考えた学者もいた。そして，ほぼ1世紀前に，著名な解剖学者がツパイの頭蓋骨を詳細に分析し，驚くほど大きな脳をもつ事実に注目した。彼はツパイ類を霊長類の祖先とみなし，その一員として分類すべきだと主張した。

分子生物学の知見によって，ツパイを霊長類の祖先とみなす説は近年では旗色が悪く，むしろウサギやネズミに近縁と考えるようになっている。それでも，恐竜の徘徊する森林をこそこそと走りまわっていた最初の哺乳類は，ツパイによく似ていたのかもしれない。小さな体に長い尾をもち，鼻は長くつき出ていた。さらに，彼らは毛をもち，恒温性で，活発に動きまわる昆虫食の動物であったと推定される。

当時すでに，爬虫類の支配する時代は長い歴史をもっていた。爬虫類が勢力をもつようになったのは，今から約2億5000万年前のことである。初期のものたちは，森林の木の若葉や青々とした湿地の植物をむさぼり食っていた。やがて，肉食性の爬虫類が進化し，植物食の爬虫類を捕食するようになった。屍肉をあさるものたちも出現した。長頸竜類（プレシオサウルス類）や魚竜類（イクチオサウルス類）は海を泳ぎ，魚をあさった。さらに，翼竜類（プテロサウルス類）のように空中を滑空するものも登場した。そして今から約6500万年前の地球規模の激変の中で，これらすべての生きものが，地球上から姿を消したのである。

やがて世界はふたたび平穏になった。森の中をすさまじい音をひびかせて歩く巨大な動物は，

さまざまな哺乳類

すっかりいなくなってしまったが，森林の下生えの間には，最初の恐竜が出現したころと同じように，小さなツパイ類に似た動物が，いぜんとして昆虫を求めて走りまわる姿がみられた。この状態は，その後何十万年もの間，ほとんど変わることなくつづくことになった。それは，われわれ人間の時間の尺度からいえば，ほとんど永遠につづく時間といえるかもしれないが，地質学的な時間の尺度からみれば，ほんの一瞬間にも等しい時間である。そして，進化の歴史において，この短い期間は，驚嘆に値する創造がすばやく次々と行なわれたすばらしい時代となった。すなわち，この静かな時代に，かつての爬虫類があけわたしていったあらゆる生態学的地位に，適応を遂げたこの小さな哺乳類が入り込み，のちの一大哺乳類グループをかたちづくる基盤を固めたのだった。

　ツパイ類は，今日まで生き残ることのできたこの種の小さな虫食性哺乳類の1つであるにすぎない。ほかにも，世界のあちこちのかぎられた地域に，同じような哺乳類が生存している。それらの動物につけられた名前には，誤解を招くものがじつに多く，いかにその本質が理解されていなかったかを如実に物語っている。たとえばマレーシアには，ツパイ類に加えてまた別のこのたぐいの食虫類がすんでいる。剛毛のようないかつい触毛をつけた長い吻をもち，もじゃもじゃの毛につつまれたこの生きものは，いつも腐ったニンニクのような体臭を発散し，不機嫌そうな様子をしているが，英語で"月ネズミ"（moon rat）というえたいの知れない名をつけられている。和名はジムヌラである。またアフリカには，原始的な食虫類の中で最大の種であるポタモガーレがすんでいる。ポタモガーレは，川をじょうずに泳ぐことからカワウソトガリネズミともよばれる。アフリカにはまた，細長いきゃしゃな四肢と，四六時中よく動く長い吻をもつハネジネズミがすむ。カリブ海にはソレノドンという食虫類が2種分布し，1つはキューバにいるそれで，もう1つは隣りのハイチで現在も数多くみられる。マダガスカルにはテンレックとよばれる食虫類がすむ。テンレック類には，体に縞模様をもつ種，豊かな長い

ミミズを食べるシマテンレック（*Hemicentetes semispinosus*）。マダガスカル，マルアンツェトラ。

毛を生やした種，それに棘を発達させた種など，さまざまな種がふくまれている。

　今日の食虫類の全部が全部，稀少な種であったり，あるいは分布がごくかぎられた種というわけではない。ヨーロッパの田園にかつてふつうにみられたハリネズミも，食虫類の1種である。あの長い棘のコートをとってしまった姿を想像してみれば，ハリネズミがほかの食虫類とさして変わった動物ではないことが容易に理解される。棘は変化した毛であるにすぎず，別に特殊な祖先がいたわけではないのである。ふつうにみられる原始的な食虫類の代表として，トガリネズミをわすれるわけにはいかない。実際，トガリネズミ類は，世界の多くの地域で繁栄している。ヨーロッパの田園にみられる林や森林の落葉の間をすばしこく走りまわる彼らの姿は，いつも熱に浮かされているようだ。吻の先から尾のつけ根までがわずか8センチという小さな体に似合わず，彼らはおそろしく獰猛で，小さな生きものとみれば自分の仲間すらも攻撃するという。体を維持するのに，毎日かなりの量のミミズや昆虫を食べる必要があるからである。トガリネズミ中最も体が小さいとされるチビトガリネズミは，同時に最小の哺乳類の1種でもあり，鉛筆の太さ程度のトンネルにもぐりこめるほどである。トガリネズミ類は，高音の鋭い鳴き声をつかって，仲間どうしの通信をしている。人間の可聴域をはるかに越えた振動数の高い音も出せるが，それは，視力がきわめて貧弱であることを補う，単純なエコーロケーションにつかわれているものと思われる。

　食虫類のうちのいくつかの種は，無脊椎動物の獲物を求めて，水辺の生活にはいった。ヨーロッパにはデスマンとよばれる2種の水生の食虫類が棲息する。ロシアデスマンとピレネーデスマンがそれだ。両種とも，水中をたくみに泳ぎながら，いそがしく獲物をさがすのだが，よく動く長い吻をシュノーケルのように水中から水面上に出して息をする姿がみられる。

　食虫類は，ほかにも変わりだねを生んでいる。もっぱら地中で獲物をさがす完全な地下生活者，モグラである。櫂のようになった前肢と，頑丈な肩のつくりからみて，モグラの祖先は，水生の食虫類だったという説もあり，彼らはトンネル内を，水中を泳ぐのと同じ動作をとりながら動きまわっているのだと考える人もいる。体をおおう毛は，地中での活動のさまたげになるはずだが，多くのモグラ類は温帯の住人であって，体温を保つ上で毛を必要としているのであろう。モグラの毛はごく短いうえ，皮膚から垂直にまっすぐ生え，特定の方向に向いていないので，せまいトンネル内を進んでもひいても，毛が壁にひっかかることがない。地中生活では眼はほとんど用をなさない。たとえ光がまったくないわけではないにしても，すぐに泥が入ってしまうし，開けていられないだろう。そこでモグラの眼は大幅に退化して，点のように小さなものになっている。もちろん，モグラといえども獲物をみつけるための何らかの手段は必要である。そこでモグラは，体の両端に感覚器を備えている。前のほうの感覚器は眼ではなく，鼻である。鼻は嗅覚のほかに触覚の機能を備えていて，何本もの触毛を生やしている。うしろのほうの感覚器は，太くて短い尾である。尾は，鼻に生えているのと同じような剛毛をもっていて，そのおかげでモグラは後方のものを感知できる。北アメリカのホシバナモグラは，さらにもう1つの感覚の道具をもつことで名高い。それは鼻先から放射状にのびる数本の肉質の触手で，優雅なばら飾りのようにみえる。伸縮自在のこの触手をもつホシバナモグラは，きわめて高感度かつ方向感覚にすぐれた触覚の持ち主なのだ。

　モグラ類のトンネルは通路というだけのものではない。それは一種の罠でもある。何も知らないミミズや甲虫，あるいは昆虫の幼虫などが，土の中を掘り進んできて，モグラのトンネルに落ちこむ。モグラはそこで，いそがしくトンネル内を走りまわって，落ちている獲物を採食する。少なくとも3〜4時間に1度は，広いトンネル網のすみずみまでくまなくパトロールし，

毎日大量の獲物を捕えるのである。ときには，あまりにたくさんのミミズがトンネル内にはいりこんできて，モグラの食欲をもってしても，食べきれなくなることがある。モグラはあまったミミズを集め，1匹ずつすばやくひとかみして動けなくしてから，生きたまま地下の貯蔵庫に貯めこむ。何千匹ものミミズがはいった貯蔵庫がいくつもみつけられている。

原始食虫類の中には，進化のはやい時期に特定の種類の無脊椎動物，つまりアリとシロアリを食べる方向に特殊化した種がいくつかあった。一般にアリを捕えるのに最も適した道具といえば，いうまでもなく，粘着力を備えた長い舌である。直接には類縁関係にないさまざまな生きものが，アリやシロアリを食べるためのこの種の器官を発達させている。オーストラリアにすむ有袋類のアリクイであるナンバット（フクロアリクイ）と単孔類のハリモグラの舌の類似がこの例である。また，鳥類でもアリを食べるキツツキやアリスイの仲間の舌はとても長く，頭蓋骨には，舌をおさめるための特別な小室がつくられている。彼らのうちの1，2の種では，この小室が後頭部から眼窩（がんか）近くまでのびている。しかしながら，このようなアリ捕食者たちの中で，最も特殊化した舌を進化させた種が，初期の原始食虫類から出たセンザンコウの仲間である。

センザンコウの仲間は，アジアとアフリカに全部で8種すんでいる。どの種も体長1メートル前後の中形の生きもので，四肢は短く，ものにまきつけることのできる長くしっかりした尾をもっている。最大の種の舌は，口から40センチも外にのびる。舌をおさめるさやは，喉から胸，そして体のはるか後方へとのび，骨盤に接触する。歯は退化してすべて失われ，下顎の骨は単純な形の1対の骨片になっている。彼らは，舌から分泌される粘液にくっつけてアリやシロアリを集め，そのままのみこんで胃の運動によってかゆ状にすりつぶす。この胃の壁はかたい角質でできていて，また中にしばしば小石をもっており，すりつぶしを助けている。

動作がにぶくて，歯のないセンザンコウの仲間は，どうしても天敵から身を守る特別な方法が必要である。まるで屋根瓦のように重なってならぶ角質の鱗（うろこ）が，その役をしている。危険を感じるとすぐに，センザンコウは頭をおなかにつっこんで体をボールのようにまるめ，さらに丈夫な尾で，しっかりと体全体をくるんでしまう。私の経験では，いったんまるくなったセンザンコウの体をのばすのは不可能に近い。もし，もう一度センザンコウの顔をみたいと思ったら，そっとほっておくしかない。どうやら安全そうだというわけで，センザンコウは頭を神経質そうにもちあげ，ふだんの様子からはとても想像できないような勢いでころがるようにして走り去るだろう。

人は，センザンコウの防備は捕食者から身を守るためばかりでなく，常食であるアリやシロアリから皮膚を守る役割ももっているのではないか，と思うかもしれない。彼らの腹側の部分は，わずかの毛が生えるだけで皮膚がほとんど裸出しており，いかにも傷つきやすそうにみえるからである。たしかにセンザンコウは，特別な筋肉で鼻と耳を閉じ，これらの感受性の高い部分をアリなどの攻撃から守る。だが，そのほかの体の部分が昆虫に咬みつかれても，特に気にすることはないようである。それどころか，鳥がみずから進んで蟻浴をし，羽にアリを群がらせるのと同じ理由から，むしろアリたちを歓迎している可能性すらある。センザンコウは，ときに鱗をたて，アリが鱗の間から皮膚にはいりこみやすくし，自分にはかき落とせない寄生虫をとらせようとする。一説によれば，彼らはアリがまだ鱗の間にもぐりこんでいるうちにそれを閉じ，川にはいり，水の中でアリをきれいに洗い落として身づくろいを終えるのだという。

南アメリカには，独特な虫食性哺乳類のグループがいるが，彼らは非常に早い時期に他の哺乳類とわかれて独自の進化をとげてきた。彼らの祖先であるある有胎盤類は，約6300万年

ムツオビアルマジロ
(*Euphractus sexcinctus*)。
ブラジル，ミナスジェライス川。

　前に，北アメリカからパナマ地橋を渡って南アメリカにはいり，すでにそこにすんでいた有袋類とともに生活することになった。当時のパナマ地橋は長くはつづかず，その後数百万年で海中に沈んでしまった。南アメリカは北アメリカと再度切り離され，そこにすむ動物たちは隔離されて進化することになった。後になって，南アメリカは再度北アメリカと陸つづきになり，北から新しいタイプの動物たちの侵入を受けた。その結果，南アメリカで進化していた多くの生きものが滅び去ったのである。

　だが，生き残ることのできた動物もある。その中で，特殊化の程度が最も少ないのがアルマジロである。このアルマジロという名はスペイン語系の名前で，センザンコウと同じくよろいでかためられた体にちなんでつけられたものである。アルマジロのよろいは，肩と腰をつつむ幅の広い大きな2つの盾状の甲羅と，それらにはさまれた背中の部分をつつむ一連の帯状の甲羅からできている。背中の帯状の甲羅の数は種によってちがっているが，この部分の体はいくらか動かすことができる。

　アルマジロの仲間は，アリをはじめとする昆虫，屍肉のほか，トカゲなど，つかまえることのできる小さな生きものは何でも食べる。彼らは，主として，土を掘り返して獲物を捕える。どの種もとてもよい鼻をもっていて，これでまず土の中にひそむ獲物をかぎつける。と，突然，猛烈な勢いで足を動かし，土を掘り，後方へと土煙をあげはじめる。獲物のにおいを失ってはたいへんとばかりに，鼻を必死に土の中におしこむ。ひと口の獲物を手に入れようと気も狂わんばかりのありさまである。これではどうして呼吸をつづけていられるのかと不思議になるが，実際のところアルマジロは息を止めているのだ。土を掘るといった重労働をしているときですら，アルマジロは6分間も息を止める驚くべき能力をもつことがわかっている。パラグアイの先住民は，アルマジロについておもしろい話をする。アルマジロは行手に川があっても何らちゅうちょしない。そのまま土手をおりて川にはいる。重い甲羅をしょっているために体は水に沈むが，なおも落ち着いて川床を歩きつづける。そして，向こう岸にずぶぬれの姿を現わす。川床でも足のみだれをみせることはけっしてないというのである。息を止めるアルマジロの特異な才能を考慮するなら，この話もけっしてまゆつばというわけではないのかもしれない。

左ページ
前足の長い爪と力強い前肢を使ってシロアリを掘り出すインドセンザンコウ
(*Manis crassicaudata*)。
インド，マディヤ・プラデーシュ州，カーナ。

地球の生きものたち

前見開き
サバンナを歩くオオアリクイ (*Myrmecophaga tridactyla*) の成体。絶滅危惧種。南アメリカ，コロンビア，リャノ。

　アルマジロには現在生きている種が約20種知られているが，かつてはもっと多くの種があった。そして，その中には，小型自動車ほどもある巨大なドーム形の甲羅をもっていたものもいた。その甲羅は1枚の板でできており，発見された化石の中には，どうも先史時代の人類がテントとして使用していたと思われるものもあった。現在生きている最大の種は，ブラジルの森林にすむブタ大のオオアルマジロである。その姿が目撃されることはめったにない。というのも，オオアルマジロは日中の大半を地中のトンネルですごし，夜間しか外に出てこないからだ。ほかのアルマジロ類と同じく，オオアルマジロの食物は，多量のアリをふくむさまざまな種の昆虫である。パラグアイには小形のミツオビアルマジロが棲息する。指をのばし爪の先だけを地面につけて歩く姿は，まるでゼンマイじかけのおもちゃのようだ。ミツオビアルマジロは体をボールのようにまるくすることができる。こうなると，敵も手のほどこしようがない。アルゼンチンのパンパスには，姿がモグラに似た毛深い小形のアルマジロ，すなわちヒメアルマジロが棲息するが，この動物は地上に姿をみせることはまずない。アルマジロ類は例外なく歯をもっている。オオアルマジロの歯は全部で約100本もあり，哺乳類の中でも最も数が多い部類にはいる。しかし，どの歯も小さく，先がとがった単純な円錐形をしている。

　一方，同じく南アメリカにすむアリ食の専門家，アリクイは，センザンコウと同様，すべての歯を失っている。アリクイの仲間には3種ある。最小の種ヒメアリクイは，完全な樹上生活者で，シロアリだけを食べて生きている，金色のやわらかな毛につつまれたリス大の動物だ。顎は弓なりに曲がる細長い管のような形に変化している。ヒメアリクイによく似ているが，ひとまわり大きいコアリクイはあらい短い毛につつまれたほぼネコ大の動物で，ものに巻きつけることのできる尾をもっている。樹上で暮らすことが多いが，地上にもしばしば降りてくる。そして，シロアリの塚がまるで墓地の墓石のように林立する開けた平原には，3種中最大の種であるオオアリクイがすむ。体長約2メートル，大きな尾には長い毛がふさふさと生えていて，彼らがサバンナの中を歩くと，旗をはためかせているようにみえる。前が内側に大きく曲がっているうえ，極端に長い爪が生えているために，歩くときの前足の様子は特徴的で，爪を内側にたたみこみ前足の側面を地面につける。オオアリクイのこの長くて頑丈な爪はいうまでもなくシロアリの塚をこわすためのもので，これにかかるとがっちりしたシロアリの塚でも紙でできているのではないかと思えてくるほどだ。歯のない顎は，ほかのアリクイと同じく円筒状にのび，前肢よりも長くなっている。食事のときには，長いひものような舌が，細い小さな口先を猛烈なスピードでちょろちょろと出入りしながら，掘り返されたシロアリの塚の回廊の奥深く走りこんでゆく。

　アリクイの仲間はどの種も例外なく，動きがのろい。人間ですらオオアリクイを追い越せるほどだ。そのうえ，歯をもたないのだから，かなり無防備な状態にあるわけで，センザンコウやアルマジロの身を守るよろいのような防御装置を備えていないのが不思議に思える。だが，ヒメアリクイとコアリクイは樹上にすむアリとシロアリを好んで食べ，大部分の時間を樹上の枝の茂みの中ですごすので，多くの捕食者の手をのがれることができる。一方，オオアリクイは，その姿から受ける印象よりもずっと危険な動物である。オオアリクイを投げなわなどをつかって捕えようとして近づくと，突然向きを変えて前足をふりまわす。前足の巨大な爪にかけられ，ひきよせられてしまったら最後，オオアリクイの腕をふりはらい逃げるチャンスはほとんどない。サバンナのまんなかで，ジャガーとオオアリクイが組みあったまま動けなくなっているのが発見されたことがある。オオアリクイはジャガーの歯によって手ひどい傷を負っていたが，彼の爪はジャガーの背に深くつきささっており，たとえ死んでも敵をはなすことはないだろうと思われた。

さまざまな哺乳類

　これまで述べてきた生きものは，昆虫食の哺乳類の中でも，地面や木の上を這う昆虫を捕食する連中だった。だが，昆虫には空を飛ぶものもたくさんいる。夜，熱帯の森林の中に白い布の幕を張り，昆虫をひきつける水銀灯の光でそれを照らしてやると，2～3時間のうちに驚くほど多種多様で，しかも法外な数の昆虫が，幕に群がり集まるのを見ることができる。翅から鱗粉をまきちらす巨大なガ，前肢をうやうやしく構え信心深いふりをしているようなカマキリ，ロボットのようにゆっくりと肢を動かす甲虫，大きくぴょんぴょんと跳ねる巨大なコオロギ，そして，毛むくじゃらの触角をつけたコガネムシなど。微小なカやハエのたぐいはあまりにも多く，水銀灯にまるで泥をぬったように厚く群がるために，光がさえぎられるほどになることがしばしばある。

　昆虫がはじめて空中に進出したのは，今から約4億年前のことだった。その後，約2億年の間，つまり翼竜類などの空を飛ぶ爬虫類が出現するまでの間，昆虫は空を独占しつづけたのである。飛行する爬虫類が，夜にも空を飛んでいたかどうかを知るのはむずかしい問題だが，体温を保つ必要を考慮すると，昼間にかぎって飛んだとみるほうが無理がない。その後鳥類が彼らのあとをつぐことになったが，今日，実際に夜活動する鳥はごくわずかしかいないし，過去には今よりも多くの鳥が夜飛んでいたと考えねばならぬ理由もない。つまり，夜行性の昆虫という豪勢なごちそうが，長い間，夜飛ぶ技術をマスターする生きものを待っていたということになる。そして，虫食性の動物という主題から生まれた変異の1つが，それをやってのけることになったのである。

　哺乳類はどのようにして飛行能力を身につけたのか，その過程については，ある程度推測できる材料がある。とても変わった特徴をもつために，動物学者がわざわざ1目をつくったという特異な動物が，マレーシアとフィリピンの森にすんでいる。ヒヨケザルがそれである。彼らは，やや大きめのウサギと同大の動物で，首から尾の先までを，灰色とクリーム色の優美な模様いりのやわらかな毛皮のマントでおおっている。マントの色と模様のおかげで，木の枝からぶらさがっていたり，幹にぴったりとしがみついているヒヨケザルの姿は，周囲の景色とほとんど見分けがつかない。そして，四肢をひろげると，マントは一変して飛膜となるのである。私は，この珍しい生きものがたくさんすむといわれているマレーシアの森に出かけたことがある。いかにもヒヨケザルが休んでいそうにみえる木を，双眼鏡で調べた。幹のありとあらゆるふくらみと，1本1本の枝をあますところなくていねいに観察した。こうしてこの木にはヒヨケザルはいないと確信をもてるまで調べて，さらに次の木へ移ろうと目を転じた瞬間，視野の片すみにうつったのが，大きな四角形がさきほどの木を離れて，音もなく滑空してゆく姿だった。あとを追って私は走った。ヒヨケザルは100メートル以上も離れた木の幹の下のほうに着地し，私がようやくかけつけたときには，幹のかなり高いところを，なおも上方へとかけ登っているところだった。2つの前肢を同時に出し，次いで，後肢を進めるという順序で幹を登るヒヨケザルの体に，飛膜がまるで古い部屋着のようにはためいていた。

　ヒヨケザルの滑空能力と同じような能力を平行進化させた種が，ほかにもいくつかあることが知られている。有袋類のフクロモモンガは，ヒヨケザルとまったく同じ方法で空を飛ぶし，齧歯類に属する2つのグループが，それぞれ独立に滑空能力を獲得している。だが，これらの滑空する動物の中で，最も体が大きく，最も完成された飛膜をもっているヒヨケザルは，哺乳類の進化の歴史のはやい時期に滑空の習性を身につけたものと思われる。というのは，ヒヨケザルは明らかに原始的な哺乳類の特徴をあわせもっており，原始食虫類の直接の子孫とみられるからである。ヒヨケザルは，滑空による一定の生活様式を完成して以来ずっと，環境からの挑戦を受けることなく，生きてきたものと思われる。それゆえ，変化もしなかったのだ。ヒヨ

夜，樹に逆さまにぶらさがってコケを食べるマレーヒヨケザル（*Cynocephalus variegatus*）。ボルネオ，サバ州，ダナンバレー。

ケザルにコウモリ類との直接の類縁はない。なぜなら，ヒヨケザルの体の構造は，多くの基本的な点でコウモリ類とは異なっているからである。しかし，原始食虫類がはばたきによる真の飛翔力を獲得し，飛行者コウモリとなるまでの過程で通過したにちがいないいくつかの段階の1つを，ヒヨケザルが示していることはたしかであろう。

　飛行者への進化は，非常にはやい時期に行なわれた。今から約5000万年前の地層から，すでに完成されたコウモリの化石が発見されている。コウモリが繁栄したのはおそらく，夜行性のものも十分にいたはずのプテロサウルスが死滅して空いたニッチにおさまったからだろう。コウモリの飛膜は，ヒヨケザルの飛膜のように手首までの前肢を支えとしてひろがるのではなく，長くのびた前肢の第2指を翼の前縁の主な支えとしている。第3，第4，第5指は翼を横切って後方へとのび，翼の後縁に達する。第1指つまり親指だけは飛膜の支えとは無関係で，鉤爪をつけた小さな指として残り，毛づくろいにつかわれたり，あるいは木に登るときに役立てられる。胸骨に発達する大きな竜骨突起に，翼をはばたかせる強力な胸の筋肉がついている。

　体重を軽くするために鳥が発達させたさまざまな方法の多くを，コウモリもまた採用している。もっぱら飛膜を支えるためにつかわれる尾の骨は，中空でストローのように薄くなっている。種によっては，まったく失われていることもある。鳥の場合とちがい歯は失われていないが，頭部は短小になり，多くの種ではしし鼻である。これによって空中で，鼻の重みによるバランスのくずれを最小限にとどめている。コウモリは，鳥の場合には問題にならなかった難問をかかえている。それは，コウモリを生んだ原始哺乳類が，すでに胎盤で子を育てる方法を完成させていたことにかかわっている。進化の過程を逆もどりさせることはほとんど不可能であり，コウモリは卵生にもどるわけにはいかなかった。つまり，コウモリの雌は，育ちつつある胎児をかかえたまま飛ばざるをえないのである。だから，コウモリには双子がまれなのも当然うなずける。ほとんど例外なく，産むのは，1回の繁殖期に1子だけだ。もし自分の遺伝子の存続を確実にしたいなら，こうした繁殖力の低下を，コウモリは長い期間にわたって繁殖することで補う必要がある。そして実際コウモリは体の大きさの割に驚くほど長寿である。寿命が20歳前後という種さえある。その多くの種類がネズミに似た顔立ちをしていて，ドイツ語では「はばたくネズミ」，フランス語では「はげネズミ」と言われるほどにもかかわらず，コウ

右ページ
夜，飛ぶキクガシラコウモリ（*Rhinolophus ferrumequinum*）。ガを捕えようとしている。ドイツ。

　モリはネズミとはまったく別の系統に属していて，ヒトほどにもネズミと近縁ではない。

　今日，コウモリはすべて夜間に活動しており，これは，過去においても同様だったと思われる。なぜなら，コウモリが現われたときにはすでに鳥が昼間の権利を宣言していたからだ。そこでコウモリには，はじめから夜間に活動するのに役立つ特別な航行システムを発達させる必要があった。彼らの航行システムは超音波を利用したものだが，超音波そのものはすでにトガリネズミが発していることが確認されているし，その他多くの食虫類も，ほとんど確実に発しているものと思われる。コウモリはその，人間の可聴域をはるかに越えた高い周波数の超音波をつかって，ソーナーとよばれるきわめてこみいったエコーロケーションの方法をあみ出したのである。ちなみに，われわれ人間がふだん聞いている音のほとんどは毎秒数百サイクル程度である。われわれのうちのある者，特に幼い者は，毎秒2万サイクルの音をかろうじて聞きとることができる場合もあるが，これは例外的である。これに対して，ソーナーで飛ぶ大部分のコウモリは，毎秒5万から20万サイクルの音をつかう。ユーラシアコヤマコウモリのように，ごく敏感な人間の耳にだけ聞こえるような低い周波数の音波をつかうものもまれにはあるが。このような超音波をコウモリは，舌を続けざまに打ちならしたときの音のように，短い間隔をおきながら連続的に毎秒20〜30回発する。そして，1つ1つの超音波の打ちならし音がものにぶつかって反射してくるのを，鋭敏な聴覚でとらえ，障害物の位置や高速で飛行する獲物の動きを探知するのである。遺伝学的な研究によれば，エコーロケーションはコウモリにおいて複数回進化したことがわかっている。さらに驚くべきは，コウモリでエコーロケーションを発現させる遺伝子が，同じ能力をもつ唯一の動物であるイルカにおいても同じ働きを担っているということだ。

　大部分の種のコウモリは，一連の超音波の信号が反射してもどるのを待って，次の一連の信

日の出とともに日中のねぐらへと帰るストローオオコウモリ（*Eidolon helvum*）。ザンビア，カサンカ国立公園。

号を送り出す。探知しつつある獲物に近づけば近づくほど，信号がこだましてもどる時間は短くなり，それだけ発する信号も増える。そして，標的の位置もますますはっきりと正確にとらえられることになる。

狩りに成功した瞬間，新しい問題が生じる。口を昆虫でふさがれてしまうと，コウモリはふつうの方法では声を出せないからだ。そこで，いくつかの種は，口のかわりに鼻から音を出すことでこの問題の克服をはかり，さまざまな形のグロテスクな鼻葉を発達させた。鼻葉は，鼻から出る音波を集中させる小さなメガホンの働きをする。超音波のこだまを受けとめる耳もまた，精巧なしくみを発達させた。極度に敏感であるうえに，多くの場合，信号を感知するために耳朶をひねることができる。こうしたもろもろの結果として，コウモリの顔はソーナー装置で占領されている。軟骨で支えられた半透明の精巧な耳には，深紅の血管のはざま飾りがレースのようにすけてみえる。鼻からは，音を方向づけるための，葉の形や大きなくぎの形や，あるいは槍の形をした鼻葉が出ている。これらの奇妙な耳と鼻の組み合わせによって，中世の写本に描かれたどんな悪魔よりもさらにグロテスクな顔がつくり出されたのである。しかも，そのような顔は種ごとに変わっていて，特徴的である。理由はおそらく，種独特のユニークな声を発する必要と関連しているのだろう。それぞれの種の受容器は，はいってきた他種の信号をより分けてすて，同じ種の信号だけをとり出せるようにつくられているのである。

こうしてことばで説明してくると，コウモリの航行システムは，比較的単純なもののように感じられるかもしれない。だが，現実の場面をみるならば，そのような印象はうすらぐはずである。ボルネオのゴマントン洞窟には，8種のコウモリが総勢数百万頭棲息している。洞窟のコウモリの歴史は古く，床いっぱいにつもりつもってひろがった糞が，高さ30メートルに達

する巨大なピラミッド形の丘を天井に向けてそびえ立たせるほどになっている。コウモリを観察するためには，まず丘をてくてくと登らなければならない。丘の斜面は，一面にぎらぎらと光るゴキブリでびっしりとおおわれ，さながら動くカーペットといったところだ。ゴキブリたちは，丘をつくる糞の堆積物であるグアノを食べて生活しているのだ。糞自体からは，もちろんアンモニアのひどい悪臭がたちのぼってくる。丘の頂上に立つと，洞窟の天井はすぐ近くだ。天井の岩の狭いすき間に，無数のコウモリがぶら下がっているのがみえる。光を向けると，コウモリの一部は岩を離れ，私の体をかすめるようにして飛び去ってゆく。翼に頬を打たれそうだ。一方，天井についたままのコウモリたちも，狂ったように興奮し，頭をねじり向けて，黒いビーズ玉のような眼で私を凝視しようとする。それらのコウモリの集団の向こうには，さらに何千，何万というコウモリが体をぴたりとよせあってとまっている。かぎりなくどこまでも一様に密集してならぶ様子から，私はなぜか，たわわに実るムギ畑の穂を思い出した。コウモリたちが何かに驚いて体をふるわせると，まるで風が穂をゆすったようにみえるのだった。突然，コウモリたちは恐怖を爆発させた。まるで岩の割れ目の狭い回廊の監禁を逃れて，私の背後の広々とした洞窟の空間に向けて何としてでも脱出しようと決意したかのように，なだれをうって突進を開始した。私がグアノの丘の頂上から退却するころにはすでに，洞窟の中は飛びかうコウモリの渦でいっぱいだった。コウモリたちは，未知の日の光へのおそれから，外へ飛びだすわけにはいかず，かといって洞窟の中では私におびやかされるというわけで，その膜のように薄い翼で空気を打つ音をひびかせながら，ただ旋回をつづけるよりほかはなかったのだ。私は，彼らの鳴き声のうちの低声部のみを聞きとることができた。それはまるで，宇宙から伝わってくる音のように聞こえた。だが，ソーナーにつかわれているはずの音を聞くことは，もちろん私の耳の限界を越えていた。無数のコウモリの体から発散される熱が，ただでさえ風通しが悪くてむし暑い洞窟内の空気をますます息苦しいものにした。たえまなく糞がふりかかってくる。洞窟の天井の下を，まるで強風にあおられて舞う雪片のようにひしめきあって，ぐるぐる飛びまわるコウモリの数は，確実に数十万に達していたであろう。これだけの数のコウモリが高速で，とにもかくにも飛んでいたのだから，どの個体もソーナーをつかっていたにちがいない。ではいったい，おたがいの声が干渉しあって，信号が混乱するようなことはないのだろうか。衝突を避けるための鋭敏な反応は，どのようなしくみでできているのだろうか。ソーナー飛行法がかかえる問題の複雑さは想像を越えるものがある。

　ゴマントン洞窟に夕暮れが訪れるとともに，コウモリは岩の天井にそったいつもどおりの通路を飛んで洞窟を出てゆく。通路は非常に狭くて，横には6頭前後しかならべない。コウモリの隊列は，尾と鼻を接するようにして，次々ととぎれることなくつづき，さながら1本のはてしなくのびるリボンが，ひらひらと風にそよいでいるようにみえる。こうして，洞窟の口の片すみから，黒々とした流れとなって出てくるコウモリの数は，毎分数万頭に達する。コウモリの群れは森の樹冠へ向かって勢いよく突進し，夜の狩りをはじめるのだ。洞窟の奥にたまったグアノの丘は，コウモリの狩りの成功を何よりも雄弁に物語っている。単純な計算からだけでも，ゴマントン洞窟のコウモリたちが一夜にとるカなどの小昆虫の量は，数トンに達するであろうことが推測できる。

　いくつかの種の昆虫は，コウモリから身を守る特別な方法を発達させている。たとえばアメリカにすむある種のガは，コウモリのソーナーの周波数に可聴域を同調させる能力を身につけた。それによって，コウモリの接近を知ると，すぐに飛行を中止し地面に落ちてしまう。螺旋(らせん)を描いて飛び，コウモリの追跡をかわそうとする種もある。そしてさらに，超音波を送りかえ

さまざまな哺乳類

して，コウモリのソーナー信号を混乱させる種や，あるいは味がまずくて食べられないガであることを知らせる種もある。

すべてのコウモリが昆虫食かというとそうではない。いくつかの種のコウモリは，花の蜜と花粉が栄養にとむ食物であることを発見した。彼らは飛行技術を洗練し，ハチドリと同じように花の前で停止飛行しながら，細く長い舌を花にさしこんで蜜を集める。多くの植物が，花粉の媒介者である昆虫のサービスを受けながら進化してきたのと同様に，コウモリに花粉を媒介してもらう植物もある。ある種のサボテンは夜だけ花を開く。花は大きく丈夫にできていて，淡い色をしている。夜には花の色はあまり意味がないからだ。だが，この花の香りは強い。花弁は，サボテンの武器である茎に生える棘からはるか上方につき出るようにして開き，したがって，コウモリが花を訪れても翼を傷つけないですむ。

コウモリ類の中で最も大形のオオコウモリは，もっぱら果実を食べて生きている。オオコウモリは英語で"空飛ぶキツネ"（flying fox）とよばれているが，それは，体が大きく——翼をひろげると長さ1.5メートルに達する——毛が赤茶色をしているうえに，顔がとがっていてキツネそっくりだからである。眼は大きいが，耳はごく小さく，鼻葉らしきものはまったくない。つまりオオコウモリは明らかに，ソーナーをつかう飛行者ではないのである。果実食性コウモリは，洞窟にははいらず，大木の梢を共同の休み場として何万頭もの大群がギャアギャアとうるさく声をあげながら休息する。体を翼にくるんでぶら下がる姿は，まるで黒い大きな果実がなっているようだ。休息中のオオコウモリは，ときおり翼をひろげて，伸縮自在の飛膜を念入りになめ，体のすみずみまで清潔にし，いつでも飛べる準備をする。昼間の気温があがると，半ば翼をひろげて体をあおぐ。遠くからそれをみると，群れ全体がきらきらと光ってみえる。突然の物音や，木のゆれなどに驚くと，オオコウモリは怒りの金切り声をあげてたがいにわめきあう。何百頭かは，翼を大きくはばたかせて木から離れるが，やがて騒ぎはもとにおさまる。夕方になると，オオコウモリはつれだって食事に出かける。飛行中のオオコウモリのシルエットは，鳥のそれとは似ても似つかないものだ。なぜなら，このコウモリには後方に突出する尾がないからである。オオコウモリの飛びかたはまた，虫食性コウモリ類のひらひらした飛びかたともずいぶんちがっている。巨大な翼を規則正しく動かしながら，目的地に向かってまっすぐ水平に飛んでゆくのである。オオコウモリの長い列は果実を求めて，夕方の空を70キロも飛行することがある。

肉食性のコウモリもある。木の枝上で休む鳥を捕食する種，カエルや小さなトカゲを捕食する種，そしてさらには他種のコウモリを食べる種さえある。アメリカにすむウオクイコウモリは，もっぱら魚を捕って生活している。夕暮れ時から，池や湖，あるいは海上にまで出て飛行するのだ。他の大部分のコウモリでは，飛膜が後肢のかかとの部分までひろがってついているのに，ウオクイコウモリでは肢のもっと上方の膝の部分までしかひろがっていないために，後肢を自由に動かせる。そこで，尾をたたみこみ，水につかないようにしたうえで，後肢を水中にいれてひきずるようにしながら水面すれすれに飛行する。後肢の長い指の先についた鉤爪が魚をひっかけると，すばやくすくいあげて口にもってゆき，歯で力強くかんで殺す。

きわめて特殊化したコウモリにチスイコウモリがある。このコウモリの門歯は，1対が大きな三角形の牙となっている。眠っている哺乳類，たとえばウシあるいは人間にすら静かに飛んで近より，そっととまる。皮膚をするどい牙の先で切り，血が流れ出るのを待つ。チスイコウモリの唾液には抗血液凝固物質がふくまれていて，血は流れ出してもすぐにはかたまらない。そこで，チスイコウモリは，傷のそばにとまったまま血をなめつづけることができるのである。チスイコウモリもごく弱々しいソーナーをつかって飛ぶ。超音波を聞きとる能力をもつイヌが，

次見開き
つれだって泳ぐマッコウクジラ（*Physeter macrocephalus*）の家族。インド洋。

チスイコウモリの攻撃をめったに受けないのは，前もってコウモリの接近を知ることができるからだといわれている。

　コウモリ類，すなわち翼手目は，全部で約1200種が知られている。ということは，分類学的に言えば，哺乳類の4種に1つはコウモリであるということになる。彼らは，きわめて寒冷な地域をのぞく地球上のあらゆる地域に自力で分布をひろげ，定着し，十分な食物をみつけてきた。彼らは，原始食虫類の最も成功した変奏の1つと考えられるのである。

　さて，クジラの仲間に話を移そう。彼らが恒温性で乳で子を育てる哺乳類であることはいうまでもないが，彼らもまた長い進化の歴史を経た動物である。その化石は，今から5000万年以上前，つまり哺乳類の大放散の開始時までたどることができる。この動物が長い時間をかけて変化していった様子をまざまざと示す，一連の化石がみつかっている。知られている最古の祖先は，大形犬ほどの大きさの，半水生の哺乳類だった。そのあとに続いたのが，アシカほどの大きさの，鰭のような肢をもつ動物である。

　クジラ類が典型的な哺乳類と大きくちがったものとなった原因は，いうまでもなく水中生活への適応である。前肢は鰭に変化し，後肢は完全に失われた。もっとも，体の中に後肢の痕跡であるいくつかの小さな骨が埋まっていて，クジラの祖先がある時期にはたしかに後肢をもっていたことの証明となっている。毛は哺乳類の特徴であるが，熱の絶縁体としての毛の役割は空気が毛の間につつみこまれることによってはじめて有効となる。水から陸上に上がる機会がまったくない生きものの場合には，毛はほとんど役に立つことがなく，したがってクジラは毛を失うことになった。ただし，毛もまた痕跡物を残している。吻の上に生える数本の剛毛がそれで，クジラ類がかつては毛をもっていたことの証拠である。ところで，水中生活でも熱の絶縁体は必要であり，クジラ類は皮膚の下に厚い脂肪層を発達させてこれにあてている。クジラ

群れで漁をするザトウクジラ（*Megaptera novaeangliae*）。鼻から出す空気の泡でニシンなどの魚群を取り囲んで捕食する。アラスカ州，チャタム海峡。

の脂肪層は，どんなにつめたい海水の中でも体温が奪われるのをふせぐことができる。

哺乳類の空気呼吸は，水中生活をおくる際には大きな障害となる。クジラは，ほかの大部分の哺乳類よりもはるかに効率的な呼吸方法を身につけることによって，この障害を最小限にとどめている。人間はふつう1回の呼吸で，肺の空気の約15％しか交換できない。これに対してクジラは，あの潮吹きをともなう咆哮のような1回の呼気によって，消費しきった肺の空気の約90％を吐き出すことができる。彼らは，その分だけ長い間隔をとって呼吸できるわけだ。さらにクジラの筋肉は，ミオグロビンとよばれる物質を高い濃度でふくんでいるので，酸素を貯蔵することができる。クジラの肉が赤黒い色をしているのはこの物質のためである。これらの術策のおかげで，たとえばナガスクジラは水深500メートルまで潜水したうえ，40分間も息をつかずに泳ぎつづけることができるのである。

ヒゲクジラ類は，大群をなして海中を巨大な雲のようにただよう甲殻類，オキアミを常食とする生活に特殊化した。アリ食の哺乳類に歯が何の役にも立たないのと同様に，オキアミ食の哺乳類にとって，歯はまったく価値がない。そこで，ヒゲクジラ類は，アリクイ同様歯を失うことになった。そのかわりに発達させたのが，クジラヒゲである。クジラヒゲは角質の細長い板で，上顎の両側に，口蓋稜からちょうど窓のブラインドのようにならんでぶら下がっている。それぞれのヒゲ板は，羽毛状の突起でふちどりされていて，これがオキアミをこしとる装置となる。オキアミの群れに近づいたクジラは，群れの中央部に巨大な口をそえ，海水とともに，口いっぱいにとりこむ。次いで，口をなかばとじ，ひっこめていた舌を前方にもどして海水を排出する。このときオキアミはクジラヒゲにかかって口の中に残るのでクジラはそれをのみこめばよいわけだ。こうしてクジラは，オキアミが最も多く集まっている海域をゆっくりと泳ぎながら狩りをする。オキアミの群れが分散している場合には，群れの下にもぐり，泡を出しながら

螺旋状に輪を描いて泳ぎ，少しずつ，分散したオキアミを輪の中心に追い込んで集める。群れが集まったところでクジラは，口を上方に向けて垂直に上昇し，ひと口で群れをのみこんでしまう。

　こうした効果的な食事のおかげで，ヒゲクジラ類は巨大な体を発達させることができた。クジラ類中最大の種シロナガスクジラは，体長30メートルあまり，体重は雄ゾウの25倍にまで成長する。大きな体は，クジラにとって明らかに有利な点をもっていた。体が大きくなればなるほど，体重に対する体表面積の割合が少なくなり，体温の維持がやさしくなるからである。この法則は，恐竜の大形化にも同じように影響したと考えられるが，恐竜の場合は，骨の物理的な強度の面から大形化は一定の限度内に制限されることになった。というのは，あまり大きくなると四肢が体重を支えきれなくなるからである。この意味での限界はクジラにはない。クジラの骨の主な働きは，体を動かす筋肉の支点になることである。体を支えることは海水がやってくれる。しかも，オキアミを追って静かに泳ぐ生活では，特別に敏速な身のこなしも必要なかった。こうして，ヒゲクジラ類は，地球の歴史はじまって以来最大の動物へと発展した。その体重はなんと最大の恐竜の4倍もあるのである。

　ハクジラ類は，ヒゲクジラ類とはちがう種類の獲物を食べて生活する。イカを捕食するマッコウクジラは，ハクジラ類中最大の種であるが，シロナガスクジラの半分程度の大きさである。イカと魚をともに捕食する小形のハクジラ類であるイルカ類，ネズミイルカ類，それにシャチは，超高速の泳ぎ手となった。中には，時速40キロ以上のスピードを出す種もいる。

　高速遊泳をするには，すぐれた航海術が不可欠である。魚類は側線器官の助けでうまく泳げる。だが，哺乳類は，この器官をはるかな昔の祖先の時代に失ってしまった。そこでハクジラ類は，トガリネズミ類が使用をはじめ，コウモリ類が精巧なシステムにしあげた音にもとづく定位方法，すなわちソーナーを開発した。イルカ類は，喉頭と頭のひたいの部分にあるメロンとよばれる特殊な器官から，超音波を発する。用いられる周波数は毎秒約20万サイクルで，これはコウモリ類のつかう超音波と周波数の上ではよく似ている。イルカはソーナーの助けをかりて，進路によこたわる障害物を避けることができるばかりでなく，反射してくる音の質から物体の性質をも判定できる。飼育されたイルカは目かくしされても，いろいろな形の浮き輪の中から難なく目的の浮き輪をとることができるし，プールの中をすばやく泳いで，数ある浮き輪の中からもって行けばごほうびをもらえるはずの特定の形の浮き輪を選び出して，大得意で鼻先にのせるのである。

　イルカ類は，超音波のほかにもさまざまな音声を発している。現在までのところ，われわれが識別できているのは約十数種類の音声である。そのうちのいくつかは，イルカが急速な移動を行なっているときに，群れを1つにまとめる役割をはたしているらしい。警告の叫びと思われる音声もあるし，ある程度離れても，おたがいを識別するための，コールサインとして働く音声もある。だが，これらの音声をイルカが統合して，2語以上からなる文に当たるもの，つまり真の意味での初歩的な言語にあたるものをつくるかどうかという問題になると，それを証明できた人はいない。チンパンジーは言葉をつくれる。だがイルカは，今までのところ言語をつくれるとはいえないのである。

　大形のクジラも声を出すことが知られている。ヒゲクジラ類の1種であるザトウクジラは，毎年春にハワイ沖に集まり，子どもを産み交尾する。歌を歌うものもある。歌は一連のほえ声，うなり声，高い金切り声，長くつづくごろごろ声などからなる。歌は何時間もつづけて熱唱され，まるで荘厳なリサイタルのようになる。歌には主題ともいうべきいくつかのきまった旋律がふくまれている。歌の中ではそれらの主題が何度もくり返される。くり返しの回数はいろいろだが，

さまざまな哺乳類

1つの歌の中に出てくる主題の順序は，シーズン中は一定している。クジラは，ふつう1曲を歌い終わるのに10分ほどかかるが，30分つづいた歌もある。歌は1曲終わるとすぐくり返され，事実上つづけざまに24時間以上にわたって歌われる。おのおののクジラは独自の歌をもっているが，歌につかわれる主題は，ハワイ沖のザトウクジラ個体群全体の共通のものとなっている。

ザトウクジラは，ハワイの海で子どもを産み，交尾し，歌いながら数カ月をすごす。海面直下に横たわり，特徴のある巨大な鰭を，空に向けて垂直に立ててみせることもある。鰭で水面を打つこともある。ときには水上へおどり上がり，55トンの巨体を完全に宙に現わして，腹面のうね模様をみせ，次いで，大きな波と音をたてて水中に没する。ザトウクジラのおどり上がりは，こうして何度も何度もくり返される。

数カ月が終わると，ほんの2，3日のうちに，ハワイの深青色の湾と海峡から，ザトウクジラの姿がまったくみられなくなる。クジラたちはどこかに移動してしまったのである。2〜3週間後に，今度は5000キロ離れたアラスカ沖で数万ものザトウクジラの姿がみられるようになる。つけられたタグを調べてわかっているが，両者は同じ個体群なのだ。

翌春，ザトウクジラは再びハワイに姿を現わし，歌いはじめる。歌には新しい主題がいくつかはいっており，前の年の主題の多くがぬけ落ちている。ザトウクジラの声量はとても大きい。歌を聞きに出かけると，船全体が共鳴を起こして，どこからともなく不思議な声が流れてくる神秘的な感じにうたれることがある。そこですぐに青い海にとびこみ，もぐってみると，すぐ下のサファイア色の深みの中に，歌を歌うクジラのコバルト色の巨体が浮かんでいるのを，運よくみることができるかもしれない。クジラの歌声が体中を貫き，体内の腔所の空気を共鳴させて振動する。それはちょうど，寺院の最大級のオルガンの最も太いパイプの中にすわっているようなものだ。体中の組織が音にひたされてしまうのである。

なぜクジラが歌を歌うのか，そのはっきりした理由はまだわかっていない。われわれは歌のちがいによって，クジラの個体識別ができる。同じことをクジラもしていると考えてまずまちがいないだろう。水は空気よりも音をよく伝えるから，クジラの歌声，特に低音の部分は，10マイル，20マイル，あるいは30マイルも離れた他のクジラに聞こえるはずである。つまり歌は，クジラの群れがどこで何をしているかを，おたがいに知らせあう働きをしているのかもしれない。

変幻自在の原始食虫類は，無脊椎動物の獲物を求めて，アリクイ，コウモリ，モグラ，そしてクジラと，極端な特殊化にゆきつくことになった。だが，無脊椎動物のほかにもまだ開発すべき重要な食物源があった。植物がそれである。草食の生活への発展を求めて森林から草原に進出し，豊かな草を食むようになった一群の動物がある。これらの草食動物を追って肉食動物もまた草原に侵入し，こうして2つの相互に依存しあう共同体の進化がはじまるのである。捕食者の狩りの方法が進歩すると，こんどは被捕食者の防衛行動が発達した。植物食の動物のもう1つのグループに，樹上で木の葉を食べる生活に向かったものがある。草原と森林のこれら2つの植物食の動物のグループについては，それぞれ1章を設けて述べる必要があるだろう。というのも，最初のグループは，属する動物の数がきわめて多く，多様性にとんでいるからであるし，第2のグループはわれわれ自身のエゴイズムからといってもよい。つまり，森林の樹上生活者たちこそ，われわれ人間を生み出した祖先だからである。

11

狩るものと狩られるもの

　今日われわれのみている森林は，基本的には，5000万年前の顕花植物の出現後まもなく発達した森林とほとんど同じものである。5000万年前の地球上にも現在同様，アジアにはジャングルが，アフリカと南アメリカには湿潤な雨林が，ヨーロッパにはひんやりとした緑の林があった。木々が高くそびえ，枝をひろげて幾層もの天井をなしている森の林床は，十分な光さえさしていればどこでも，やわらかな茎をもつ広葉の草やシダ類でおおわれていた。葉がすべてをおおいつくしていた。季節から季節へ，世紀から世紀へと，植物の葉はつきることのない常に新鮮な食物を，それを集め消化するあらゆる種類の動物たちに供給しつづけてきたのである。
　昆虫たちは彼らの取り分を要求し，材部に穴をうがち，葉をこまかくきりきざんでいた。トカゲは葉を引き裂いて食べ，鳥は新たに進化してきた果実に対する味覚を獲得するにつれて，種子を散布しひろめる役割をかってでた。温血の，毛皮で身をおおった小形の動物たちは，木の葉や種子を小さくかみとって食べた。しかし，恐竜がかつて行なっていたような大規模な形で，葉という食物の貯蔵庫を徹底して利用した大形動物はみられなかったのである。
　植物を食べて生きてゆくことは，動物にとってなまやさしい仕事ではない。植物食には，ほかのあらゆる特殊化した食性と同様，特別な技術と体の構造が必要とされる。まず第1に，植物質はあまり栄養にとんでいるとはいえない。動物は自分自身の体を維持するためのカロリ

ジャガー（*Panthera onca*）。中央アメリカの熱帯雨林。

ーを取るだけでも庞大な量の植物を食べなければならない。もっぱら植物だけを食べる専門的な菜食主義者の中には，めざめている時間の4分の3を植物の小枝や葉を集めてゆっくりと咀嚼するのに費やすものさえある。このような食事の方法はそれ自体危険である。食事の間中，その生きものは開けた土地に立ち，危険に身をさらしつづけることになるからだ。この種の危険を最小限にとどめるための1つの方法は，できるだけ多量の食物を，すばやくとりこみ，安全な場所に引き込むことである。サバンナアフリカオニネズミはまさにこの戦略を採用している。このネズミは夜巣穴から用心しながら出てくる。そして何の危険もないことをたしかめると，食べられるようにみえるものは何でも，まるで気が狂ったように自分のほほ袋につめこむ。種子，堅果，果実，根，ときにはカタツムリや甲虫まで，何でもいれてしまう。ほほ袋はこれらの食物が200ぐらいはいる大きさがある。両ほほ袋に食物をいっぱいにつめこんだオニネズミは，ほとんど口をとじることができない。顔はまるで，ひどいおたふく風邪にかかったかのようにふくれあがる。そこで，彼は大いそぎで巣穴にもどり，地下の貯蔵庫にはいると，ほほ袋にはいったものを全部あけ，食物をよりわける。食べられるものは咀嚼する。木や石の細かなかけらなど，集めたときには食べられそうにみえたのに，期待したものとはちがっているとわかったものはわきにどける。

　植物を食べる動物は，特別に上等の歯を備えている必要がある。歯を長時間にわたってつかいつづけるばかりでなく，彼らが処理しなければならないものはとても丈夫なことが多いからだ。ネズミ類は他の齧歯類——つまり，リス，ハツカネズミ，ビーバー，ヤマアラシなど——と同様，この問題に次のような方法で対処している。前方にあるかじるための歯，つまり門歯の歯根は決してとじることがない。それゆえ，門歯は生涯のびつづけ，たとえどんどんすりへってもそれを補うことができる。しかも，門歯は，単純ではあるがきわめて効果的な自己研磨運動によっていつも鋭く保たれている。つまり齧歯類の門歯の本体は象牙質でできており，その前面を，厚いそしてしばしばあざやかな色をしたエナメル質の層がおおっている。エナメル質は本体よりさらにかたい。したがって門歯の刃にあたる部分はのみのような形になる。上の門歯が下の門歯とこすれあうと，本体の象牙質はエナメル質の部分よりはやくすりへり，それによって前面のエナメル質の刃が露出し，鋭いのみ状の刃形をいつまでも保つことになるからである。

　歯によってかじり取られ，すりつぶされ，パルプ状にされた食物片は消化器に送られる。植物食はこの段階でもまた大きな困難をもたらす。植物の細胞壁をつくるセルロースは，あらゆる有機質中最も堅固なものの1つだからである。どの哺乳類がつくる消化液も，例外なくセルロースに対しては何の効果もおよぼすことができない。だが，当然のことながら，細胞の内部にふくまれる栄養物質を取り出すには，細胞壁を何らかの方法でこわす必要がある。もちろん，細胞壁が特に厚くない場合には，咀嚼することである程度は機械的にこわすことができる。だが，それだけでは不十分である。ところが好都合なことに，数あるバクテリアの中には，セルロースをとかす酵素を生産する能力をもつものがある。草食動物は，こういうバクテリアを自分の胃の中に培養している。胃内のバクテリアがセルロースを平らげ，一方胃の持ち主は細胞の中身を吸収するというわけだ。こうして植物食の動物はバクテリアの助けをかりるわけだが，それでも食物を消化するには長い時間を要するのである。

　アナウサギは食物の消化を，いくらか奇異な感じはするものの，考えてみるときわめて適切な方法で行なっている。アナウサギの食物である植物の葉は，まず門歯でこまかに切断され，臼歯で咀嚼されてすりつぶされたあと，胃へと送られ，そこでバクテリアと胃の消化液の両者

から攻撃される。やがて食物片は腸へと下り，やわらかなペレット状のかたまりにされて排泄される。排泄はふつうアナウサギが巣穴で休んでいる間に行なわれる。だが，これは通常の意味での排泄ではない。ペレットが肛門を出ると，アナウサギは腹の下に頭をもぐりこませ，口を肛門にあててペレットをのみこんでしまう。こうしてペレットはもう一度胃に運ばれ，残りの栄養分が完全に吸収されることになる。2度目の処理が終わってはじめて，本来の意味での糞が今度は巣の外で排泄される。それがよく知られているころころしたウサギの糞である。

　植物食の動物の中でも，ゾウは特に困難な問題をかかえている。というのは，葉に加えて，繊維分の多い小枝や木質部を大量に食べるからである。ゾウの備えている歯といえば，巨大な牙をのぞけば口の後部に位置する上下1対の臼歯だけで，それが食物をすりつぶす強大なグラインダーの働きをする。これらの臼歯は磨滅が早く，数年ごとに新しい臼歯と交換される。新しい臼歯は古い歯の後方から生えだし，前方に移動して古い歯といれかわる。いれかわる回数は6回までだ。臼歯は猛烈な圧力で食物を押し砕き，それをパルプ化する。だが，ゾウの食物はあまりに多量の木質部をふくみ，したがって有益な物質をそこから抽出するには，消化に長時間を要する。ゾウの胃はこの長時間の消化に備えて十分な大きさをもっている。人間の食べた食物はふつう24時間で体を通過する。一方ゾウは食べた食物の消化に2日半かかり，その大部分の間，食物は胃の消化液とバクテリアのスープの中で，いわばとろとろと煮つづけられるのである。歴史をはるかにさかのぼって動物界をみてみると，恐竜類の中にも，シダ類やソテツ類を主食にしていたため，ゾウと同じ種類の問題に遭遇したものがあった。彼らもまた，ゾウと同様に体を巨大化することで，つまり胃を大きくすることで，問題を解決していたのである。

　ゾウの糞を調べてみると，長時間の食物処理にもかかわらず，いぜん大量の小枝，繊維，種子が実質的にはまったく手つかずの状態でふくまれていることがわかる。数十万年もの間，ゾウたちによって裸にされつづけてきた植物の中には，ゾウの消化液に長時間つかっても十分に耐えられる厚い皮で種子をつつむという対処法を開発した種がある。この種の種子は，今日ではゾウの体内を一度通過して外皮をやわらかくされないことにはまったく発芽できないという矛盾におちいっている。

　セルロースを消化するための最も精巧な装置はアンテロープ，シカ，スイギュウ，それに家畜のウシ，ヒツジなどの反芻類によって採用されているおなじみの反芻胃である。これらの動物たちは下顎の門歯と上顎前部——ここには歯がない——に草をはさんでむしりとる。切りとられた草はただちにのみこまれ，こぶ胃におさめられる。こぶ胃，すなわち第一胃は，本来は食道の末端部で，バクテリアを豊富にふくんでいる。草はそこで何時間もかけてこねまわされ，胃の筋肉によって圧搾される。その間バクテリアはたえず草のセルロースを攻撃する。こうして草はスマッシュ，すなわちすりつぶされた状態にされる。スマッシュは一度にひと口分ずつ喉から口にもどされ，今度は臼歯によって徹底的に咀嚼される。反芻動物の顎は，上下ばかりでなく，前後あるいは左右にも動かすことができ，このような顎運動によって，咀嚼は能率的に行なわれるのである。反芻はゆっくりと落ち着くことのできる安全な場所で行なわれる。動物たちは外敵に身をさらさざるをえない開けた採食場を離れて，日中の暑い時間を木陰でくつろぎながら反芻に費やすのである。

　しばらく咀嚼すると，ひと口分のスマッシュは再度のみこまれる。今度は食物はこぶ胃を通過して，栄養を吸収する場である本来の胃にはいる。そこで動物は，それまでに投下したあらゆる労力からようやく利益を得ることになるのである。

地球の生きものたち

　食物としての葉には，さらにもう1つの短所がある。温帯地方では，年の一定の時期に多くの葉がいっせいに姿を消し，ほとんど葉のない季節が何カ月間もつづく。葉を食物とし，それに生活を依存している動物たちは，冬になる前に特別の備えをしておく必要があるわけだ。アジアの野生ヒツジは食物を脂肪にかえ，尾のつけ根の周囲のしり肉に貯蔵する。動物の中には，秋にできるだけ食べて脂肪の形で食物を貯えるばかりでなく，冬眠することで，食物の消費量を最小限にとどめる種もある。

　冬眠を引き起こす引き金は，一般に考えられているような，気温の低下などではない。なぜなら，常時あたたかく一定の温度に保たれた室内で飼育されている個体も，同じ種の仲間が秋も深まった戸外で冬眠にはいるのと時を同じくして眠ってしまうからである。その引き金とはじつは，動物が生まれ落ちると同時に地球の自転や公転と同期して働きはじめ，日長の変化を信号として微調整を絶えず行ないつづける，体内時計である。

　秋のヤマネはしばしばほとんど完全な球状に体をまるめて眠っている。巣穴の中で眼をしっかりとじ，頸を大きく曲げて，頭を体の胃の位置におしこむ。さらに尾のやわらかな小さな毛で体をすっぽりとつつみこみ，体温がもれ出るのを最小限にとどめる。心臓の鼓動はふだんにくらべればずっとおそくなる。呼吸も浅く，のろくなり，息をしているのかどうかさえなかなかわからない。筋肉は硬直し，体は石のように冷たく感じられる。このように生気の失われた状態では，ヤマネの体が必要とする燃料の量はごく少量であり，貯えられた脂肪は体内のすべての重要な活動を数カ月にわたってゆっくりと維持するのに十分である。だが，極度の寒気が訪れると，ヤマネは逆に眼をさましてしまう。体が本当に凍ってしまう危険のあるこのような場合には，ヤマネははじめのうちはゆっくりと，やがて激しくふるえ，筋肉に貯えられた燃料をもやして体をあたためる。このような非常時には，ヤマネは最悪の寒気が通過し再び眠りにつける状態にもどるまで，しきりに走りまわり脂肪の貯えをむだづかいすることさえある。もちろん通常の場合，他の冬眠する動物と同様に，彼らを巣穴の外にさそい出すのは，体内時計以外の何物でもない。春になって眠りからさめると，彼らは非常な食欲を示し，またその欲求は切迫したものとなっている。というのも，冬の間に彼らは体重のほぼ半分を失っていることさえあるからだ。だが，冬の飢餓はすでに終わった。そこでは葉が再び芽ぶき，豊富な食物を用意してくれている。

　実に多様な動物たちが，こうしたさまざまな方法を駆使することによって，世界の森林の供給する食物を食べて暮らしている。森林の上部の梢近くでは，リスが小枝づたいに走り，樹皮，若枝，ドングリ，花序などを集める。リスの仲間の中には，ムササビやモモンガなど前肢と後肢の間にやわらかな毛の生えた飛膜を発達させて木から木へと何十メートルも滑空する動物もある。

　樹上はまたサルたちの生活の場である。サル類の多くは果実，昆虫，鳥の卵，雛など広い範囲の食物を食べる。一方，彼らの中には特定の種類の木の葉しか食べない種もある。それらの種は，木の葉を処理するための特別の構造をもつ複雑な胃を備えている。地上を離れ，不安定な高所での樹上生活を送る中で，すべてのサル類は驚くほど敏捷な運動能力を身につけ，ものを把握できる器用な手と利発さを獲得した。この特別な才能の組み合わせを獲得して以来，彼らは発展しつづけ，今日では他に例をみないユニークな動物群を形づくっている。けれども，サル類の方法だけが樹上での葉食生活に成功した唯一のものではなかった。南アメリカでは樹上に進出した最初の哺乳類の1つにナマケモノがいる。ナマケモノはサルたちとはほとんど正反対といってよい方法を採用したのである。

樹上のミツユビナマケモノ（*Bradypus variegatus*）。コスタリカ，アビアリオス・スロース・サンクチュアリ。手に生えた藻類で背中が緑色になっている。

　今日，ナマケモノは大まかにいって，フタツユビナマケモノとミツユビナマケモノの2種類がある。これら2種類のうち，ミツユビナマケモノのほうがいっそうなまけ者的な性格をもっている。ミツユビナマケモノは，骨ばった長い手の先についた強大な鉤状の爪で木の枝にぶらさがっている。しかもたった1種類の木，セクロピアにしかすまず，その葉しか食べない。だが，さいわいなことにセクロピアは南アメリカの森林に無数に生えており，容易にみつけることができる。ナマケモノを襲う捕食動物はほとんどいない。それどころか，ナマケモノのすむ樹上の高い位置までのぼってゆける動物がほとんどいないのである。その上，食物であるセクロピアをめぐる競争者もない。こうした幾重もの安全保証の中で，ナマケモノはなかば眠ったような生活にひたることができた。ナマケモノは完全な冬眠とほとんどかわらないとみえるような状態に，ふだんからしずみこんでいるのである。ミツユビナマケモノは1日24時間のうち，18時間を眠ってすごす。身体を清潔に保つことにはほとんど関心がなく，かたい毛には緑色の藻類が生えている。そしてさらにその藻類を食べるガの幼虫が毛皮の奥深くにひそむといったぐあいである。ミツユビナマケモノの筋肉はきわめて貧弱なもので，ほんの短い距離を移動するのに，時速1キロのスピードすら出せないというしろものだ。彼らがなしえる最も敏捷な動きは鉤爪つきの腕をひと振りするときのその動きである。ミツユビナマケモノは事実上声を出すことがない。聴覚もきわめてにぶい。たとえ，10センチか20センチの近距離で銃を発射したとしても，ゆっくりとふりかえり，眼をしばたたかせるといった程度の反応しかみら

れない。嗅覚はわれわれ人間よりはましなようだが，それすらほかの多くの哺乳類にくらべれば，まったくおそまつなものにすぎない。こうして，ミツユビナマケモノはただ1匹で食べ，そして眠る孤独な生活を送っている。

そうはいっても，ナマケモノにも何らかの形の社会生活があるはずだ。だが，いったいこれほどぼんやりとした，感覚のにぶい動物が，交尾の相手をみつけ出すことができるのだろうか。ここに1つの手がかりがある。ミツユビナマケモノの消化の速度は，その他の身体的活動と同じように，とても遅く，排便と排尿は1週間に1度しかない。驚くべきことにミツユビナマケモノは週1回のこの排泄をわざわざ地面に降りてきて，しかもいつも同じ場所で行なう。これはナマケモノが危険にさらされる唯一の瞬間でもある。地上であればジャガーも容易にナマケモノを襲うことができる。直接には明らかに不必要と思える危険をわざわざおかすからには，そこに何らかの重要な意味がかくされているにちがいない。ミツユビナマケモノの糞と尿にはきわめて刺激性の強いにおいがある。しかも嗅覚はミツユビナマケモノがもつ唯一のひどくはぼけていない感覚能力である。だからナマケモノの排泄物の塚は森の中でほかのナマケモノがすぐにみつけだすことのできる唯一の場所となる。つまり，他の個体に，そう，1週間に1度かそこら出会える望みのある唯一の場所なのである。ナマケモノの排泄物の塚は，また出会いの場所でもある。というのも，発情期になると雌は地上に毎日おりてきて，自分が交尾する気満々だと告げるひとかたまりの糞を残していくからだ。

森林の林床は植物が豊富だとはいえない。場所によってはあまりにも光が少ないために，林床は落葉の厚いしめった層だけからなることもある。そこでは，ときおりわずかのキノコが顔を出しているだけだ。だが，木々の上の部分，つまり樹冠をつくる葉の層がいくらか薄い場合には，森林内に灌木の層がつくられ，地表には草と若木が生える。アフリカとアジアの森林では，このような林床の植物が小形のアンテロープ，マメジカ，それにダイカーの食物となっている。ほぼイヌと同じくらいの大きさをしたこれらの小有蹄類は，とても用心深く，その姿をみることもむずかしい。だが長時間待った末，1頭のダイカーあるいはマメジカが木もれ陽のもれる木陰から姿を現わし，注意深く葉を選びながら，繊細な動作で少しずつつみとるのを観察できたとしたら，だれもがその垣間みた森の生活を忘れることができなくなるにちがいない。ダイカーも独自の進化史を重ねた動物だが，5000万年の昔にすでにこうした森を，彼らによく似た反芻動物が徘徊していたのだ。

マメジカやダイカーなどの小有蹄類がアジアとアフリカではたしている生態学的な役割を，南アメリカでは齧歯類に属するパカとアグーチがはたしている。これら2種の齧歯類は，マメジカなどの小有蹄類とほぼ同じくらいの大きさの動物で，姿もよく似ている。そして同じように単独性の生活をおくっている。何らかのちがいがあるとすれば，それは，彼らのほうがマメジカよりもいっそう神経質で用心深いということだろう。ほんのわずかでも危険の気配が感じられたり，未知のにおいが鼻先をかすめると，彼らは恐怖にとらえられ，大きな輝く眼であたりを凝視しながらじっと体を硬直させて不動の姿勢にはいる。そこで，小枝がぽきっと折れる音でもしようものなら，森の中をまっしぐらにつっ走って逃げてしまう。

森の中のさらに丈の高い灌木や若木の葉を食べるためには，ダイカーやアグーチよりも，もっと体が大きくなければならない。そしてどの森にも，そのような生きものの小個体群が棲息している。小はポニーから，大は普通のウマと同じくらいの大きさの植物食動物がそれである。彼らはかなり用心深く，ひっそりとした生活をおくっている上に個体数が少ないので，ほとんど人間に姿をみられることがない。マラヤと南アメリカの森林では夜行性のバクが，また東南

繁殖プログラムのもとにある，食事中のスマトラサイの雌（*Dicerorhinus sumatrensis*）。インドネシア，スマトラ島，ウェイカンバス国立公園。

シカにしのびよるベンガルトラ（*Panthera tigris tigris*）。インド，ラージャスターン，ランタンボール国立公園。

アジアの一部ではスマトラサイがそのような動物に相当する。スマトラサイはわずかに毛の生えた皮膚をもつ，サイ類中最小の動物である。今日では残念なことにあまりにも数が少なくなってしまっている。コンゴの森ではキリンの原始的な親戚にあたる首の短いオカピがこの種の動物に相当する。オカピはこれらの動物の中では最も体が大きな部類に属するが，とても用心深く，科学者によって発見されたのは最も遅かった。20世紀の初頭まで，生きたオカピをみたヨーロッパ人は1人もいなかったのである。

これらの地上にすむ森林生活者たちは，体の大きなものも，小さなものも，おしなべて単独生活をおくっている。その理由を理解するのは，さしてむずかしいことではない。光が大幅にさえぎられてしまう森林の林床には，かぎられた土地でたとえ短期間にせよ動物の大きな群れを養うに足りるほどの葉を生産する余力がほとんどない。また，かりに複数個体からなる群れを維持してゆこうとすると，群れを統合するための何らかのコミュニケーションが個体相互の間でかわされる必要がでてくる。だが，森林では少し離れるとすぐに仲間の姿が見えなくなるし，音声による合図はいたずらに捕食者の注意をひくばかりである。こうしたことから，マメジカ，アグーチ，バクなどが，つがいまたは単独で生活しているのには，もっともな理由があるわけである。彼らは，糞やあるいは眼の近くにある腺から出す分泌物のにおいでテリトリーを標識し，自分自身はテリトリー内の茂みの中にとけこむようにして身をかくしている。いざというときに逃げこむことのできる安全な隠れがが，テリトリー内のどことどこにあるかも，よく調べて知っているのだ。

彼らを捕えようとする捕食獣のほうもまた単独生活をおくっている。ジャガーはバクに忍びより，ヒョウはダイカーを急襲する。食べられるものなら，ほとんど何でも食べるクマも，チャンスさえあればマメジカに打ちかかるだろう。ジェネット，ジャングルキャット，シベット，そしてオコジョなど最も小形の捕食者たちは，大小のネズミ類のほか小鳥や爬虫類を求めて徘徊する。

あらゆる捕食者の中で，肉食生活に最高度に特殊化しているのはネコ類である。彼らの爪はふだんは鞘の中にひっこめることができ，したがって，つねに鋭く保っておくことができる。ネコ類はこの鋭い爪でまず獲物をおさえこみ，ついで犬歯によるするどい一撃を頸部に加える。犬歯の先は頸椎をつらぬいて脊髄に達し，獲物を即死させるのである。犬歯の後方に位置する前後に長い裂肉歯は，肉食動物の特色といってもよいもので，獲物の皮や肉をハサミのように切りとることができる。さらにその後方に位置するノコギリ状の臼歯は骨をくだくのにつかわれる。いわばネコ類の歯は殺しの道具なのである。ネコ類，イヌ類とも真の意味での咀嚼はしない。彼らは食物をひと口分に切りきざむだけで十分で，そのままのみこんでしまう。肉は葉や樹皮に比較してはるかに消化しやすく，捕食者の胃は，他の助けをかりる必要がほとんどないのである。

暗い夜の森の中で捕食者と植物食者の間に展開される待ち伏せと逆探知，急襲と逃走の孤独な闘いは，きわめて古い時代の森林で，彼らの祖先の間に確立された古い戦術をそのまま受けついだものである。だが，今から約2500万年前にもう1つまったく新しいタイプの戦術が出現した。世界の気候の変化，ひいては植生の変化が，これらの主役たちを森陰から，陽のあたる開けた場所へとひきずり出した。この地球上にはじめて草原が姿を現わしたのである。

草原をつくる禾本科植物（イネ科の植物）の草本は，葉に直接根がついた一見単純なつくりの原始的な植物にすぎないようにみえるかもしれない。だが，事実は高度の発展をとげてきた植物である。小さな遠慮がちの禾本科植物の花は，花粉の媒介を昆虫にたよらず，自由に吹き

次見開き
スプリングボック（*Antidorcas marsupialis*）をとらえたヒョウ（*Panthera pardus*）。ナミビア，エトーシャ。

ぬける風に依存している。彼らの茎は地面すれすれに，あるいは地表直下を水平にのびている。草原を襲う野火が，たとえ乾燥した葉をなめつくしたとしても，炎はたちまち通りすぎ茎や根までも傷つけることはほとんどない。禾本科植物はすぐに新しい芽を出すことができる。というのは，禾本科植物の芽は，樹木のそれのように茎の先端からではなく，根本からふき出るからである。このことはまた，植物に依存する動物にも大きな利益をもたらした。たとえ葉のすべてを食べつくしても，草は生きつづけ，まもなくおかわりをつくり出してくれることになるからである。

　一方，禾本科草本のほうも，動物から利益を引き出すことができる。動物たちは灌木や木の若木を食べ，ふみつけて，それらの植物が草原に根をおろすのを妨げる。もし，このような動物の働きかけがなかったとしたら，草は光をうばわれ，草原は最終的に森林と化してしまうだろう。草原の発展と草食動物の進化は相互に関係しあって，一歩一歩前進してきたものと思われる。

　もちろん草原は草食動物だけをひきつけるわけではない。隠れ場所のない開けた草原の草食動物は，食物を求めて森林を出た捕食者の絶好の的となった。心配のいらないのはゾウやサイなど体の非常に大きな菜食主義者たちだけだった。森林の中で暮らしている間は，彼らの祖先も音をたてずに，また楽に木々の間を歩く必要があったため，そう大きくはなれずにいた。しかし，森林の外に出たここ草原ではそのような制約も失われ，さらに大形化した。その結果，彼らの巨大な体と厚く丈夫な皮膚に対処できる肉食動物はもはやいなくなった。だが，それほど巨大ではない生きものたちにとって，草原は食物にめぐまれている一方，危険に満ちた場所でもあった。

　草原の小動物の中には，地下のトンネルに安全を求めたものたちがいる。草原はトンネルを掘る動物にとって最適の場所である。地中には太い木の根がはり出しているようなことがないし，どうにもならない根のからみあいもない。動物たちは自由に大規模な地下街を，何の妨害も受けずに建設できた。こうして，草原の地下には数多くの動物が進出するようになったのである。

　草原の穴掘り動物の中で最も高度に特殊化した種の1つが，東アフリカにすむ奇怪な齧歯類，ハダカデバネズミである。ハダカデバネズミは植物食で，草の葉はもちろん，根，球根，それに塊茎を食べる。彼らは家族群で生活しており，その地下住居は共同大寝室を中心にして育児室，貯蔵室，それにトイレの備わった精巧なものである。アフリカの平原の，乾燥していてしかもあたたかな土の中でもっぱら地下生活を送る間に，ハダカデバネズミの体は劇的ともいえる変貌をとげた。彼らは眼を失い，体のあらゆる毛を失った。しわのよった灰色の皮膚でおおわれたソーセージ形の体は，巨大化し，口の外に突出した門歯によって，いっそうグロテスクなものとなっている。門歯は口の外で半月形のカーブを描くほど大きい。このハダカデバネズミの門歯は食事の道具であるばかりでなく，トンネル掘りの道具でもある。土の中をかじりながら掘り進むという方法は，明らかに味覚の点で望ましくない仕事になるように思われるが，しかし，ハダカデバネズミは他の多くの齧歯類が用いるのと同様のテクニックで，土が口の中にはいるのをふせいでいる。すなわち，彼らはこのとほうもなく巨大な門歯の後方で唇を閉じることができる。そこで，歯がいそがしくトンネルを掘っている間中，口をぴったりと閉じていられるのである。

　トンネルはチームの協同作業によって掘られる。まず先頭の1頭が熱狂的なスピードで土をかじる。そしてかじりとった土をすぐうしろにいる次のメンバーの顔に向けて一直線にけりとばす。2番目のハダカデバネズミは土が顔にあたるのをさして気にする様子もみせずに，両肢の間からさらに次のメンバーの顔に向けてそれをけりとばす。こうして次々に土はけりとばさ

れ，ついには列の最後のメンバーがトンネルの末端から地表へと乱暴にけり出すのである。ハダカデバネズミのすむ草原には，こうして掘り出された土の円錐状の小山が点在し，穴の口からは，小さな火山のように砂がふきだしているのがみられる。

　ハダカデバネズミを捕えて食べることのできる捕食者は，たとえいたとしても，ごく少ない。ハダカデバネズミはイヌ類やネコ類よりもすばやく動くことができるし，地表に出る必要もほとんどないからである。だが，同じトンネル生活者でも，草の根ではなくて，もっぱら葉を食べる種はどうしても食事をしに穴から姿を現わす必要があり，そのときかなりの危険がつきまとう。北アメリカの平原には，誤解をまねきかねない命名ながらプレーリードッグとよばれる，アナウサギよりやや小形の齧歯類がすんでいる。プレーリードッグは日中地表に出て草をはむ。同じ平原にはコヨーテ，ボブキャット，クロアシイタチ，そしてワシタカ類が徘徊している。これらの捕食者たちは，いずれもチャンスさえあれば喜んでプレーリードッグにありつきたいという連中である。プレーリードッグはこの危険に対して，高度に組織化された社会システムを確立し，協力して防衛にあたるという戦術を発達させてきた。

　プレーリードッグは約1000頭もの個体からなる町（タウン）とよばれる集団をつくる。タウンはおのおの約30頭の個体からなる多数の村（コウテリー）にわかれる。コウテリーのメンバーはおたがいによく知っており，おたがいの巣穴もトンネルで連絡しあっている。コウテリーの安全は常に何頭かの歩哨によって見守られている。歩哨はトンネルの出入口をとりまく土塁の上にまっすぐ上半身を起こして坐る。そこからだとコウテリー内のできごとがいちばんよくみえるからである。敵の接近を発見した歩哨は口笛のように聞こえる一連のほえ声をあげる。この警戒声は，敵である捕食者の種類に応じて異なっているので，コウテリーの仲間たちは単に危険が近づいたということばかりでなく，それがどういう危険であるかも知ることができる。警戒声は近くのプレーリードッグによって次々に反復され，ついにはタウンじゅうにひろがって，あらゆる個体が警戒体制にはいる。といってもタウンの居住者たちはただちに巣穴に逃げこむわけではない。トンネルの出入口近くの戦略位置につくのである。プレーリードッグは後肢で立ち上がって，侵入者を監視し，そのわずかな動きもみのがさない。こうして，たとえば1頭のコヨーテがタウンをかけ抜けようとするならば，プレーリードッグの警報はすでにコウテリーからコウテリーへとひろまっていて，コヨーテはつねに自分をにらむ住民たちの視線に出会うのである。プレーリードッグは侵入者をじらすようにすぐ近くまでやってくる。そして，ひょいとトンネルにもぐってしまう。

　もちろん，プレーリードッグの社会生活は侵入者からの防衛時にのみ展開されるわけではない。成獣は自分のトンネルの出入口で，警戒声とはちがった別の種類の口笛をふくような声を発しながら，あいきょうのあるかっこうでちょっととびはねることによって，巣穴の所有権を仲間に主張する。繁殖期にはいるとコウテリーのメンバーはおたがいに自己主張が強くなり，孤独を守り，仲間が自分のテリトリーにはいることをけっして許さない。だが，繁殖期が終わると，彼らは緊張を解き，タウンの中を歩きまわり，おたがいのテリトリーにも出入りする。テリトリーの持ち主は，はいってきた個体に慎重に近づき，まずいくぶんひかえめにキスをかわしてから，相手の肛門腺のにおいを調べて，すでに顔見知りのものかどうかを知ろうとする。その結果，もし知りあいではないことがわかれば，2匹は離れ，訪問者はやがてそこを立ち去る。だが，2匹が同じコウテリーのメンバーどうしであることがわかれば，彼らは口をあけてキスをし，おたがいにやさしく毛づくろいしあう。そして，いっしょに隣りあって草をはみにいくことがよくある。

巣穴をとりまく土塁の上に陣取るオグロプレーリードッグ（*Cynomys ludovicianus*）。アメリカ，サウスダコタ州，バッドランズ国立公園。

　プレーリードッグは草を大量に，また活発に食べるため，好みの植物はたちまち食べつくされてしまう。するとプレーリードッグは，食事場をテリトリー内の別の場所に移し，しばらくの間前の草地を休ませ回復させる。プレーリードッグはセージを好まない。だが，セージは彼らのすむ草原には比較的多く，しかも丈夫な植物である。そこでプレーリードッグは，セージが自分のテリトリーに生えはじめると，それを食べずに切り落とす。その結果，彼らの好みの植物のための場所があく，というわけだ。

　南アメリカのアルゼンチンのパンパスではプレーリードッグと同じ生態学的な役割を，スパニエル犬ほどの大きさのモルモットの仲間であるヴィスカチャがはたしている。ヴィスカチャも密度の高い生活共同体をつくり，明け方と夕暮れの薄明かりの中でともに草をはむ。ヴィスカチャの顕著な斑紋は薄明時に活動する多くの生きものがもつおたがいの識別のためのしるしである。顔面のふとい黒と白の横縞がそれだ。ヴィスカチャはトンネルの出入口にケルンをたてる。トンネル掘りのさいちゅうに手ごろな大きさの石をみつけると，彼らは地表まで労をおしまずに運びあげ，石の山のいちばん上に投げおろす。さらにもう1つ，ヴィスカチャは勤勉な農夫と同様，草地に落ちているあらゆるものを，石の場合と同じように処理する。もし，ヴィスカチャのコロニーの近辺で何か落とし物をしたら，落とした地点ではなく，ヴィスカチャのケルンの頂上をさがしてみる必要があるわけだ。

　ヴィスカチャは，パナマ地橋が最初に南北両アメリカ大陸をつないだとき，地橋づたいに北アメリカから南アメリカに移住し，その後地橋が消滅するとともに南アメリカに孤立させられ

た，一群の初期の有胎盤哺乳類の子孫である。当時，森林にアリクイ，アルマジロ，サルの仲間などのユニークな動物たちがすみついたのと同様，草原にもいくつかのタイプの有胎盤類がはいりこんでいる。それらの動物の中には，珍奇な動物に発展したものもある。そのうちの2つが，すでに述べたオオアリクイと2メートルにたっする甲をもつ絶滅したアルマジロの1種である。ヴィスカチャだけがこの初期の移住者たちの生き残りというわけではない。茶褐色をした小形のテンジクネズミ（モルモット）の仲間がいる。だが，非常に古い時代にはたいへん大形になった草食動物がおり，現在それらはすべて絶滅している。たとえば，ラクダに似た姿で背丈がゾウほどもある種がいた。またあるナマケモノの近縁種はさらに大形で，体長7メートルにたっした。この地上生のナマケモノは地ひびきをたてて歩きながら木の葉を食べた。

　パナマ地橋が再び両大陸をつないだとき，再度北アメリカから新しいタイプの生きものが南アメリカに侵入し，同時に，南アメリカで進化していた奇怪な大形獣の多くが姿を消した。巨大なラクダも，地上生のオオナマケモノもともに死に絶えた。だから，19世紀の末に，南アメリカ大陸の最南端のパタゴニアで，ドイツ系の一植民者がオオナマケモノの比較的新しい遺骸を発見したというニュースが，一大センセーションを巻き起こしたのも当然だろう。その植民者は自分の土地にある洞窟を探険していた。そして，洞窟内部を2つに仕切っているようにみえる奇妙な丸石の列の奥に，つみかさなった巨大な骨と，茶色のもじゃもじゃの毛におおわれた幾片かの動物の皮——その中には骨がみえた——と数個の新しそうな動物の糞をみつけたのである。彼は皮の1つをもちかえり，くいにかけ，自分の土地の境界のしるしにした。数年後，スウェーデンの旅行家がその皮の奇妙さに気づいた。結局それらの標本はロンドンの自然史博物館に落ち着き，オオナマケモノの遺骸であることが確認された。標本はごく新しいものと思われたので，一部の研究者は，オオナマケモノがまだ生存しているにちがいないと考えた。洞窟内の丸石の列は，人間のつくった壁の基礎のようにみえたし，糞にふくまれていた未消化の草の茎は，ひきぬかれたのではなく，切りとられたかのような鋭い端をしていた。そこで，何人かの研究者たちは，先住民がこの巨大な怪物たちを洞窟の中に追いこんで，壁のうしろにとじこめ，刈りとった草の束を与えて，半ば家畜のように飼育していたのだろうと考えた。

　想像力をかきたてるこのオオナマケモノ生存説は，長い間確証が得られなかった。また，それを否定する事実も現われなかった。しかし，今日では残念ながら，オオナマケモノが最近まで生存していた可能性は少ないとみられている。オオナマケモノの遺骸が発見された洞窟に実際に行って目でたしかめると，それがきわめて壮大な洞窟であり，図などでみたかぎりでは洞窟内を仕切る壁の基礎のようにみえた，奥にある大きな丸石の列は，くずれ落ちた天井の一部以外の何ものでもないことがわかる。また，洞窟の空気はたいへん乾燥しているうえに，温度もごく低い。糞が新鮮にみえたのも，要するに凍結乾燥の結果なのである。洞窟を訪れる人が多くなった今日では，もちろん洞窟近辺の荒野にウシの2倍もの体をもつ巨獣が人間に気づかれずに生き残っている可能性はまったくない。だが，人間が南アメリカのパタゴニアに到達したのは，今から8000年ないし1万年の昔のことであるが，オオナマケモノがこの地域から姿を消したのもそれとほぼ同時期なのだ。ということは，このもそもそと歩いたにちがいない奇怪な巨獣をその目で見た人間がいたことになる。彼らがオオナマケモノを絶滅させた張本人であるかもしれないわけではあるが。

　ナマケモノが南アメリカで進化しつつあった同じ時期に，パナマ海峡の反対側，北アメリカの平原ではまったく別の系統の草食動物が進化しつつあった。ウマ類がそれである。彼らの祖先は森林にすむ動物で，バクに似ていたが，体はマメジカぐらいの大きさしかなかった。臼歯

トムソンガゼル（*Eudorcas thomsonii*）の群れ。ヌーの群れが遠くにみえる。ケニア、マサイマラ国立保護区。

は咬頭がまるく，森林の中で木の若葉を食べるのに適していた。森林から平原に進出すると，敵の攻撃をかわす必要から，彼らはしだいに高速走行能力を身につけるにいたる。はじめのころの種は，前肢に4本，後肢に3本の蹄をもっていた。速く走るためには，より長い四肢と強力な筋肉が必要である。そこで彼らは長い時間をかけ，踵を地面から離すことで，四肢を長くした。最終的には，中指をのぞいて他の指は退化し，イヌぐらいの大きさの初期のウマは，長くなった中指のみをつかって走るようになった。指骨が長くのびたために，踵の骨は上方にずれて，肢をなかば上がったところに位置するようになり，中指をはさむその両側の指骨は退化して痕跡器官となったのである。また爪は，非常に早い時期からすでに肥厚をはじめ，走行時に衝撃を吸収して指先を保護する蹄となっていた。

変化したのは肢だけではない。平原の草はしだいに動物の咀嚼に耐える強度を身につけつつあった。草の葉は，その内部に硬質の珪酸（けいさん）の結晶をふくむようになり，これは動物の歯をひどく磨滅させた。そこで原始的なウマの歯のまるい咬頭は，象牙質の硬質のうねを備えた平らな臼状の咬頭へと変化し，サイズもいちじるしく大きくなった。草食動物の大きな弱点の1つは，草を食べている間ずっと，頭部を地表に向けていなければならないために，捕食者をみることがむずかしくなることである。この問題は，眼をより高い位置に移すことによって，ある程度解決される。それは，強大化した臼歯をおさめるスペースをつくる必要と矛盾するものではなかったので，ウマの頭蓋骨は前後にいちじるしく長くのびる結果となった。こうしてウマ類は，今日われわれのみる基本的な体型を進化させたのである。彼らは北アメリカの平原を征服し，ベーリング海峡が干あがると，アジアからヨーロッパにまで分布を拡大した。そして，さらに南へと

　進み，アフリカの平原にはいった。後にウマ類はその発祥の地である北アメリカでは絶滅し，今から約400年の昔，スペインの征服者たちの手によって再びもたらされるまで，姿をみることはなかった。一方，ユーラシアとアフリカでは，繁栄をつづけ，ウマ，ロバ，シマウマとなった。

　シマウマはアフリカの平原を他の走行性草食獣，すなわちアンテロープ類と共有することになった。アンテロープ類は，ウマ類が進化しつつあった時期と時を同じくして，彼ら自身の枠組みにしたがいながら進化していたのである。彼らの祖先は森林にすむ小形のアンテロープであるマメジカやダイカーであった。すでに森林生活をおくっている間に，彼らはある程度走行に適した長い肢を獲得していたが，それはウマ類の場合とは基本的に異なるものであった。すなわち，地面につける指の数が1本ではなく，2本であった。平原に進出すると，彼らの四肢はさらに長くスマートなものとなり，今日繁栄する分趾蹄をもつ草食動物，つまりアンテロープ，ガゼル，シカとなったのである。現在世界各地でみられる最も壮観な動物の集団は，これらの動物たちのものである。

　平原の緑の灌木林——そこには，わずかではあるが隠れ場所がある——にすむアンテロープ類，つまりディクディクとダイカーは，森林にすむ祖先たちの状態を，比較的よく保って暮らしている。体は小さく，灌木の葉を主食とし，単独あるいはつがいで一定の地域を標識し，防衛して，テリトリーを形成するのである。これに対して，もはや身をかくすすべの何もない平原の中央部に暮らすアンテロープ類は，身の安全を数にたよっている。彼らは大きな群れで生活し，草をはみながらも，しじゅう頭をあげては周囲をみまわす。このように多数の鋭い眼と鼻によって警戒されていると，単独の捕食者が群れのふいを襲うのは，事実上不可能に近い。かりに攻撃の

チャンスをつかんだとしても，逃げまわる群れが相手では，あまりに標的が多すぎてとまどうだけである。一群れのインパラが突然何百頭もの個体へとはじけ散る。3メートルもの高さに，舞い上がるようにジャンプしながら，すべてが異なる方向へと走り去る様子は壮観でさえある。

　多数の個体が群れをつくってともに生活するためには，食物となる草が大量に必要である。そこで群れは広大な地域を定期的に移動することになる。ヌーは50キロのかなたのにわか雨を探知する能力をもち，必要があれば移動して，新たに芽ぶいた草を食べることがある。かつて森林の中でつがいを生活の単位として暮らしていたときには，繁殖は単純な問題だった。だが，大きな群れで移動生活を送るとなると，繁殖を円滑に行なうための複雑な社会組織が必要になる。いくつかの種，インパラ，ガゼル，スプリングボックなどでは，それでもテリトリー制が社会組織の基本に残っている。これらの種ではふだん雌雄は別々の群れをつくって暮らし，繁殖期にはいると，順位の高い雄が群れを出て，テリトリーをつくる。彼はテリトリーの境界を標識し，他の雄を排除する。と同時に雌をそこに引きいれて交尾する。テリトリーを守り，雌と交尾する雄の労力は非常なもので，多くの雄は三ヵ月もすると体力が衰え，健康を害するほどとなる。そして，ついには休養を十分にとってきたライバルの雄にテリトリーをゆずり渡さざるをえなくなり，もとの雄の群れにもどるのである。テリトリー制とのつながりを完全にたち切っている数少ない動物には，ヘイゲンシマウマともっと体の大きなアンテロープであるエランドがいる。彼らの群れは必ず両性をふくむ構成をとり，雌をめぐる雄相互の調整はそのつど争うことによってつけられる。

　平原にすむ捕食者たちは，足の速い草食獣を捕えるために，走行技術を大幅に高める必要に直面した。彼らが足指の数を減らして，蹄で走るようにならなかったのは，おそらく，攻撃用の武器としての強力な爪を備えた指をなくしてしまうわけにはいかなかったからだろう。走行能力を高めるために，彼らはもっと別の方法を採用した。すなわち，脊柱を極度にしなやかなものとすることで，四肢を効果的につかえるようにしたのである。高速走行時には，脊柱がしなやかに彎曲し，いっぱいにのびた前・後肢が体の下でたがいに重なりあう。細長い体をもつチーターは，地上で最も走るのが速い動物といわれ，フルスピードで時速110キロを出すことができる。だが，この方法は多量のエネルギーを消費する。なぜなら，重い脊柱を前後にはね返らせるのに筋肉が大きな負担をしょいこむからで，チーターの場合最高速度をせいぜい1分程度しか保つことができない。数百メートル以内で獲物に追いつき殺すことができれば成功である。だが，そうでない場合には，疲れが出て，獲物を見送らなければならない。彎曲しない背と長い四肢をもつアンテロープは，はるかにスタミナがあるからである。

　ライオンはチーターのように速く走ることができない。彼らの最高スピードは時速約80キロである。ライオンの獲物となるヌーはこれと同じ程度のスピードを出せるうえに，高速走行の持続時間がずっと長い。そこでライオンが狩りに成功するためには，かなり複雑な戦術を発達させることが必要だった。その1つがそっと忍びよる方法である。ライオンは，ほんのわずかの物陰でもそれを利用し，体を地面にぴたりとつけながら少しずつ獲物に接近する。ライオンのもう1つの戦術が，プライドとよばれる群れのメンバーの協力である。ライオンは単独で狩りをすることもあるが，たいていの場合はチームを組んで行なう。ライオンの狩猟チームは横に1列にひろがって出発する。獲物であるアンテロープ，シマウマ，ヌーなどの群れに接近するにつれて，列の両端に位置するライオンは進行のスピードを増し，その結果，ライオンたちは獲物の群れをとりかこむことになる。こうして彼らは，しばしば一時に数頭の獲物を捕獲するほどの成果を生むことができるのだ。1回の狩りで，7頭のヌーを捕えた例が，これまでに観察されている。

シマウマ (*Equus* sp.) を狩る雌ライオン (*Panthera leo*)。ケニア，マサイマラ国立保護区。

　ハイエナはライオンよりもさらに高速走行能力に劣る。彼らのようやく出せる最高速度は時速65キロ程度にすぎない。そこで彼らは，ライオンよりもいっそう巧妙な狩りの方法をもたねばならないし，よりチームワークにたよらねばならない。ハイエナの雌は育児専用の巣穴を個別にもっているが，活動は群れ全体として行ない，テリトリーも群れで共有し，協同して防衛にあたる。群れの統合がうまく保たれているのは，ハイエナのもつ豊富な音声と身ぶり言語によるスムースな意志の伝達のおかげである。音声の語彙にはウーッといううなり，ウォッという叫び，ブーブーいう鼻ならし，キャンキャンいう泣き声，あわれっぽい鼻声，そして，ときにはぞっとするような笑いのコーラスなどがある。身ぶり言語では尾が特に表情にとんでいる。リラックスしているときには，尾は下にさげられている。直立した尾は攻撃の気分を表現し，尾の先が背中ごしに前方を指す場合には仲間どうしの社会的な興奮状態を，後肢の間から腹の下にぴったりつけられた場合には恐怖を示している。これらのコミュニケーションの手段によって，ハイエナは高度に統合された狩猟を行ない，大いに能率をあげている。そのため，アフリカの平原の一部では，獲物の捕殺の大部分をハイエナが行なっているほどで，ライオンは単に体が大きく，より強力であることを利用して彼らをおどし，その獲物を奪いとるのである。このハイエナとライオンの間の関係は，一般に考えられているのとはまさに逆である。真実は，むしろライオンのほうが屍肉食者なのである。

　ハイエナの狩りは，ふつう夜に行なわれる。ときにハイエナは2，3頭の小グループで出かけることがあり，そのような場合によくねらわれる獲物はヌーである。彼らは，まずヌーの群れに向かって突進し，ついで速度を落として，逃げてゆく獲物たちをじっくり観察する。この

突進は一種のテストであって，それぞれの個体にどんな弱点があるかをみきわめようとしているかのようにみえる。最終的に，ハイエナは多くのヌーの中から特定の1頭を選びだし，その個体を執拗に追跡しはじめる。ゆっくりと獲物のあとを走り，踵にとびついて刺激する。こうしてさんざんかりたてられたヌーは，ついにハイエナに向かってふり返り，面と向かって対峙する。獲物の運命は，まさにこの瞬間にきまるといってよい。ヌーが1頭のハイエナのほうに向いている間に，もう1頭が脇腹に突進し，犬歯をつきとおしてくらいつく。こうなるとヌーはもはや無力である。たちまちのうちに腸を引きずり出され，殺されてしまう。

　シマウマを捕えるのは，ヌーの場合よりもむずかしい。そこで，ハイエナは大きなチームをつくって出発する。彼らは出発前に，すでに目標はシマウマであることを決めているようにみえる。夕方，いつもの集合場所に集まり，ていねいすぎると思われるほどくりかえしあいさつをかわす。おたがいに，口，頸，頭などのにおいをかぎあい，頭と尾をたがいちがいにして立ち，会陰部をかぎ，なめあう。こうしてあいさつが終わると，チームは狩りに出発する。途中，彼らはテリトリーの境界にくると，立ちどまって尿で標識をつけなおすこともある。またときには，進行をとめ，ある特定の場所に群っておたがいのにおいをかぎ興奮して半狂乱におちいることもある。だが，みたところ，この儀式が行なわれる場所はほかの場所とちがうようには思えない。この儀式の意味は，チームの団結をくりかえし確認しあう点にあるらしい。ハイエナは，このようなグループをつくっている場合には，たとえヌーの群れの近くを通りかかっても無視して走り去ってしまうようだ。そして，ついに一群のシマウマを発見し，狩りがはじまる。

　シマウマの家族群は6,7頭からなり，ふだんは雌のリーダーに率いられており，危険時には，群れの中にいるただ1頭の雄を中心にして，この家族群単位で逃走する。雄は警戒のいななきで群れをまとめ，走らせる。彼は逃走する群れのしんがりをつとめ，追い迫ってくるハイエナと，雌や仔との間に割ってはいる。ハイエナが近づくと，雄はとまって向きを変え，ハイエナの群れを力強く蹴ったり噛んだりして攻撃し，さらにはハイエナのリーダーを追いまわす。ついにこの群れは落伍し，かわってほかの群れがシマウマを追うことになる。そしてとうとう，ある群れが，雄ウマを追いこし，雌あるいは仔にとびつきはじめる。追跡は残酷につづき，とどまるところをしらない。やがて，1頭のシマウマが肢か腹，あるいは生殖器のあたりをハイエナに噛みつかれ，引き倒される。おそれをなした家族群のほかのシマウマが安全な場所へと走る間に，ハイエナたちはシマウマに群がり，遠ぼえをしたりウォッという叫び声をあげながら，たちまち体を引き裂いてしまう。15分もすれば，シマウマの体は，皮や腸や骨それに頭蓋骨をのぞいてきれいに消えてしまうことになる。

　草食獣のスピードに対抗するには，捕食者たちは狡猾さとチームワークを身につける必要があった。それはネコ類とイヌ類の得意とするところとなった。だが，ほかの生きものたちも狩りのために森林から草原に進出してきた。そのうちのあるグループは，動物としては特に敏捷さに欠け，身に備わった武器もきわめて貧弱なものだった。そこで，彼らにとっては，チームワークをよくすることとコミュニケーションの手段を発達させることが，ネコ類やイヌ類にも増して重要なことだった。ついに彼らは草原の捕食者の中でも，最も狡猾で策略にとんだ，また複雑なコミュニケーションのシステムをもった動物になった。だが，彼らの歴史をたどるためには，われわれは今一度森林にもどってみる必要がある。なぜなら，彼らは森林に起原をもち，かつては木の上のほう，すなわち樹冠部で果実ややわらかな葉をあさっていたからである。

12

木の上の生活

　かりにわれわれが今，木から木へと枝上を渡り歩く樹上生活を送ってみたいと考え，それを実行してみるならば，われわれ人間が身に備えている2つの能力，すなわち距離を測定する能力と枝を把握する能力が非常に役立つことに気づくだろう。第1の能力は，顔の前面にならんでついた左右1対の眼によっている。この眼の配置のおかげで，われわれは1つの対象を両眼で同時にみることができ，対象との距離を測定することができる。そして，もう1つの能力は，いうまでもなくものをつかむことのできる指を備えた手によっている。現生の哺乳類をみわたしてみると，約200種がこれら2つの能力と，それにともなう体の特徴を備えていることがわかる。この200種には，キツネザルその他の原猿類，ニホンザルなどサル類とよばれるグループ，チンパンジーなどの類人猿，そしてわれわれ自身の種である人間がふくまれており，われわれはこのグループ全体を，いくぶん手前勝手に"霊長類"と呼んでいるのである。なおサル類と類人猿は，原猿類に対して真猿類とよばれている。

　ゾウ，コウモリ，クジラ，イヌ，アリクイなどのような哺乳類の祖先であると考えられているトガリネズミに似た初期の哺乳類が，霊長類の祖先でもあったことは疑いない。実際，東南アジアにすむハネオツパイは，かつて霊長類と分類されたことがあったほど，霊長類に似かよっている。今日では遺伝学上のデータから，そうした分類は誤りであるとわかっている。ハネ

木の上の生活

オツパイの学名である*Ptilocercus lowii*のPtilocercusは"羽毛の生えた尾をもつ"という意味であり，霊長類の原型であるとかつて考えられたツパイの近縁種である．現在，霊長類の初期の祖先はハネオツパイときわめてよく似た外見をしていたということで，大方の専門家の意見も一致している．

このハネオツパイ（英語ではPen-tailed tree shrew〔筆先のような尾をもつ，木の上にすむトガリネズミ〕とよばれるが，じつはトガリネズミではない）は，霊長類の特徴と言われる2つの形質のどちらももっていない．ハネオツパイの前肢の指は長く，1本1本離れているが，親指を他の4本の指に対向させることはできず，したがって真の把握能力はない．また，指の先についているのは鋭い鉤爪で，先のまるい平爪ではない．さらに，眼は大きく輝いてはいるが，長い吻ののびる頭の両側に離れてついているために，両方の眼の視野は部分的に重なりあうだけである．その名のとおり，ハネオツパイはリス同様木の枝の上を走りまわることができる．他のツパイとは異なって夜行性であり，そのために不可欠な大きな眼と耳と，長いひげをもっている．においはまた，ハネオツパイの社会生活の基盤ともなっている．彼らは，鼠蹊部と頸部にある腺から分泌されるにおいや尿によってなわばりを標識する．そして，においの感覚細胞を備えた広い鼻腔をつつむ長い鼻が，これらのにおいを敏感にかぎわけるのである．コンマ記号をさかさにしたような形の2つの鼻孔が鼻の先端に開き，その周囲はイヌの鼻と同じく裸出したしめった皮膚となっている．最も驚くべきは，ヤシの木の間を走りまわるハネオツパイは発酵したヤシの樹液を好んで飲み，人間なら具合が悪くなってしまう量のアルコールを摂取しても平気な顔で，足元をふらつかせることもない，という点だ．

いずれにせよ，少なくともこれらすべてを一見したところでは，ハネオツパイがサル類とはかなりかけはなれた動物であることは認めなければなるまい．だが，霊長類の中には，ハネオツパイと共通の特徴をいくつか備えていて，しかも他の点でははるかにサルらしい一群の動物がある．これらの動物は食虫類から霊長類への移行がどのようにして行なわれたかを示している．この一群の動物は"原猿類"あるいは"半猿類"とよばれている．

典型的な原猿類として，マダガスカルに棲息するワオキツネザルをあげることができる．この原猿はときに英語で"ネコキツネザル"（cat lemur）とよばれることがある．それは，彼らがネコぐらいの大きさで，やわらかな淡紅灰色の毛と前方を向くレモン・イエローの眼をもち，尾には黒と白の美しい輪模様を備えているからである．おまけに，彼らが最もよく出す鳴き声の1つは，ネコのニャーオという鳴き声とまぎらわしい．だが，ワオキツネザルがネコと似ているのはここまでである．すなわち，彼らは捕食者ではなく，他の多くの原猿類と同様に，主として植物を食べて生活しているのである．

ワオキツネザルは多くの時間を地上で群れをつくってすごす．彼らの鼻はハネオツパイほどには発達していないが，それでもプロポーションとしてはキツネのそれを思い起こさせるほど長いし，鼻孔は裸出したしめった皮膚によってとりかこまれている．ワオキツネザルはにおいの腺を3組もっている．1組は手首の内側にある腺で，棘状の硬毛の間に開口している．もう1組は胸部の上のほう，腋の近くにあり，さらにもう1組が生殖器の周囲にある．これらの腺によって，ワオキツネザルの雄はにおいの信号を次々に発射するのである．雌は雄にくらべると，においの信号を発することは少ない．森の中をそうぞうしく移動している群れの中から1頭のワオキツネザルの雄が進み出て，ある1本の木にたちよる．彼は注意深く木のにおいをかぐ．そして，まぎれもなくその木にかつて別のワオキツネザルがたちよっていることを確認すると，前足を地面において体を支え，体の後部を可能なかぎり高くあげて生殖器部を樹皮にこ

ウツボカズラの一種（*Nepenthes kinabaluensis*）が分泌する蜜をなめるヤマツパイ（*Tupaia montana*）．ボルネオ，サバ州，キナバル山中腹．

跳ぶコクレルシファカ (*Propithecus coquereli*)。北西マダガスカル,アンジャジャヴィ保護区。

すりつける。多くの場合,1分以内に群れの別の個体がやってきて,同じ作業をくりかえす。雄はまた,木を両手でつかみながら,肩を振り,左右に体をよじる。すると手首の硬毛が樹皮にこすれて,そこににおいのついたひっかき傷を残すのである。

ワオキツネザルの雄は,このようににおいを自分のしるしにつかうばかりでなく,ライバルを攻撃するための手段ともする。2頭の雄はまず,闘争にはいる前に,力強くぎゅっと腕を組み,くりかえし手首を腋の下の腺にこすりつける。次いで,尾を後肢の間を通して胸の前にもってきて,手首の硬毛でしごき,においをつける。こうして武装したライバルどうしは,よつんばいになって向きあい,腰を高くあげる。次いで,長く立派にみえる尾を立て,尾の毛を逆立てながら背中に向けてうちふり,においを相手にあおぎ送るのである。2つの群れがテリトリーの境界で出会うと,特に頻繁にこの闘争行動がみられる。闘争は1時間にもわたってつづけられる。彼らはまた,スキップをするようにぴょんぴょんとび,キーキーッと鳴きあい,大きく口をあけて相手を威嚇する。そして,興奮状態の中で,手首の硬毛を近くの木の樹皮にこすりつけ,においづけを行なうのである。

ワオキツネザルはこのように地上で行動することが多いが,しかしまた木にも登り,かなりの時間を樹上ですごす。樹上でみる彼らの行動は,地上でみるよりもずっとサルらしさがあり,彼らの霊長類としての特徴がおおいに役立っていることがわかる。彼らは,頭部の前面に位置する2つの眼によって1つのものを同時にみることができる。よく動く親指はほかの4本の指と向きあってついているので,木の枝をしっかりと握ることができる。また,指先についている爪は鉤爪ではなく先のまるい平爪である。したがって枝を握る際に爪がじゃまにならないばかりでなく,木の枝先に実る種子や果実,それに葉などを指で器用にとることができる。かな

り大形であるにもかかわらずワオキツネザルが木から木へとあぶなげなくとび移れるのは，まさにこれらの能力のおかげなのである。

　ワオキツネザルの赤ん坊は手の握る力を上手に利用している。ちなみに，ツパイの赤ん坊は地上につくられた巣の中に置かれる。おそらく，無力で抵抗するすべをもたない赤ん坊に捕食者たちの注意が向けられるのをふせぐためだろう，ツパイの母親は1日おきにしか巣を訪れない。これに対して，ワオキツネザルの赤ん坊は，生まれるとすぐに母親の毛をしっかりとつかみ，母親の行くところにどこへでもいっしょについて行くことができるし，常時母親の保護を受けることができる。ワオキツネザルはふつう1回に1頭，ときには2頭の子を産む。子をもつ雌はしばしば集まって母親グループを形成する。彼女たちは林床に坐ってともに休み，またたがいにグルーミング（毛づくろい）をしあう。グルーミングは，もともと体についた寄生虫やゴミを取りさり体をきれいに保つためのものであるが，結果として気分をよくする働きがある。そこで，おたがいにグルーミングをしあうことで，グループ内にはなごやかな楽しい雰囲気が流れる。子どもたちは雌ザルから雌ザルへと次々にまとわりつき，楽しく遊ぶ。ときには，特にやさしい雌に3，4頭の子がまとわりつくこともある。そして，となりに坐るもう1頭の雌が，かがみこんで子どもたちを愛情深く1頭1頭なめてやる姿がみられる。

　ワオキツネザルは，手にも足にも，ものをつかむことのできる指をもっている。しかも，前肢と後肢の長さはほぼ等しく，したがって彼らが地上あるいは木の枝の上を走るときには，前・後肢をともにつかう。だが，ワオキツネザルが，キツネザル類の典型というわけではけっしてない。マダガスカルにはほかに20種以上ものキツネザル類がすんでおり，それらの大部分は生活時間のほとんどすべてを木の上ですごす樹上生の種である。ワオキツネザルよりも体がいくぶん大きく，純白の美しい毛をもつシファカはジャンプの専門家である。シファカの後肢は前肢よりもはるかに長く，彼らはこの発達した後肢をつかって木から木へと4～5メートルも跳躍することができる。だが，驚くべき跳躍能力を獲得した代償として彼らは，ふつうの四足獣のように四肢をつかって走る能力を失っている。まれに地上に降り立つと，シファカは短い前肢のつかいようがなく，後肢で直立して，それを同時に動かしながら跳躍して進むことになる。それは彼らが木から木へとジャンプするのとほとんど同じ運動様式なのである。

　シファカのにおいの分泌腺はおとがい，つまり顎の先端の下面にある。彼らは，まっすぐ上方に向かってのびる木の枝に，おとがいをこすりつけて分泌物のにおいをしみこませ，テリトリーの標識とする。そして，さらににおいの効果を高めるために，同じ場所に尿をかける。腰をふりながらゆっくりと体を上にあげ，尿を枝の下から上へとかけてゆくのである。

　キツネザル類の中で，最も樹上生の傾向の強い種，つまり，最も地上に降りることの少ない種はインドリである。シファカの近縁種であるインドリは，現生のキツネザル類中最大の種で，頭胴長約1メートルに達する。インドリの尾は痕跡的に退化して，尻の毛の中にかくれてみえないほど小さく，体には白と黒のよくめだつ斑紋がある。インドリの後肢は相対的にみてもシファカのそれよりずっと長い。後肢の親指は他の4本の指の約2倍の長さがあり，大きな角度をなしてひらくため，まるで足全体が1つの大きなキャリパーのようにみえる。彼らはこの大きな足で，太い木の幹をもつかむことができる。また，インドリのジャンプは，おそらくあらゆる動物中最も壮観かつ驚異的なものといってよいだろう。おり曲げた後肢を急激にのばすことによって，インドリは直立する胴体を空中に打ち上げ，あたかも舞うようにはねとぶ。こうして森の中を進むインドリの姿は，まるで木の幹から幹へとはじきとばされているようにみえるのである。

インドリもまたにおいをつかって木に標識づけをするが，ワオキツネザルにくらべるとその頻度はずっと低いし，生活の中でにおいがそう重要な位置を占めるといったこともない。そのかわり，彼らは歌を歌ってテリトリーの所有を宣言する。毎朝毎夕，インドリの家族は，自分たちの所有地である森に，この世のものとは思えない悲しげなコーラスを響きわたらせる。コーラスには家族の全員が参加し，その上，おのおのが自分の好きなときに息つぎをするので，歌声は何分間もとぎれずにつづくことになる。また，彼らは何かに驚くと，頭を高くかかげ，森の中を遠くかなたまで響きわたるホウッ，ホウッという警戒声を発する。

インドリが，樹上のテリトリーを宣言するにあたって歌をつかうのは非常に理にかなったやりかたである。しかし，これには当然のこととして1つの欠点がある。つまり，大声をだせば，獲物を求めて徘徊している捕食者に，自分の存在と居場所をおしえることになるからだ。これは，ふつうならたいへん軽率な行為である。ところがインドリは，樹上の高いところで生活しており，そこまで登ってこられる捕食者はまったくないので，こうした心配をする必要がない。そこで彼らは心ゆくまで歌うことができるのである。

マダガスカル産のキツネザル類のうち，ワオキツネザル，シファカ，インドリ，その他数種のものは，昼間に活動するにもかかわらず，網膜のうしろに光の反射層を備えた眼をもっている。この反射層はかすかな光の中でものをみる場合に役立つもので，夜行性動物に特有のものである。すなわち，これらのキツネザル類の眼は，彼らがごく最近まで夜行性であったことを物語る強力な証拠だということになる。実際，マダガスカルにすむ彼らの近縁種の多くは，今日でも夜間に活動しているのである。

ハイイロキツネザルは，ほぼウサギ大の動物で，木のうろを巣にしている。日中彼らはうろの中にひそみ，ときどき出入口から外の世界をちょうど近視の人がするように，すかしてみる。あたりが暗くなってくると，ようやくハイイロキツネザルはいくらか活発になり，木の幹をのそのそと登りはじめる。だが，動作はむしろこっけいなほどのろく，また慎重で，どうおどかしてみても，彼らをあわてさせることはできないと思えるほどである。キツネザル類中最小の種はコビトキツネザルである。彼らは，まるで切り株のような上を向いた鼻と，印象的な大きな眼をもち，木の小枝の上を走りまわる。インドリに近縁の夜行性のキツネザル，アヴァヒは，姿も大きさもインドリにそっくりだが，体の色模様はインドリの白と黒に対して灰白色で，毛もふさふさしている。あらゆるキツネザル中最も奇妙で，特殊化の進んだ種はアイアイである。アイアイはカワウソ大の動物で，黒色のもじゃもじゃの毛につつまれ，長毛の密生する尾と大きくうすい耳をもっている。アイアイの手の5本の指のうちの1本は奇妙に細長く，まるで枯れた木の細枝のようにみえる。この長い指は一種の探り針であって，彼らはそれを腐った木の幹にあいた小さな穴につっこんで，中にひそむ甲虫の幼虫をひっかけ，引き出して食べるのである。

今から6000万年前には原猿類はマダガスカルにはおらず，ヨーロッパと北アメリカにしかいなかった。マダガスカル島がインド大陸や南極大陸と同時にアフリカ大陸から切り離されたのは，そのさらに1億年ほど前のことである。その後，まったくの偶発事ではあるが，嵐でなぎ倒された流木にしがみついたキツネザル類の祖先が——おそらく身ごもった雌がただ1匹で——アフリカからマダガスカル島へ風に乗って流れついた。現代のキツネザル類の起原はすべてこのできごとにまでさかのぼることが，遺伝学研究によってわかっている。同様のできごとが1500万年前にも起こり，古いマングース様の動物が同じように海を渡り，マダガスカルに漂着した。現在その血を引く子孫が，ネコに似た気性の荒いフォッサをふくむ，12種の動物

木に止まるフィリピンメガネザル（*Tarsius syrichta*）。フィリピン，ボホール島。

である。この島でキツネザルが生き残ることができたのは，競合する他の原猿類がいなかったためだ。マダガスカル以外の土地ではほとんど例外なく，キツネザル類は，このより進化した霊長類であるサル類との競争に破れ去っている。しかし，すべての原猿類が絶滅させられたわけではない。現生のサル類は，南アメリカにすむヨザルを唯一の例外としてすべて昼行性であり，したがって夜行性の原猿類であれば彼らとまともに競争しなくてすんだからである。こうして，一部の原猿類は今日まで生きつづけることになった。

たとえばアフリカには，コビトキツネザルにとてもよく似た数種のガラゴ，それにポットーおよびポットーよりもいくぶん敏捷なアンワンティボがすむ。ポットーとアンワンティボは，マダガスカルのハイイロキツネザルと同じ方向に進化してきた動物で，ハイイロキツネザル同様，のそのそと慎重に動く。アジアには2種の中形の夜行性原猿，すなわちスリランカにすむほっそりとした体つきのホソロリスと，それよりもやや大形で体つきも丸々としたスローロリスがすむ。これらの原猿たちは，どの種も巨大な眼をもつにもかかわらず，木ににおいて標識づけを行ない，暗闇の中を動くときの手掛かりにしている。においは尿でつけられる。問題は，これらの動物がみな小さく，木の幹よりもむしろ小枝の上で生活しているため，尿をつけるのがむずかしいことである。むやみに尿を噴出させたのでは意図した場所をそれてしまうかもしれないし，別の枝にかかったり，地面に落ちてしまうかもしれない。そこで彼らは次のような方法を発明した。まず手足に排尿し，次に手足をこすりあわせて十分に尿をしみこませる。そして，テリトリーじゅうに手足のあとをつけてまわるのである。

東南アジアの森林には，さらにもう1種の原猿，すなわちメガネザルが棲息している。彼らは，形も大きさも小さなガラゴによく似ている。すなわち，長い尾はふさふさした毛のついている先端部をのぞくとほとんど毛がなく，後肢はたいへん長くのびて跳躍に適したものとなっている。また，ものをしっかりとつかむことのできる指の長い手をもっている。だが，メガネザルの顔を一目みれば，この生きものがガラゴとはずいぶんちがったものであることがわかるはずだ。メガネザルには驚くほど大きなぎょろりとした眼がある。体の大きさに対する眼の大きさの比をとってみると，メガネザルの眼は，われわれ人間の150倍になる。実際，彼らの眼の相対的な大きさは，地球上のあらゆる哺乳類の中で最大なのである。彼らの眼は，眼球の前部が眼窩から突出している上に眼球後部が眼窩の中で固定されているため，われわれ人間の場合とちがって，横目で対象をちらりとみるといったこと，つまり眼のすみでものをみることができない。そこで，メガネザルが側方にあるものをみようとする場合，頭全体をその方向にまわすことが必要になる。彼らはこれを，フクロウと同じように非常に柔軟な首を利用して行なっており，頭部を180°旋回させて肩ごしに直接後方をみることができるのである。ボルネオの先住民たちは，いささか極端ではあるが，メガネザルが頭を完全に1回転できると信じており，それは，胴体への頭のつきかたが他の動物にくらべてはるかに不安定だからだ，と結論している。そこで，かつては熱心な首狩り族だった彼らは，メガネザルに森の中で出会うと，まもなく首が1つ消えるしるしだと考える。つまり，それは，首狩りに出かける途中のことであれば吉兆だが，自分の小屋にもどって心静かに休もうという場合には，あまりよいしるしではない，というわけである。

みごとな眼に加えて，メガネザルは紙のようにうすい大きな耳をもっている。コウモリの耳と同様，この耳はねじったり，しわをよせたりすることで，特定の音に焦点を合わせることができる。彼らはこれら2つの高度に発達した感覚器官をつかって，夜間に狩りをし，昆虫や小形爬虫類などに加えて，羽毛の生えそろったばかりの鳥の雛まであさるのである。休息中のメ

アカウアカリ（*Cacajao calvus calvus*）。ブラジル。

ガネザルはふつう胴体を直立させて，まっすぐにのびる木の枝にしがみついている。だが，甲虫が林床につもる落葉の間でガサガサと音をたてようものなら，メガネザルの注意はたちまちそこにひきつけられる。突然頭が旋回し，次いで下方に向けられる。同時によく動く耳が前方にぐいとよせられる。電光石火，ひと跳びで一気にメガネザルは下方の甲虫にとびかかり，両手でつかむと歯をつきたてる。そして，猛烈な食欲の持ち主にいかにもふさわしく，顎のひと噛みごとの動きにあわせて，大きな眼を開いてはとじるのである。

メガネザルはテリトリーを尿で標識する。しかし，彼らの狩りの様子をみていると，むしろ視覚のほうが嗅覚よりも重要な働きをしているのではないかと考えたくなる。そこでメガネザルの鼻を調べてみると，実際そのとおりであるばかりでなく，彼らが他のあらゆる原猿類とはっきりちがう存在であることがわかる。1つには，彼らの場合眼があまりにも大きく発達しているため，頭蓋骨の前面にもはや鼻の占めるべき空間がほとんど残されていない。そして，頭蓋骨内部を通る鼻道は，たとえばガラゴのそれとくらべるとひどく小さなものとなっている。鼻孔の形は，キツネザルやその他の原猿類のように，コンマ形ではないし，しめった皮膚の裸出部にとりかこまれてもいない。これらの点で，メガネザルは原猿類よりもむしろ真猿類に似ており，それゆえ，この動物をあらゆる真猿類の祖先型とみなしたいという誘惑にかられても不思議ではない。あいにくそうとは言えないが，メガネザルがかつてわれわれの祖先と同じ動物グループに属し，そこから分かれ出た種の1つであるのは，遺伝学的にも示されていることである。したがって，メガネザル類は，5000万年前に原猿類にかわって分布を拡大しはじめ，ついには旧世界と新世界の双方にサル類の天下をつくった動物に近い生きものであることはまちがいないのである。

サル類の世界は，嗅覚ではなく視覚によって支配されている点で，メガネザルをのぞくあらゆる原猿類とはっきり異なっている。いかなる大きさの生きものであれ，樹上にすみ木々の間を跳躍して渡る生活をおくるということになれば，自分の進むべき目的の場所を眼であらかじめみる能力がきわめて重要な意味をもってくる。したがって彼らは，夜の闇よりは，日中の光の中で活動するほうが都合がよいし，事実，サル類は，ヨザル1種をのぞいてすべて昼行性である。当然サル類の視力は，原猿類のそれよりもはるかによい。彼らはものを立体的にみる能力に加えて，大幅に改良された色覚の能力をもっている。このきわめて精巧な視覚によって，サル類は遠く離れた木になる果実の熟れぐあいや葉の新鮮さのどあいを識別するのである。また，白と黒しか識別できなければ発見しにくいと思われる，木々の間にいる他の生きものをみつけだすこともできる。さらに彼らは，仲間どうしのコミュニケーションも色を利用している。サル類は発達した色覚をもったことと関連して，彼ら自身の体を，あらゆる哺乳類中で最も色彩豊かにかざりたてることになった。

たとえばアフリカのブラザグエノンには，白色のひげ，ブルーのメガネ状斑紋，オレンジ色の前頭部，そして黒色の頭頂部といった色の組み合わせがみられる。同じくアフリカにすむマンドリルの顔は真紅と青色にいろどられ，ヴェルヴェットモンキーの雄の生殖器は，いきをのむようなあざやかな青色である。中国には金色に輝く毛皮と紺青色の顔をもつコバナ（小鼻）テングザルが棲息している。アマゾンの森林にすむウアカリの顔は無毛で真紅である。これらの種は，サル類の中でも最もめだつ装いをもった種であるが，ほかにも色彩のあざやかな毛皮や皮膚をした種は非常に多くいる。彼らはこのような色のかざりを威嚇や自分の宣伝につかい，あるいは種の識別や雌雄の区別に役立てているのである。

サル類はまた，色と同様に音もたいへんよくつかう。樹上高く枝の間を軽業師のように跳び

木の上の生活

まわる彼らには，おそらくワシ以外のいかなる捕食者も手を出すことができない。つまり，彼らには身をかくす必要がほとんどないのである。こうしたことから，南アメリカにすむホエザルは，毎朝毎夕そろってコーラスで歌う。ホエザルの咽頭は巨大化しており，喉は膨張して共鳴袋になっている。そのため，ホエザルのコーラスは数キロものかなたに達し，すべての動物中最も声の大きなものとされている。だが，ホエザルにかぎらず，サル類はどの種もさまざまな声のレパートリーをもっており，声を出さないサルなどまずいない。

サル類が南アメリカに到達した後，パナマ地橋が海中に没し，南アメリカと北アメリカの連絡が一時絶たれた。南アメリカに隔離されたサル類はそこで独自の進化をとげることになった。現在の南アメリカのサル類が単一の共通祖先に由来することは，彼らのもつ数多くの解剖学的特徴が一致することから推定できる。たとえば，鼻孔のつくりがそれである。南アメリカ以外の地域にすむサル類（狭鼻猿類）が細い鼻をもち，その鼻孔が前方あるいは下方に向かって開いているのに対して，南アメリカのサル類（広鼻猿類）は平たい鼻をもち，2つの鼻孔はたがいに大きく離れ，側方を向いて開いているのである。

南アメリカのサル類の1グループであるマーモセットやタマリンの仲間は，日中活動するにもかかわらず，コミュニケーションににおいをとてもよくつかう。雄は木の枝の樹皮をかじりとり，尿をつけて標識する。だが，彼らはまた，口ひげ，耳の小さな毛，たてがみ状の頭のふさ毛といったものできわめて念入りに体をかざっている。彼らは仲間どうしの社会的な出会いの場で，これらの装飾を誇示しあうのである。同時に彼らは高いさえずるような声で威嚇しあう。育児の方法もまた，においをつかったコミュニケーション同様原始的な部分をとどめており，キツネザル類のそれを思い起こさせる。子どもはよくおとなたちの間を練り歩き，また特定の辛抱づよい父親のもとに集まることがある。

マーモセット類は真猿類中で最も体が小さい。彼らはサル類の基本的な生活様式から転じて，霊長類というよりはむしろリス類に近い生活様式をとるにいたったものとみえ，堅果類を好み，昆虫を捕食し，特別製の前方に向かってのびる門歯で樹皮をかじりとってはそれをなめる。ピグミーマーモセットの体長はわずか10センチしかない。このように体がきわめて小さいために，彼らは木をよじ登るよりはむしろ枝沿いに走ることのほうがずっと多く，樹皮への足がかりも鉤爪によって保っている。鉤爪をもつことは，彼らが食虫類の祖先から直接受けついだ遺産のように思えるかもしれないが，これは実際には最近に起こった逆もどりのようである。なぜならマーモセットの胎児ははじめ手の指に霊長類独特の平爪を発達させており，発生の後の段階になってはじめて鉤爪へとそれを変化させるからである。

だが，いずれにせよマーモセット類はサル類の中では例外的な存在である。大部分のサル類は彼らよりもはるかに体が大きい。実際，霊長類は進化の歴史を通じて，つねに体を大形化する傾向を示してきた。しかし，なぜそうならねばならなかったのかについていうのは容易ではない。おそらくは，ライバルの雄どうしの競争で，より大きな雄が，まさにその大きさと筋力それにスピードのゆえに，勝利を得ることが多く，そこで子孫に大形化の傾向を伝える原因をつくったのだろう。だが一方，体が重くなればそれだけ手の把握力を強化する必要が出てくる。南アメリカのサル類の中には，それを補うユニークな方法を発達させたものがある。彼らは尾を第5の握る手に変えたのである。彼らの尾には特殊な筋肉が備わっていて，ものに巻きつけたり，からみつけたりできる。また，尾の先の内側面は毛を欠き，手の指の指紋と同じようなうねのある皮膚を発達させている。尾の把握力はきわめて強く，たとえばクモザルの場合，木になる果実を両手いっぱいに集めている間，尾でぶらさがり，体重のすべてを支えていられる

ほどである。

　アフリカのサル類は、よくわからないが何らかの理由で、尾をこのような方向に発達させなかった。彼らは尾を別の目的につかっている。たとえば彼らの尾は、枝沿いに樹上を走るとき水平にぴんとのばされ、体の平衡をとる補助器官としてつかわれる。またジャンプの際には、尾は左右にふられ、ある程度軌道を修正して着地場所を選べるように、航空力学的な機能をはたす。しかし、これらの機能があるといっても、アフリカのサル類の尾が、南アメリカの親類たちの把握力のある尾に匹敵するほどに大きな役割をになっているとは考えにくい。彼らの尾が木登りの補助器官にならなかったのは、おそらく体が大形化するにつれて樹上生活が困難かつ危険なものとなり、より多くの時間を地上ですごす方向に変わったためだろう。事実、新世界には地上で暮らすサル類が1種もいないのに対し、旧世界には地上生のサル類が多数棲息しているのである。

　地上に降りたサル類の尾は、利用価値があまりなくなるものとみえる。たとえば地上を歩くヒヒ類は長い尾を立て、まるで骨折でもしたかのように先のほうを途中からだらりとたれ下げているし、彼らの近縁種であるドリルとマンドリルの尾は、小さな切り株状に退化してしまっている。同じような現象はやはり旧世界のサル類であるマカクザルの仲間の間にもみられる。

　マカクザル類は霊長類の中でも、最も変化にとみ、また成功したグループの1つだといえる。適応性にとみ、多芸多才で活発かつ進取の気象にとみ、またしぶとく過酷な条件のもとでも生きぬけるといった理想的なサルを霊長類の中から選ぶとしたら、マカクザルの仲間ということになるだろう。マカクザル類には、23ほどの種と多数の亜種があり、その分布域はユーラシア大陸の大西洋岸から太平洋岸まで、世界のほぼ半分の地域にまたがっている。ジブラルタルにすむマカクザル類の1種、バーバリーザルは、人間をのぞけば、ヨーロッパにおける唯一の土着の霊長類の集団である。もっとも、彼らの"野生"については、いささかの疑問がある。過去300年の間、イギリスの駐屯軍が、ジブラルタルのバーバリーザルの数が少なくなると、北アフリカから同じ種のサルをつれてきて補充してきたからである。もちろん、バーバリーザルは、イギリス軍がジブラルタルにはいってくる以前、はるかローマ時代からそこにすんでいたのだが、このローマ時代においても、ペットとして北アフリカから海峡をこえてつれてこられたらしいのである。だが、とにかくバーバリーザルが、ジブラルタルの有名な岩山"ロック"の上で長い間生存しつづけてきたことはまちがいない事実である。

　インドでふつうにみられるサル類の1つ、アカゲザルもマカクザル類に属している。このサルは、聖なるサルとしてあがめられ、寺院の周囲によくみられる。さらに東に進むと、海岸のマングローブ林でカニその他の甲殻類をあさる泳ぎの上手なマカクザルの1種がいる。また、マレーシアには、訓練されて主人のためにココヤシの木から果実をとる作業をしているマカクザル類の1種、ブタオザルがいる。そして、サル類中で、最も北にすんでいるのもマカクザル類で、日本に分布するニホンザルがそれである。彼らは、きびしい冬の寒さに備えて、体中に長くふさふさした毛を密生させている。

　ほとんどすべての種のマカクザル類が、地上で多くの時間をすごしている。樹上生活をおくる中で獲得された彼らの手と眼は、地上での生活を成功に導く1つの前適応でもあった。そして、彼らはまた、これまで言及してこなかった第3の能力、すなわち大形化し、複雑化した脳に由来する能力によって利益を得ることができた。

　この脳の発達は、他の2つの能力の発達の必然的な付随物だったといえる。独立した指の操作能力の発達には、それをコントロールする脳の機構を必要としたし、左右2つの眼にうつる

ドウグロライオンタマリン
(*Leontopithecus chrysomelas*)。

像を結合して1つにするためには，脳に統合のための回路をつくることが必要だった。また，たとえば指で小さなものをつまみ，あるいはさわって調べるということになれば，手と眼の間にきわめて精密な協調関係が必要になるし，このことは結局，脳にあるこれら2つの制御領域に連絡をつくることを意味する。だが，嗅覚をつかさどる領域だけはあまりつかわれなくなった。サル類の脳においては，感覚のこの部分をつかさどる領域，つまり嗅球がとても小さくなって，拡張された大脳皮質，つまり特に学習能力と深くかかわる脳の部位によって，ひどく圧迫されていることが見てとれる。

ニホンザルの研究で明らかにされたすばらしい事実は，サル類が非常にすぐれた学習能力をもっていることを雄弁に物語っている。日本の科学者たちは，ニホンザルのいくつかの群れを詳細に研究してきた。そのうちのある群れは，冬に雪が厚くつもる北日本の高い山にすんでいる。研究者たちはサルの群れが，かつて一度も探索に出かけたことのない森林の一部に，自分たちの行動圏を新しく拡大する過程を観察した。サルたちはそこで火山性の温泉を発見し，湯が心地よい風呂になることを知った。まずはじめの段階では，群れのメンバーで温泉にはいったものはほんの一部の個体だけだった。だが，風呂をつかう習慣はまもなく群れ全体にひろまり，今では，冬になるとすべてのサルが温泉を利用している姿がみられるのである。温泉の発見を導いたニホンザルの好奇心と，新しい行動を日常的な活動の中に組み込んでいく適応性は，まさにマカクザル類の世界を象徴している。

このことをさらに劇的に示したのが幸島のニホンザルである。幸島は日本の九州沿岸にある小さな島で，九州からはせまいが波の高い海峡にへだてられて，サルの群れはほぼ完全に孤立した生活をおくっていた。彼らは野生的で用心深く，研究者たちは彼らを開けた場所に誘い出すために，サツマイモで餌付けすることからはじめた。1953年のある日，観察者にはすでになじみになっていて〈イモ〉と名づけられた3歳半の若い雌ザルが，もう何百回となくくりかえしてきた同じ方法で，1個のサツマイモをひろいあげた。サツマイモはいつもと同じように土と砂でよごれていたのだが，〈イモ〉はそれをもつとすぐには食べず，水場にゆき水につけて手でよごれを落としたのである。この行動がはたしてどこまで論理的思考の結果であるかはよくわからないが，とにかく以後彼女がイモ洗いを習慣として身につけたことは事実である。

そして1カ月後，〈イモ〉の若い仲間の1頭が同じことをはじめた。さらに4カ月後，今度は〈イモ〉の母親がイモ洗いをはじめた。ある個体は，淡水ではなく海水をつかってサツマイモを洗うことをおぼえた。おそらく彼らは，塩水をつけたほうが味がよくなることを知ったのだろう。研究者たちが餌付けをやめて久しい今日では，海水で食物を洗う習慣は群れ全体にひろまっている。イモ洗いを学習しなかったのは，〈イモ〉が最初の試みを行なったときにすでに年をとっていたサルたちだけである。彼らは，生活方法を変えるにはあまりにも生きかたが身につきすぎていたのだろう。

だが，〈イモ〉はこれで革新の試みを終えたわけではなかった。サルの観察をつづける科学者たちは，毎日浜に籾をまき，足でふんで砂の中に埋めこんでいた。こうしておくとサルが籾をひとつぶずつひろうのに時間がかかり，それだけ余分に観察時間をかせげたからである。だが，科学者たちは〈イモ〉の存在を計算に入れていなかった。彼女は籾を砂その他のゴミといっしょに手でわしづかみにし，水の中に投げこむという方法をみつけ出したのである。砂は水に沈むが，籾は水面に浮かび，〈イモ〉は手で能率よくそれをすくい集めることができた。この技術も群れにひろがり，やがて習慣としてすべての個体がそれを採用するようになった。この習慣が持続しているのはどうやら，衛生上の利点にあるらしい——食物を洗うきれい好きな

サルは寄生虫が少ない，というわけだ。

このように，仲間たちが学ぶ能力とその態勢とによって，コミュニティーのメンバーは技術，知識，それに生活方法を分かちもつことができる。すなわちひとことでいえばそれは"文化"の発生である。もちろん"文化"ということばは，ふつうは人間社会にかかわるものとしてつかわれている。だが，幸島のニホンザルの中に，われわれは，単純な形においてではあるが，文化の現象を読みとることができるのである。

幸島の群れの餌付けはさらにもう1つの行動の発達をうながした。餌付けが進むにつれ，サルたちは人になれ，人をおそれることがなくなってきた。サツマイモの袋をもって浜に着く者があると，彼らは何らためらうことなしに群がり集まりイモをひったくるのである。もはや1本ずつサツマイモを手渡して分け与えるなどあぶなくてできないので，給餌者は袋のイモを一度に浜にあけ，すぐにひきかえすことになった。サツマイモの山に集まったサルたちは，手にイモを1本もち，もう1本を口にくわえて3本足で走り去った。だが，いく頭かのサルはもっと能率的な方法を採用した。彼らは何本かのイモを集めると両腕で胸にだきかかえ，直立して後肢だけで浜をよこぎり，安全な岩場まで走ったのである。ここでかりに，毎日1袋のサツマイモを与えられるということが，彼らの生活の一部として定着し，それが幾世代にもわたってつづいたと仮定しよう。そのような場合，直立して走るという行動に都合のよい肢のプロポーションとバランス感覚を遺伝的に身につけた個体が，食物をより多く獲得するだろうことが十分予測される。それらの個体は食物をより多く食べ，群れの支配的な地位を占めるだろう。そして，より多くの繁殖の機会を得るだろうし，それを通じて彼らの遺伝子は群れ内にどんどんひろがることになるだろう。こうして数千年もたつうちにはサルは二足歩行の傾向を次第に強化してゆくことになるかもしれない。事実，このような重大な変化がかつてアフリカ大陸のどこかで起こったのである。この道すじをたどるためには，われわれは一度3000万年ほど前の世界にもどってみなければならない。

当時，体の大きさを大きくしつつある霊長類の一群があった。体を大形化すれば樹上を移動する方法も変わる。枝の上をバランスをとりながら歩くかわりに，彼らは枝からぶら下がって，腕渡りで移動するという方法を採用した。これにともない，さらに体のつくりが変わった。時とともに，腕は長くなった。腕が長いほど到達距離が大きくなるからである。一方，尾はバランス器官としての役割を失い退化することになる。体の筋肉と骨格のしくみも変化した。というのは，水平の背骨から下方にぶら下がる形で保持されていた内臓が，今度は垂直に立つ背骨にくくりつけられるという形に変わったからである。こうして，最初の類人猿が誕生したのである。

今日では5つのタイプの類人猿が生存している。アジアにすむオランウータンとテナガザル，アフリカにすむゴリラとチンパンジー，そしてもちろん，われわれヒトである。

ボルネオとスマトラに分布する巨大なオランウータンは，今日みられる最も体重の重い樹上生活者である。雄は立った高さが1.5メートルをこえ，ひろげた腕は2.5メートル，体重200キロにも達する。手にはもちろん足にも強力な把握力を備えているので，"四つ手の動物"といえば，最も適切にこの類人猿の性格を表現することになるだろう。後肢と体を結ぶ腰の関節の靱帯がいちじるしく長く，しかも柔軟なため，彼ら，特に彼らの子どもは，われわれ人間の目からみると苦痛でとても無理と思われるほどの角度に後肢を自由にひろげることができる。これは，明らかに樹上生活へのすぐれた適応である。

しかし同時に，彼らの体の大きさが何らかの形で不利に働いていることはたしかなようであ

る。木の枝はオランウータンの体重を支えきれないことがある。枝先になる大好きな果実を，彼らはただ単に枝が細すぎるという理由だけでとれないことがよくあるのだ。木から木へ移るにも問題がある。同じ方向にのびる丈夫な枝が何本か重なりあっていれば問題はないのだが，いつもそうおあつらえむきの枝があるとはかぎらない。オランウータンは腕をあちこちにのばして丈夫な枝をつかむか，あるいは自分ののっている木をゆすってたわめ，果実に近づけることで，この問題を解決している。

これらのテクニックはなかなか巧妙なものであるが，オランウータンがわけなく機敏にそれを行なっているとは，とうていいえない。実際，雄は年をとると，きわめて体が大きくなるために，樹上でのあらゆる行動があまりにも能率の悪いものになってしまう。そのような雄は，どこかへ移動するときには，木から木へ移らず，木を降りて地上をのそのそと歩くのである。オランウータンにとって樹上生活が危険を多くはらむものであることを示す興味深い事実がある。おとなのオランウータンの骨格を調べてみると，あわれなことに，その34％が骨折の経験をもっているのである。

オランウータンの雄は，おとなになると喉にまるで二重顎のようにみえる大きな袋を発達させる。この袋は単なる脂肪のかたまりではなく，実際に空気でふくらませることのできる嚢状（のうじょう）の器官となっている。袋は頬から首，腋の下，そして背中の肩甲骨のあたりまでひろがり，その部分の皮膚はだぶだぶにたるんで，オランウータン独特の風貌をつくるのである。おそらくこの袋は，かつて彼らの祖先がちょうどホエザルのように大声で歌っていたとき，声を共鳴させて大きくする装置として働いたのであろうが，現在のオランウータンはホエザルほど大声で歌うことはない。彼らの出す声で最も印象的なのは，2，3分間にもわたってつづく，ため息ともうめき声ともつかない長いほえ声である。この声を出すとき，オランウータンは喉の袋をいくぶんふくらませている。そして，袋の空気を出して収縮させるときに出る一連のブブッという音でほえ声をしめくくる。だが，オランウータンがこのほえ声を発するのはけっして頻繁というわけではなく，ふだんの声の大部分は鼻をならす声，キイキイという悲鳴に似た声，ホーッという声，重いため息，そして唇をすぼめながら息をすって出す音などである。これらの鳴き声は，全体としてかなり多彩なレパートリーとなっているが，いずれも小さなもの静かな声で，ごく近くにいてはじめて聞きとることができる。単独でいることの多いオランウータンがこうした声でひとりごとをいっている姿には，なかば放心状態で，もぐもぐ，ぶつぶついっている世捨て人を思わせるものがある。

雄はこのような単独生活を，母親のもとを去ると同時にはじめる。たったひとりで放浪し，食事をする。仲間を求めるのは配偶の相手として雌と一緒になるごくかぎられた期間だけである。雄の半分ぐらいの大きさしかない雌もまた単独で生活し，自分の子どもだけをともなって森の中を移動する。このようなオランウータンの孤独好みは，おそらく彼らの体の大きさと深い関連がある。大きな体をしているにもかかわらず果実食者であるこの類人猿は，自分の体を維持するために毎日かなりの量の果実をみつけださねばならない。しかし，果実のなる木はそう多くはないし，さまざまな間隔で森の中に広くちらばっている。ある種の木は25年に1回しか果実をつけない。またある種の木は約100年にわたってほとんどいつも果実をつけているが，枝ごとに交代で実をつけるため，1度に食べられるのは1枝だけである。またある樹木は果実の実るきまった季節をもたず，たとえばはげしい雷雨の後の突然の気温の低下など，特定の天候の変化にともなって実をつける。そのうえ，果実はたとえ実っても，熟しすぎたり，地面に落ちたり，あるいはほかの動物に食べられたりして，たかだか1週間前後しか食べられ

ツルからぶらさがりながら赤ん坊の手をにぎるスマトラオランウータン（*Pongo abelii*）の雌。インドネシア，スマトラ島，グヌン・ルスル国立公園。

期間がない。そこでオランウータンは果実を求めていつも長い旅をつづけていなければならないし，自分のみつけたものは，自分だけで食べるということにしておいたほうが，おそらく何かと都合がよいのである。

　同じく果実食者であるテナガザル類は，2つの仲間にわけられ，いくつかの種があるが，オランウータンとはまったく異なる発展の道を歩んできた。すでに述べたとおり，体の大きさの増大は，類人猿が腕渡りの移動方法を身につける刺激となった。だが，テナガザル類の祖先は，それにひきつづいてもう一度体を小さくすることで，この新しいタイプの移動方法を心ゆくまで活用することになった。そしてついには今日みられるとおり，枝上を歩く霊長類の中で最も完成された軽業師となったのである。森林の樹冠部で活動するテナガザルの姿は，熱帯林の中でみられる最も壮麗な光景だといえる。はっとするような優美なしなやかさをもってテナガザルは木から木へ，9～10メートルもの空間を身を投げ出すかのように跳び，長くのびた1本の枝をつかむ。同時に体をふり，再び空中へと目のくらむような跳躍を試みるのである。このような運動を可能にしているテナガザルの腕は，後肢と胴を合わせたほどの長さがあり，そのため，まれに地上に降りたつと体の支えとしてはつかえないばかりでなく，じゃまにならないように，頭の上にかかげていなければならないほどである。霊長類の特色である把握力のある応用のきく手も，テナガザルではものを操作する能力をある程度犠牲にして特殊化している。枝にぶら下がりながら高速で体をふって移動するテナガザルの手は，しっかりとすばやく枝をつかみ，しかも次の瞬間には枝を離さなければならないわけで，把握器官というよりはホックとしてつかわれている。親指はじゃまになるため手首の方向に移動し，大きさもごく小さくなった。その結果，テナガザルは地面に落ちている小さなものを親指と人差指でつまんでひろうことができない。そのかわり，指をすぼめてカップ状にした手で地面を横になぞって，ものをすくいとるのである。

　テナガザルは体が比較的小さいため，ふつうの場合，数頭が集まっても十分な量の果実にありつくことができる。そこで，彼らにとっては，かたいきずなで結ばれた家族群単位で移動し生活するのがいちばん適した方法といえる。家族群は，雌雄のつがいに，4頭までのさまざまな年齢の子どもがつきしたがったものである。この家族は，毎朝コーラスで歌を歌う。まず雄親が単独で，ひと声かふた声ホーッホーッと鳴き，それにつづいて家族全員が歌いはじめる。やがて歌う家族たちは恍惚状態にはいり，最後に雌親が高く調子をあげてゆく独唱を開始する。雌親の声は次第に速く，高くなり，ついにはどんなソプラノの歌手もおよばない高い純音のトリルとなって終わる。これらの点で，テナガザルには明らかにマダガスカルのインドリとの間に平行現象が認められる。祖先のタイプが異なるために，一方は前肢を主要な移動の器官につかい，一方は後肢をつかうというちがいはあるが，どちらも果実食で，家族でコーラスをする体操選手である。世界の異なる場所に位置する2つの熱帯雨林が，きわめてよく似たタイプの2つの生きものを生み出したのである。

　アフリカにすむ2つのタイプの類人猿は，アジアの連中とは対照的に，地上生の傾向が強い。ゴリラは中央アフリカに2種が分布する。1種はザイール盆地の森林にすみ，もう1種はやや大形で，ルワンダとザイールにまたがる火山群の山腹をおおう苔むした寒冷湿潤な森林にすんでいる。ゴリラの子どもはよく木登りをするが，それはきわめて慎重に行なわれ，オランウータンの子どもの場合のような自由自在の器用さはまったくみられない。だが，これは当然のことである。ゴリラの足はオランウータンのそれとちがい，うまくものをつかむことができないし，したがって樹上に体を引き上げるのにつかえる器官といえば手と腕だけだからである。こ

マウンテンゴリラ（*Gorilla beringei beringei*）のシルバーバック。ルワンダ，ヴィルンガ山地，ヴォルカン国立公園。

のことは逆に木から降りるときのゴリラの行動をみるとよく納得できる。頭を上にした姿勢で木を降りるゴリラは，腕で体重を支え，足は左右から幹をはさんでブレーキにつかうだけである。このために，幹についているコケ，ツタ，あるいは樹皮がみなはがれて，足にからみつくしまつとなる。

よほど太くて頑丈な木でないかぎり，体重275キロにもなる雄の成獣の巨体を支えることはできない。そこで，ゴリラの雄の成獣はほとんど木に登ることがない。また実際，彼らには木に登らなければならない必要もそうない。というのも，歯の形と消化器官系の構造は，ゴリラがかつてはオランウータンと同様に果実食者であったことを示してはいるが，現在，彼らは食物の大部分を木に登らなくてもとることのできるタケノコ，シダ，セロリといった植物に依存しているからである。雄の成獣はふつう地面に木の枝や竹をおり曲げてベッドをつくり，そこで眠る。

ゴリラは，巨大な1頭のシルバーバックの雄によって率いられる12頭前後の家族群で生活する。シルバーバックというのは背から腰にかけて白銀色の毛でおおわれた個体のことで，この毛はいわばおとなの雄の証拠である。ゴリラの家族群は，数頭の雌がこの雄につき従う一夫多妻の形をとっている。家族群は坐って静かに採食する。竹やぶやセロリの茂みに腰をおろし，ときどきおたがいにグルーミングをしあいながら，その巨大な手で好みの幹をつかみ，ゆっくりと，だがとうてい抵抗できそうにもない力強さをもって，根本から引き裂く。声をたてることはほとんどない。ときおり鼻や喉を鳴らすような小さな声をかわしあうのが聞こえ，また，群れから少し離れた個体が自分の位置を仲間に知らせるために，小さな，おくびを出すような声をたてるだけである。

ゴリラの成獣はまるでいつもうたたねをしているかのようにみえるが，子どもたちは活発でよく遊び，とっくみあいのレスリングをする。ときには後肢で立ちあがって急速に胸をたたくドラミングをする。それはおとなたちが誇示に使うジェスチュアのリハーサルでもある。

シルバーバックの仕事は，自分の群れを統率し，守ることである。侵入者に驚いて怒ると，彼はほえ声をあげて威嚇し，さらには実際に攻撃に出ることもある。シルバーバックのこぶしの一撃をくらおうものなら，人間の骨など簡単に砕けてしまう。また，若いライバルが群れの雌を誘い出そうとしてこまるような場合には，戦うこともある。だが，ふつうシルバーバックは日常生活の大部分の時間を，静かに，平和にすごしている。

すでに，ゴリラのいくつかの群れが，多年にわたって継続的に研究されてきている。そして，科学者の忍耐と理解の結果，ゴリラの群れは，適切な方法で近づき，正しいマナーをもってふるまうならば，人間さえも受けいれるようになることがわかった。ゴリラの家族と出会って，ともに坐ることを許されるとしたら，それは感動的な経験になるだろう。ゴリラは多くの点で，われわれ自身に似ている。彼らの視覚，聴覚，嗅覚は人間のそれにごく近いものであり，したがって，彼らは周囲の世界をわれわれが知覚するのとほとんど同じように感じとっているはずである。われわれ同様，彼らもまた永続的な家族群の中で生活する。寿命もわれわれのそれとほぼ同じぐらいだし，子どもからおとなへ，おとなから老齢へと移行する年齢も近い。さらにゴリラと人間とは，身ぶり言語にすら共通するものをもっている。彼らと一緒にすごす場合には，そのきまりを正しく守る必要がある。たとえば，相手をじっとみつめることは無礼な行為となる。擬人的な表現を排していうなら，それは威嚇的な行為であり，相手の反撃をまねいてもしかたのない攻撃的な行為なのである。一方，頭を低くして視線を下に向ける行為は，服従と友好を表現する1つの方法となる。

シロアリ釣りをする母親の様子を見ている子どものチンパンジー (*Pan troglodytes*)（「フラハ」と「フィフィ」）。タンザニア，ゴンベ国立公園。

ゴリラがおだやかな気質をもつのは，その食性の内容と，食物を得るためにしていることに関連している。ゴリラの生活は完全に植物質の食物に依存しており，しかもそれは，彼らが食べるそばから成長し，無限といってよいほどの供給力を備えている。また，彼ら自身についていえば，巨大な体と強い腕力のおかげで，事実上敵がいない。そこで彼らは特別に敏捷な体や心を必要としていないのである。

　アフリカにすむもう1種の類人猿，チンパンジーの食性と気質は，ゴリラのそれと大きく異なっている。ゴリラがわずか20数種の植物の葉や果実しか食べていないのに対し，チンパンジーは約200種もの植物の葉や果実を食べ，さらに，シロアリ，アリ，ハチミツ，鳥の卵，鳥，そしてサルなどの小哺乳類さえ捕食する。これらの食物を得ることと関連して，チンパンジーは，敏捷かつ探索好きな性格を備えるにいたっている。

　タンガニイカ湖東岸の森林にすむ数群のチンパンジーが，長期にわたって日本の研究グループによって調査されてきた。今では，チンパンジーたちは，われわれが何時間もつづけて彼らの間にはいりこんでいられるほど，人間になれている。群れの大きさはいろいろだが，一般にゴリラの群れよりはずっと大きく，50頭に達することも少なくない。

　チンパンジーは木登りの名人だ。彼らは木の上で眠り，食事をすることもある。だがふつうはたとえ木の密生する森林の中であっても，地上を歩いて移動し地上で休む。地上を歩くチンパンジーは四肢のすべてをつかう。だが，手のつかいかたは少々変わっている。手のひらを地面につけず，指を曲げ，曲げた指の関節を地面につけるのである。その際，長い腕はまるでつっぱったようにかたくのばしたままだから，肩が高くあがることになる。チンパンジーは，群れが地上に落ち着いてくつろいでいるときですら，絶えず動きつづけている。子どもたちは，相手を木の上に追いあげる鬼ごっこや，お山の大将遊びで遊びまわる。ベッドメーキングにいそしむ個体もみられる。木の梢近くの枝上にかがみこんでベッドの台をつくるのだが，たいていはベッドが完成する前にあきてしまい，走り降りて別のことをはじめるのである。

　チンパンジーの雌雄の性的なつながりにはさまざまな形がみられる。一夫一婦を守る雌雄がいる一方，多くの雌と交尾する雄もいる。雌のほうも，臀部が腫脹してピンク色の肉のクッションをつくり性的に雄を受け入れる時期にはいると，しばしば多くの雄と求愛行動をかわし交尾する。母子の間の結びつきは非常に強い。チンパンジーの子どもは，誕生後ただちにその小さな手で母親の体の毛にしがみつくことができる。もっとも，はじめは握る力が十分ではなく，長時間連続してしがみついているためには母親の助けが必要である。子どもは，ほぼ5歳に達するまで，母親にぴたりとよりそってすごし，群れが移動するときには，母親の背中に競馬の騎手のようにのってつれていってもらう。子どもの手の把握力が強いことによって可能となったこの密接な依存関係は，チンパンジーの社会に大きく影響している。なぜなら，密接な関係があってはじめて，子は母親から多くを学びとることができるし，母親のほうは子に細かな注意をくばることができるからである。母親は子の行動を監督し，危険から守る。そして，いかにふるまうべきかを，自分自身の行動を通じて子に示すのである。

　休息中のチンパンジーの群れの中では，おとなどうしの間でもたえず交流が行なわれている。新たに休み場に到着したものたちは，たがいに両腕をのばして相手にさし出し，手の甲のにおいをかがせ，唇でそこに触れてもらうあいさつをかわす。はげあがったひたいをもち，ゆだんのない眼であたりをみまわす灰色の毛の年とった雄たちは，みんなの活動の中心から少し離れて坐っていることが多い。40歳に達するものすら少なくない彼らは，短気でかんしゃくもちらしいところをしばしばみせる。だが，年寄りたちは，群れの中で少なからず尊敬されている

石を道具としてつかい，アブラヤシの実を砕くホオヒゲオマキザル（*Sapajus libidinosus*）。ブラジル，ピアウイ州，パルナイバ源流国立公園。

のがふつうであり，雌たちが口を大げさにぱくぱくさせて唇で音をたてる独特のあいさつをおくり，感情のこもった鳴き声をたてながら彼らに走りよる姿がよくみられる。また，群れのメンバーたちは，老いも若きも何時間にもわたって熱心にグルーミングをしてすごす。注意深く相手の黒い毛を分け，爪で皮膚をかいて寄生虫やふけをとってやるのだ。彼らはこうしてサービスしあうことに重大な関心とよろこびを感じており，ときには5, 6頭がじゅずつなぎになって，グルーミングに熱中する姿がみられる。相互のグルーミングは，まさしく社会的な活動であり，友好の身ぶりとなっているのである。

　チンパンジーの群れは，自分たちをとりまく世界のありとあらゆるものを，さまざまな方法を駆使して調べる。奇妙なにおいのする丸太は，注意深く嗅がれ指で探られる。つまみとられた1枚の葉でさえ，細心の注意をもって調べられ，下唇でふれて検査された後，別の個体にお

ごそかに手渡される。そして，同じような検査がくりかえされ，終わってからすてられる。シロアリの塚を訪れるチンパンジーの群れはとても興味深い行動をみせる。彼らは，塚に行く途中で，木の小枝を折りとって適当な長さにつめ，葉をむしりとる。塚につくと小枝の先を穴の1つにつっこみ，しばらくおいてそれを引きぬく。すると，兵アリたちがびっしりと小枝についてくる。つまり，兵アリたちは侵入者から塚を守ろうとして必死で咬みついているわけである。それをチンパンジーは唇の間にいれ，シロアリをしごき落としておいしくいただくという寸法である。これをみてもわかるように，彼らは道具を使用するばかりでなく，製作までするのである。

　はるかな昔に，霊長類は，地上にその基盤をおいた嗅覚にたよる生活，それも主として夜間に活動する生活をすて，樹上の生活に移行した。このことは，把握力のある手，長い腕，立体視の能力と色覚を備えた眼を発達させ，ひいては脳の大きさを増大させた。そして，こうした能力の助けをかりて，サル類と類人猿は，樹上生活に非常な大成功をおさめることができたのである。そして重要なことは，体が大きくなったことあるいは他の何らかの理由でもう一度地上にもどることになった種も，これらの能力を地上という新たな場で活用し，それを通してさらに新しい可能性の道を開き，能力自体をもいっそう高めることになったという事実である。大形化した脳は学習能力の増大をもたらし，文化の起原を導いた。また，器用な手と立体視の能力を備えた眼の組み合わせによって，道具の使用と製作が可能になった。だが，今日の類人猿がこれらの技術を生活に生かしている程度は，彼らに近い別の系統の類人猿が，今から2000万年前にアフリカにはじめて姿を現わした直後に行なっていたであろう規模のものにすぎない。そして，まさにこの系統こそが，最終的に直立歩行能力を獲得し，いまだかつてどのような動物もなし得なかった形で全世界を支配し，開発する能力を身につけるにいたるのである。

13

人　類

　ホモサピエンス，つまり人間は，あるとき突如人口を急激に増加させ，あらゆる大形動物中で最も個体数の多い動物となった。1万年前の世界人口は，まだ1000万にすぎなかった。彼らは賢く，話し好きで，才気にとんでいたが，1つの種としては，他の多くの動物と同じ生物としての限界をもち，同じ法則に支配されていた。2000年前，農耕が広範に定着したことを受けて人口は3億に達し，500年前には人類の数は10億をこえ，地球上にあふれんばかりのありさまとなった。今日の世界人口は76億をこえている。このまま行けば，今世紀の終わりには120億近くに達するだろう。この驚くべき生きものは地球上のありとあらゆるすみずみに，前例のない規模でひろがっている。極地の氷上にすみつくものもいれば，赤道直下の熱帯林にすむものもいる。酸素が危険なほど稀薄な最も高い山岳に登るかと思えば，特製の服を仕立てて，海底を歩いてみせる。また，地球を完全に離れて，月を訪れる人間さえ出現したのである。

　なぜ，このようなことが可能になったのだろうか。あらゆる生物の種の中で最大の成功をおさめるにいたる方向へと，突然人間の向きを変えさせた力はいったい何だったのだろうか。物語は500万年前のアフリカの大地溝帯にはじまる。当時のアフリカの，草と灌木におおわれた谷底は，今日のそれとさして変わらないものだった。生きものたちの一部は，

現生種の大形版ともいうべき種で，たとえば1メートルもある牙を備えたウシ大のイノシシや巨大スイギュウ，そして，今日のゾウよりも30％は背の高い巨大ゾウといったものだったが，多くは今日の種とよく似た，おなじみのシマウマ，サイ，そしてキリンなどであった。だが，そこにはもう1種，森にすむ近縁種から分化したばかりの類人猿の一群がみられた。これらの類人猿は草原生の種であり，約1000万年前，アフリカばかりでなく，ヨーロッパ，アジアをふくむ広大な地域で繁栄した森林生の類人猿の1つの分派にすぎなかった。最初の化石がアフリカ南部で発見されたために，この動物にはアウストラロピテクス（*Australopithecus*），つまり"南の猿"という意味の名前がつけられている。今日ではアウストラロピテクスはわれわれの直接の祖先でなく，いとこのようなものだと考えられていて，それによく似た何種類かの化石がアフリカ各地で発見されており，それらの間の類縁関係を解き明かすための研究が精力的につづけられている。そして，類似の一片の化石が発見されるたびに大論争がまき起こる。というのは，どの研究者も，これらの生きものたちによって人類系統樹が構成されているとみる点では，意見が一致しているからである。ちょっと耳慣れない科学用語をつかえば，彼らは"ホミニン（ヒト科）"であり，ヒトの祖先である。

　化石となって発見されるホミニンの骨の数は依然として少ないし，彼らをわれわれ人類の系統樹の中でどう位置づけるかについても，科学者の間で議論はいまだにつづいている。だが，彼らがどのような生活をしていたかについて，かなり明確なイメージを描くにたるだけの化石の資料はすでに集まっている。彼らの手足は，樹上生活をおくっていた祖先のものに似ており，鉤爪ではなく，平爪つきの指をつかってものを握る優れた能力を備えていた。四肢は走るのに特に適していたとはいえない。それは走行という目的に関するかぎりでは，明らかにアンテロープや食肉獣の四肢にずっと劣るものだった。頭蓋骨にも彼らのかつての森林生活の痕跡を明確に読みとることができる。たとえば，頭蓋骨の眼窩（がんか）のつくりから判断して，眼はよく発達していたと判断できる。視覚は明らかに，他の霊長類の場合と同様，彼らの生活にとってきわめて重要な意味をもっていたはずである。一方，嗅覚は比較的貧弱だったかもしれない。なぜなら，ホミニンの頭蓋骨には短い鼻骨しかついていないからである。歯は小さく，しかもその歯冠部はまるみをおびていて，草を咀嚼したり，繊維質にとむ小枝を嚙みくだいてパルプ化するには適していない。といって，食肉類のように裂肉歯を発達させていたわけでもなかった。ではいったい彼らは平原で何を食べていたのだろうか？　おそらく植物の根を掘りおこして食べ，あるいは漿果，堅果，それに果実を採食していたと思われる。と同時に，体のつくりが獲物を狩るには不適当であったにもかかわらず，すでに狩猟家となっていたはずである。

　ホミニンの腰の骨の構造は，彼らが平原に進出したのとまさに時を同じくして，直立しはじめたことを物語っている。体軀を垂直に立てる傾向は，手をつかって果実や葉をつみとる樹上生の霊長類の間にすでにみうけられる。彼らの多くはまた，地上に降りると，短時間ではあるが後肢で立つこともできる。だが，平原での生活では，遅々たる歩みとはいえ，永続的な直立姿勢に向かうその小さな1歩1歩が，ささやかな有利さをもたらしたことだろう。これら初期のホミニンは，平原の捕食者にくらべれば，格段にのろまで，小さ

2015年，ラエトリで発掘されたホミニンの足跡化石L8の一部。360万年前に印されたと推測される。

く，無防備な動物だった。そこで，敵の接近を前もって知ることには大きな意味があり，直立し，周囲をみまわす能力は生死を分ける鍵だった。またさらに，それは彼らが狩りをする際にもたいへん役に立った。平原の捕食者，たとえばライオン，リカオン，ハイエナなどはすべて，主ににおいによって周囲の情報を得ている。つまり彼らは鼻を地面近くにつねに保っている必要がある。だが，初期のホミニンにとっては，樹上生活の時代にそうであったのと同様に，視覚こそ最も重要な感覚だった。彼らは，頭を高くかかげ，より遠くをながめることで，ほこりまみれの草の間をかぎまわる動物たちにはないもう1つの能力を獲得したのである。生活時間のほとんどすべてを開けた草原ですごすパタスモンキーは，今日でもこれと同じ戦術を用いている。彼らは何かに不安を感じるといつでも，後肢で立ち上がって周囲をみまわすのである。

　もっとも，直立姿勢が高速走行能力を獲得する道とは結びつかないことはたしかである。むしろ初期ホミニンの走るスピードはそのために落ちていたにちがいない。高度の訓練を受けた人間の競走選手は，おそらく霊長類が生んだ最高の二足走者であるが，それでもある程度の距離を走るとなれば時速25キロをやっと維持することができるにすぎない。これに対して，四つ足をつかってギャロップするサルたちは，この2倍のスピードを出せるのである。しかし，二足歩行はホミニンに大きな利益をもたらすものであった。彼らは，祖先が木に登る生活の必要から発達させた正確で強力な把握力を備えた手をもっていた。直立することによって，自由になったこの手は，彼らの歯や爪の欠点を補うためにいつでも使用できることになった。敵の脅威にさらされたホミニンは，手で石をなげ，棒をふりまわして身を守ることができた。倒した獲物は，ライオンのように歯をつかって切り裂くのではなく，手にもった石の鋭いふちをつかって処理できた。さらに彼らは手にもった石を，もう1つの石に打ちあわせることで，好みの形に整えることさえできた。このように意図的に打ちつけられ割られた石は，川の流れで砕かれた石や凍結によって割れた石とは

ちがった特徴のある刻み面をつくる。そこで，このような石は容易にそれとわかるのである。ホミニンの骨格とともにこの種の石が数多く発見されている。ホミニンは道具の製作者となった。そして，まさにこの能力のおかげで，彼らは，平原の動物群集の中に確固たる地位を築くことができたのである。

　この状態はたいへん長い間つづいた。おそらくは200万年はつづいたであろう。そしてきわめてゆっくりとではあるが，世代をくりかえすうちに，ホミニンの中の，チンパンジーという類縁種から久しい昔に分化した1つの系統が，その体のつくりを気候の変化にともなって入れかわる森のはずれでの，あるいはサバンナでの生活に，ことによく適応したものへと変えていった。足は把握能力を失う一方で，走行により適したものとなり，わずかに彎曲した。腰の骨も変化した。大腿骨との関節は骨盤の中央部へと移り，直立した体躯のバランスをとりやすくなった。骨盤自体の形も，幅の広いボウル（椀）形となり，脊椎骨と骨盤とをつなぐ強力な筋の付着面をつくった。これらの筋は，直立姿勢の採用にともない新たに腹部にかかることになった内臓の重みを支えるのに必要なものだった。脊椎骨はいくらか彎曲するようになり，それによって体の上半身の重みをより効果的に支えることができるようになった。さらに，最も意義深い変化は，頭蓋骨の変化だった。顎の部分は小さくなり，前頭部ははり出して半球形になった。彼らの祖先の脳の大きさは，ゴリラの脳とほぼ同大で，500 ml前後だった。だが，ついには脳はその2倍の大きさに達し，体長も1.5メートルをこえるほどになった。体が大形化し，新しい姿勢をとるようになったこの生きものに対して，科学者はあらためて，ホモエレクトゥス（*Homo erectus*），すなわち"直立した人"なる名称を与えている。

　ホモエレクトゥスは，その先行者であるアウストラロピテクスにくらべると，ずっと器用な道具製作者だった。彼らの石器のあるものは，次第に細くなって尖る先端に加えて両側に鋭い刃がつけられ，手にぴたりとおさまるようにていねいに仕上げられている。ケニアの南西部にあるオロルゲサイリエでは，彼らの成功した狩りを物語る遺跡の1つが発掘されている。あるせまい地域に集中して，今日では絶滅してみられない巨大ヒヒの骨格が，解体され，ばらばらにされた状態で数多く発見されたのだ。少なくとも50頭の成獣と12頭の幼獣がそこで殺されたはずである。さらに，遺骸にまじって数百のくだいた石と数千の丸石がみつかっている。それらの石はすべて，その場所から30キロの範囲には，自然状態ではみられない種類の石だった。以上の事実からいくつかのことが推論できる。まず石器の割られかたと形からみて，巨大ヒヒを狩ったのはホモエレクトゥスである。さらに，石が遠く離れた場所からとりよせられている事実は，この狩りが計画的なものであり，ハンターたちは獲物を発見するずっと以前からあらかじめ武装していたことを物語っている。ヒヒ類は，現生の小形の種でさえも強大な牙を顎に備えたたいへん危険な生きものである。今日では，火器なしであえてヒヒに挑戦しようとする人はまずいない。オロルゲサイリエで捕殺された巨大ヒヒの数は，この狩りが相当の技術水準を前提とする組織的なグループ作業であったことを示唆している。ホモエレクトゥスは強力なおそるべき狩猟人に成長していたのである。

　火をつかえることになったのに加え，コミュニケーションの能力と道具製作の技術の改

人　類

善を通じて，ホモエレクトゥスの成功はますますたしかなものとなった。人口は増大し，分布域は拡大しはじめた。アフリカ大陸のサハラ砂漠以南の，今日サブサハラアフリカとよばれる地域からナイル川流域に進出し，北方に向かったものは地中海東岸に達した。あるグループは，かつてチュニジア，シリア，イタリアを結んでいた地橋を渡り，また別のグループは，東に地中海をまわりこんで，バルカン地方を経由して移りすんだ。およそ90万年前のこと，2人の子どもをふくむ5人連れが，現在はノーフォークとよばれる地域の泥地を歩いていた。彼らが泥に残した乱雑な足跡が奇跡的に保存されていたのが，つい数年前に発掘されている。ホモ属（*Homo*）に属するいくつもの種が，アフリカ，ヨーロッパ，アジア大陸の事実上あらゆるところで発見されている。アメリカとオーストラリア大陸にまで到達してはいなかったようだが。

　こうして地球の半分にくまなくちらばっていたにもかかわらず，依然としてアフリカは人類の故郷であった。60万年前，これもホモ属のある種がアフリカを出はじめ，中東を経て北ヨーロッパやアジアへと広がっていった。初めて発掘されたその遺跡の1つがドイツのネアンデル峡谷で見つかったことから，彼らはネアンデルタール人とよばれている。ホモ属に属する彼らはわれわれより体つきが頑強で，眼窩の上部が著しく隆起していた。かつては粗野で文化とは無縁だと言われたネアンデルタール人だが，いまでは独自の文化をもっていたと広く考えられている――死者を埋葬し，宝飾品をつくり，すみかの洞窟内に示唆に富む模様を記していた証拠があるのだ。われわれのような言語を話したかどうかは定かでないが，ネアンデルタール人とわれわれの間の遺伝子差異はわずかで，それも蛋白質合成にかかわる96の遺伝子に限られ，言語に関連すると思われる遺伝子は皆無である。一方アフリカではわれわれ人類，すなわち"賢い人"という意味の名をもつホモサピエンス（*Homo sapience*）が，おそらくは東アフリカで出現し，アフリカ大陸中に急速に広がっていった。現在知られている現生人類最古の化石はモロッコで出土した，30万年前のものだ。その化石から知ることのできるかぎりでは，彼らは私やあなたと変わらない人間で，言語をふくむ知的能力も同程度だったと思われる。

　ここからは若干込み入った話になる。遺伝学的研究が疑いなく告げるところでは，アフリカ以外にすむ現代のすべての人は例外なくその起原を，約7万年前に起こった，人類の漸進的なアフリカ脱出行にまでたどることができる。おそらくいかだをもちいて海をわたり，時間をかけて地球各地へちらばっていったときのことだ。彼らは特定の目的地をもった開拓者でも移住者でもなく，食物やすみかをもとめて徐々にテリトリーを広げていった，狩猟採集民だった。この「出アフリカ」をうながしたのは，気候変動であろうと考えられている。おそらくは飢饉か疫病のため死者が多発し，当時の人類の総数が1万2000にまで減ったことが，遺伝学的研究から知られている。非常な幸運に恵まれて生き残ったのがわれわれだったわけだ。しかし，人類の出アフリカは，これが初めてではなかった。10万年前の中国に現生人類と考えられる人々がいたことが，考古学的に確かめられている。このことは中東でなされた，同時期にさかのぼるものの発見によって裏づけられてもいる。これらの人類と現代のわれわれとの間に遺伝的つながりがないのは，この初期の移住者が遺伝上の痕跡を残さずに死滅したことを示している。

さらに驚くべきことが，われわれ人類がアフリカから移住した地の先住者，ネアンデルタール人と遭遇したときに起こった。われわれはネアンデルタール人と交雑して遺伝子を交換し，そうしてやり取りされた遺伝子が現代人にも受け継がれているのである。このできごとの痕跡を，アフリカ以外に居住する現代人すべてがもっている──もしあなたがアフリカ起原でない出自をもつならば，そうした遺伝子をもっていることになる。最近になって，科学者たちによってデニソワ人という，それまで知られていなかった人類が発見された。デニソワというのは，彼らの化石──歯が1本と骨が数片──のみつかった，シベリアの洞窟の名からとられた名称だ。ネアンデルタール人の一分岐である彼らもまた，そのテリトリーを徐々に通過していった人類と交雑した──アジア大陸やオーストラリア大陸に出自をもつ人は，デニソワ人由来の種々のDNAを有していることになる。一方アフリカでも，同様の事態が進行していた。アフリカ人には，ほかの地域を出自とする人々には見られないDNA配列が見られ，それはどうやらまったく未知の人類に由来するものであるらしいのだ。アフリカのどこかの土中には，そのDNA配列のもともとの持ち主の化石があって，発見されるのを待っている。

およそ4万年前のこと，はっきりとはわからない原因で，ネアンデルタール人とデニソワ人は姿を消した。疫病ゆえかもしれないし，あるいは現生人類との競合ゆえか，さもなくば単に個々ばらばらの，少人数の分集団だったことが原因だったのかもしれない。事情はどうあれ，こうして地球上に1つの近縁種ももたなくなったわれわれ人類は膨張をつづけ，1万2000年前にはアメリカ大陸に，そしてパタゴニアの最南端にまで到達した。人類が地球上を移住してまわるとき，そこにいあわせた大形動物に起こることがあった。彼らは絶滅してしまうのである。南アメリカにいた地上生のオオナマケモノからシベリアのマンモス，オーストラリアの巨大有袋類まで，みな絶滅してしまった。気候変動や分布域の分断と縮小がこれらの巨大生物を弱体化させた，ということはあったかもしれないが，多くの場合，人類の狡猾さや食欲の旺盛さが彼らを絶滅にまで追い込んだのは明らかである。われわれが彼らを死に追いやったのだ。そういう事態が起きなかったのは，われわれが長い間，大形哺乳類のそばで生活していたアフリカだけだった。

われわれがこのように繁栄するうえで役立った，人類のもつ重要な能力が1つある。それをネアンデルタール人やデニソワ人が共有していたかどうかはわからないが，その特質をもっているのはいまやわれわれ以外にない。つまりわれわれは，同じ種のメンバーが何を考えているかを推しはかることができ，身ぶりをつかって他者の注意をひいたり，他者とのコミュニケーションをもつことができるのだ。その点で，われわれは唯一無二の動物である──乳児でさえ身ぶりをすぐに覚えるが，それができるには，他者が何を知りたがっているのかを推測できなければならない。われわれがもちいる身ぶりには，顔の表情もふくまれる。人類は，他のいかなる動物にくらべてもよく分化した表情筋を顔にもっている。唇，頬，額，眉など，顔をつくるさまざまな構成要素を，他のどのような動物もまねのできないたくみさで，いろいろに動かすことができる。

顔が伝達する情報のうちで，最も重要なものの1つが個人の独自性に関する情報である。われわれは，人によって顔がみなちがうことを当然とみなしているが，動物の中ではこの

人　類

ようなことはむしろきわめて異例といえる。組織化されたグループの中で，おのおのが自分の責任をはたしながら協力しあうということになれば，一見してメンバー相互がおたがいを区別できるようになっていることが必要だろう。ハイエナやオオカミなどの多くの社会性動物は，このための相互の識別をにおいによって行なっている。だが，人間の嗅覚は，視覚にくらべてはるかに情報を受けとる能力に乏しく，したがって相互の識別はにおいの腺の分泌物によってではなく，顔の形に基づいているのである。

　顔は非常によく動くつくりになっているため，われわれはそれをつかってつねに変化しつづける気分や意向についての多量の情報を送ることができる。われわれは，熱意や喜び，嫌悪，怒り，あるいは楽しみといったことにかかわる表情を読みとるのに，何ら困難を感じない。しかもわれわれは，これらの情緒の発露ばかりでなく，表情から同意あるいは異議，歓迎や呼び出しの意などを，正確に受け取ることができる。では，これらの身ぶり言語は，われわれが単に同じ社会的背景をもつがゆえに，両親や仲間から学習して身につけた人工的な産物なのだろうか。それとも，はるかな先史時代の過去から受けついだ，人間にもっと深く刻みこまれた遺伝的なものなのだろうか。数を数えたり，相手を侮辱するときにつかわれる一部の身ぶり言語は，社会によって異なっており，明らかに学習されたものである。しかし，多くの身ぶり言語は人間一般に広く通用するものであり，いっそう根深い基礎をもつものと思われる。では，いったいわれわれのアフリカにおける祖先は，ちょうど今われわれがしているのと同じように，たとえば同意を表わすのにうなずき，異議をとなえるために頭をふるといったことを行なっていたと考えられるだろうか。この問題に答えるための鍵は，われわれの文化と接触をもっていない別の社会に属する人々の身ぶり言語から得られる。

　今となってはそんな人々は事実上皆無であるが，20世紀には，ニューギニアはこの種の社会が残る地球上最後の土地の1つだった。もっともニューギニアでさえ，今日ではほとんどあらゆる村落がすでに探険されており，西欧人の影響をまったく受けていない社会は，ごく少なくなってしまった。だが，1960年代のこと，セーピク川上流の山岳地帯で，外部の人間がはいったことのない小さな社会がみつかった。人がすんでいるとは考えられていなかったその地域の上空を飛んだある飛行士が，森林中の開けた土地にいくつかの小屋をみつけたのである。当時ニューギニアを支配していたオーストラリアの行政機関は，そこにすむ人々が何者であるかを明らかにすべきだと考えた。そこで，地方行政官を隊長とするパトロール隊が組織され，私も一行に加わることができた。川沿いの村の約100人の人々が，テントや食料の運搬を手伝ってくれた。川の上流最後の既知の村は，外部の者の訪問を受けることがほとんどない小さな村だった。その村の人々は，さらに上流の山中に何者かがすんでいることは知っているが，直接山中の村人に会った者は1人もおらず，彼らがどのようなことばを話すのか，そして，自分たち自身をどう呼んでいるのかについてさえも，何も知らない，とわれわれに語った。上流最後の村人たちは，彼らを"ビアミ"と呼んでいた。

　われわれは，山中を2週間の間ひたすら歩いた。毎日必ず降る雨にずぶぬれになり，持参した食物だけをたよりに食いつないだ。そしてついに人間の足跡を発見したのである。

人　類

2人の人間がわれわれの前方にいる。足跡は彼らが急いで進んでいることを示していた。われわれはその足跡をたどった。翌朝テントをたたんでいると，近くの森の中に，彼らの痕跡をみつけた。連中は前の晩，そこに坐ってわれわれをみていたのである。その夜，われわれは，彼らへの贈りものを森の中においておいたが，彼らはまったく手をつけなかった。われわれは，川沿いの村人たちのあいさつのことばを叫んでみた。ビアミがそれを聞いて理解したかどうかはわからない。いずれにせよ，何の応答もなかった。こうした試みが幾晩もつづけられ，結局われわれは彼らの足跡を見失ってしまった。3週間たつと，われわれは彼らと接触する望みをほとんどあきらめかけた。ところが，ある日目がさめてみると，テントから2〜3メートルも離れていないブッシュの中に，7人の男が立っていたのである。どの男も体が小さく，腰に籐をまいているほかには何も身につけていなかった。腰の籐には，前と背後に緑の葉のついた小枝がさしてあった。動物の骨でつくられたイヤリングとネックレスをつけている者もいた。男の1人は，果実と根をいっぱいつめた編み籠をさげていた。

　われわれがテントから外に這い出しても，彼らはその場を動こうとしなかった。それは絶大な信頼を表わす行為である。そこでわれわれは，可能なかぎり手ばやく，説得力があると思われる方法で，こちらの意向が友好的なものであることを示そうと努めた。川沿いの村人たちは，自分たちのことばで彼らに話しかけてみた。だが，ビアミはそのことばをまったく理解できなかった。そこでわれわれは身ぶりに完全にたよることになった。その結果，われわれのもつ身ぶりの多くが，ビアミと共通のものであることが明らかとなったのである。

　われわれがほほえみかけると，ビアミもほほえみかえした。ほほえみは，友好の身ぶりとしては，やや奇妙に思えるところがある。なぜなら，ほほえみによって相手の注意は，人間のもつ唯一の武器である歯にひきつけられるからだ。だが，ほほえみの本質は歯を露出することではなく，唇の動きにある。人間以外の霊長類では，ほほえみにはなだめの意味がある。たとえば，若いチンパンジーは，これによって，年長の優位のチンパンジーに対し，自分は彼の権威に挑戦するものではないことを示すことができる。ヒトという種では，この身ぶりは，口のはじを上方にかえすわずかな修正が加えられ，歓迎と喜びを伝える手段とされている。それが，親から学習するものではなく，生得的に組み込まれたものであることはまちがいない。なぜなら，生まれながらに耳が聞こえず目もみえない赤ん坊も，だきかかえられ，食物を与えられれば，ほほえむからである。

　われわれは，一心にビアミと友好関係をきずこうとした。そのためにつかう品物も用意してきていた。数珠玉の首飾り，塩，ナイフ，布などである。だが，これらの品物を，いきなり贈り物として手渡すのでは，ほどこしをしてやるようで，いささか恩きせがましくもある。そこで，われわれは，ビアミの籠を指さし，物問いたげに眉をあげてみせた。ビアミはただちにいわんとするところを理解し，籠の中からタロイモと緑色のバナナをとり出した。われわれは物々交換をはじめた。まず，あるものを指さし，指をふれて数を示す。そして，同意できれば頭を動かしてうなずく。これらすべての身ぶりは明確に伝わった。また，眉もおおいに活用した。眉は顔の中でもよく動く部位の1つである。眉の機能につ

ビアミたち。ニューギニア島，セービク川上流。

いては，走るときに流れ出る汗が眼に入るのをふせぐ役割を考えることができるが，それだけでは眉がよく動く性質をもつことを説明できない。眉の主要な機能は，信号装置としての機能である。ビアミは，眉を引きよせることによって，不同意を表わした。この表情にさらに頭をふる行為が加わると，われわれのさし出したものを，彼らがほしがっていないことを，明白に意味した。われわれのナイフを調べたビアミは，眉をあげて驚嘆の意を表した。ビアミたちのいちばんすみにためらいがちに立っていた男をちらりとみて，私が一瞬眉をあげ，同時に頭をわずかに後方にそらせると彼も同じことをした。この身ぶりは，おたがいの存在を許しあい，喜んで受け入れる意志があることを示す表現のように思われた。

　以上のような眉の動きによる瞬間的な伝達方法は，世界共通である。それは日本の商店でも，フィジー島の市場でも同じように通用するし，イギリスのパブでも，ブラジルのジャングルにすむ遊動狩猟民にも通用する。たしかに，これらの身ぶりの意味は厳密には場所によって多少異なることもあるが，世界中で広く多様な民族によってつかわれているという事実は，それが人間に共通して組み込まれた形質であることを意味している。

　われわれはこうした初期人類の暮らしぶりについて，ことに南フランスとスペインで発掘された多くの遺跡を通じて，きわめてよく知っている。たとえばドルドーニュなど，中部フランスの大規模な石灰岩の峡谷沿いや，ピレネー山脈の山麓地帯には，多くの洞窟がみられるが，その大部分は，かつて人類が生活したことを示す何らかの痕跡が残されている。これらの遺跡から発見されるものから，われわれは，かつての人々の生活について実に多くのことを知ることができる。彼らは，骨でつくった針をつかい，腱で毛皮を縫った。魚をとるために，骨をたんねんに彫り刻み，複数の尖端をもつ銛をつくった。森で獣をとるために，石の刃をつけた槍をつくった。黒ずんだ石は，彼らが火を使用していた証拠である。彼らにとって，火が欠くことのできない大切な宝であったことはまちがいない。なぜなら，火をつかうことによってはじめて，冬に暖をとることができたし，彼らの小さな歯ではとうてい咀嚼できない肉を料理することもできたからである。実際，彼らの歯は，祖先の歯にくらべて，かなり小形化していた。しかし，一方で頭蓋は大形化し，すでにわれわれのそれと同程度の大きさに達していた。したがって，彼らがすでに，複雑なことばを流暢に話していたと仮定しても，けっして不合理というわけではない。つまり，骨格に関するかぎり，3万5000年前のフランスの洞窟にすんでいた人々と，われわれとの間には，意味のあるような差はもはや認められないのである。

　獣の皮を身にまとい，肩に槍をかついでマンモス狩りに洞窟を出てゆく狩猟人と，スマートな服装に身をつつみ，ニューヨーク，ロンドン，あるいは東京の高速道路を走りながら携帯電話でeメールをチェックする経営者との間には，肉体や脳の基本的な発達のちがいはない。あるのは，両者をへだてる長い時間の間に作用した，まったく新しいタイプの進化要因によるちがいである。

　われわれは自分が他の動物にはないいくつかの独自の才能をもつ，と信じてきた。たとえば，かつては，われわれ人間だけが道具をつくり，また使用する動物だと考えていた。だが，今日では，それが正しくないことを知っている。チンパンジーも，ガラパゴスにす

人　類

む数種のフィンチも，道具をつくり使用するからである。フィンチは，木から長い棘をおりとってきて木の幹に穴をあけ，中にひそむ昆虫の幼虫を棘でほじり出すのだ。だが，われわれ人間は，彩色をほどこした具象的な絵を描く唯一の動物であり，この才能こそが，ひいては人類の生活を窮極的に変革するにいたるのである。

　人類の芸術に対する関心のはじまりは，歴史のはるか昔にさかのぼる。10万年前に人類が土中の黄土を採集した形跡が，南アフリカで見つかっている。どんな装飾的用途でそうしたのかは定かでないが，体の彩色用か，岩壁を彩るためだろうか。4万年前，インドネシアに到達してまもないころ，われわれは洞窟の壁に動物の絵や，自分の手の輪郭を描いている。しかし，最初の開花は，ヨーロッパの古代の洞窟にみることができる。かつてそれらの洞窟にすんだ人々は，石のランプにともした動物脂の弱々しくゆらめく炎をたよりに，洞窟の奥深くつづく暗黒の世界へと，あえてふみこんだ。そして，ときには，何時間も這い進んでようやくたどりつけるような，最も奥の壁に絵を描いた。絵具は，赤，茶，黄色に，鉄をふくんだ赭土がつかわれ，黒色には木炭かあるいはマンガン鉱石がつかわれた。筆としては，先端をほぐした棒や指がつかわれ，ときには岩に向けておそらくは自分の口から絵具をふきつける方法がとられた。壁画にはまた，火打石で岩に彫りこんで描かれたものや，数は少ないが丸彫りのものや粘土で造形された例も知られている。主題は，ほとんど必ずといってよいほど彼らのすむ土地土地によくみられる動物，つまりマンモス，シカ，ウマ，オーロックス，バイソン，サイなどであった。躍動感を出すために，1つの絵の上端部にもう1つの絵が下端部を重ねて描かれていることもある。風景は絵にされることはなく，人の姿もごくまれにしか描かれていない。また，いくつかの洞窟には，これらの古代の人々が訪れたことをはっきりと示す象徴が残されている。すなわち，手についた絵具を壁につけた手形がそれである。また，動物の絵にまじって抽象的な絵もみられる。平行線，四角形，格子模様，点線，そして女性の生殖器を表わすといわれている曲線，矢を意味すると思われる雁木模様などがそれである。これらの作品は，ほかの絵とくらべると迫力に乏しいが，次の時代への発展という点からみると，最も深い意味をもつものである。

　今のところ，古代の人々がなぜ洞窟に絵を描いたか，その理由はわかっていない。おそらくそれは，儀礼の一部だったのだろう。かりに，巨大な雄牛をとりかこむ雁木形の模様が矢を意味するのだとしたら，その絵は狩りの成功を願って描かれたと考えることができる。腹部の大きくふくれた雌牛が妊娠を意味するとしたら，その絵は動物の繁殖を願う儀礼の間に描かれたものと考えられる。だが一方，絵はそのように実用的な機能をもつのではなく，単純に，楽しみのために描かれた可能性もある。つまり，人々は芸術のための芸術を楽しんだとも考えられる。あるいは，絵に1つだけの普遍的な意味を求めることがそもそも誤りなのかもしれない。洞窟の絵は，ヨーロッパで最も古いもので約3万年前に描かれたものと考えられ，最も新しいものでも約1万年前に描かれたとされている。この間には，西欧文明の全歴史の約6倍にあたる時間が横たわっている。近代的ホテルに流れるバックグラウンド・ミュージックにグレゴリオ聖歌と同じ機能を考えることができないのと同様，古代の絵のすべての背後に，同じ動機がひそむと仮定しなければならない理由は

次見開き
ノーランジー・ロックの「アンバンバンギャラリー」に描かれた，アボリジニの岩壁画。オーストラリア，ノーザンテリトリー準州，カカドゥ国立公園。

少しもない。しかしとにかく、それらの絵が神に向けられたものであったにせよ、あるいは共同体の若い新参者や分別あるメンバーに向けられたものであったにせよ、コミュニケーションの役割をはたしたことはまちがいない。しかも、それらの絵は今日もなお、その力を少しも失ってはいないのである。われわれが、その正確な意味を理解しないとしても、古代の芸術家が描き出したマンモスの力強い輪郭や、枝角を高くかかげたシカの群れ、あるいは浮かびあがるようなバイソンの巨体に、われわれは、彼らの感受性と美的感覚を感じとることができるのである。

　今日の地球上でもなお、狩猟人にとって岩壁に描かれる絵がどのような意味をもつかをみることができる。オーストラリア先住民は、ヨーロッパの先史時代の絵と多くの点でよく似た絵を岩壁に描いている。それはしばしば、行きつくのにひどく苦労するような場所に描かれ、絵具には鉱物質の赭土が用いられる。1つの絵の上端部にもう1つの絵の下端部が重ねあわせて描かれる。絵には、抽象的な幾何学模様や手形もみられるが、たいていは彼らが食物として依存している生きものを描いている。すなわち、バラムンディ（魚）、カメ、トカゲ、カンガルーなどがそれである。

　これらの絵の一部は、くりかえしくりかえしぬりなおされる。それは、岩壁に描かれた動物の像をつねに新鮮に保つことによって、周囲のブッシュにすむ動物の繁栄を維持できると信じるからである。礼拝行為の1つとして絵を描く人々もある。オーストラリア中央部の砂漠にすむ人々は、1匹の巨大なヘビの精、すなわち嵐の去った後の空にかかる虹によって世界がつくられた、と信じている。当のヘビは、部族の行動域の中心にある長大な砂岩の崖の麓にある洞窟にすむ、と老人たちはいう。ときに砂の表にヘビが残した痕跡がみられるものの、ヘビ自体をみた者はいない。幾世代も昔の人が、岩壁面に白色の赭をつかって波状にうねる巨大な曲線を描き、赤でふちどりをして、蛇神の像とした。先史時代の幾何学模様を思わせる馬蹄形の模様が、巨大なヘビの近くに描きそえられているが、それはヘビの子孫である人間を表わしている。それらの模様にそえてさらに描かれる、平行線、同心円、点、雁木形模様などは、彼らの祖先動物たちの足跡、カーペットニシキヘビ、槍を表わしている。

　これらの絵は、幾世代にもわたって、定期的にぬりかえられてきた。それは、礼拝行為の一部、すなわち、創造神であるヘビとのコミュニケーションとなる。年寄りたちは、定期的に絵をみに出かけ、その前で神話を詠唱し、その意味を黙想する。ヘビの遺物とされる抽象的なシンボルの彫られた丸石が岩の間に保存されており、年寄りたちはそれをうやうやしく取り出し、赤色の赭土とカンガルーの脂をぬって清めながら、頌歌を詠唱する。若者たちはヘビの絵の下で、集団の成員として認められるに際しての儀礼を受け、シンボルの意味を教わり、身ぶりと歌による伝説の再現に立ちあう。

　オーストラリア先住民は、フランスの洞窟にすんでいた先史時代の人々よりはむしろわれわれに近縁である。しかし、彼らの生活様式が初期人類のそれによく似ていることはたしかである。ホモサピエンスは世界のいたるところで、10万年にもわたって動物を狩り、果実、種子、根を採集する生活を送ってきた。それは、激しく、危険に満ちた生活だった。男も女も子どもも、非情な環境の中で情容赦なくふるいわけられた。動作がにぶく不注意

人　　類

な者は，それだけ捕食者に殺されやすい。体の弱い者は餓死することが多かっただろう。年寄りは，日照りの試練に耐えられなかったかもしれない。そして遺伝変異の偶然によって，たまたま条件に適した者が有利となった。彼らは生き残り，繁殖し，適した形質を子孫に伝えたのである。

人間の体は，生活環境の圧力に反応し，その結果生じた身体的な変化は遺伝子にとりこまれてゆく。当初われわれはみな，体を保護してくれる，黒い皮膚をもっていた。黒い色素は効果的な「シールド」となってくれる。アフリカ，インド，オーストラリアなどの強い太陽光線にさらされる地方の先住民たちは，もう1つの共通の特徴をもっている。すなわち，やせた細い体がそれである。この体型もまた，彼らをとりまく暑く乾燥した環境への適応である。体重あたりの皮膚の面積を増大することになり，体から蒸散する汗による冷却効果を大きくできるからである。

寒冷な地方では，状況は逆になる。日光が十分でないと体内でビタミンDが生成できなくなるので，太陽の隠れがちな北方スカンジナヴィアのサーミ族の人々などは，肌の色が薄い。北極圏内にすむイヌイットも，淡い色の皮膚をもっている。さらに，背が低くずんぐりしたイヌイットの体型は，熱帯にすむ人々のやせ型の体型とは正反対である。この体型は，体重に対する体の表面積を小さくすることができ，したがって，体熱を逃さずにすむのである。顔に生える毛が比較的少ないのも寒冷気候への適応と考えることができる。凍結したひげは，生活に深刻な障害となるからである。そして，このような特徴は，ひとたび自然淘汰を通して遺伝子の上に固定されると，もう一度同じような過程が非常に長い時間かかって別の変化を引き起こさないかぎり，たとえすむ場所が変わったとしても変わらずに，世代から世代へとひきつがれるのである。

狩猟と採集によって生活をたてている共同体は，今日でもなおこの地球上に存在している。オーストラリアの一部の先住民とアフリカのブッシュマンは，乾燥地帯の荒地にすんでいる。また別のグループは，中央アフリカとマレーシアにすみ，生活に必要なすべてのものを，熱帯雨林から得ている。これらの人々はすべて，周囲の自然と調和して暮らしている。自然に手を加えず，自然が直接に与えてくれるものですべてをまにあわせている。極端な人口をかかえこんだ共同体はまったくない。近年まで平均寿命は短く，出生率と子どもの生存率は，食物の欠乏と危険に満ちた生活のために低くおさえられていた。そしてこれは，人間がその歴史のほとんどをとおして置かれてきた状況なのである。

だが，今から8000年ほど前になると，森林と砂漠をのぞくあらゆる場所で人口は劇的なスピードをもって増加しはじめた。まず人間は，獣や魚が豊富に獲れるメソポタミアの湿地帯で，食用のヒラマメやヒヨコマメ，あるいは衣類用の亜麻といった植物の栽培をはじめた。これに先立つ時期にも，この地域では長い間，定住性の人類が火をもちいて，時間をかけて土着の植物相をつくり変え，野生植物の実を食べていたという証拠が見つかっている。だが，そのような偶然のチャンスにたよるだけが能ではないと悟ったとき，はじめて人間の繁栄へ向けての変化がはじまったのだ。もし，採集してきた種子のすべてを食べてしまわずに，一部を肥沃な土壌となる沖積土の豊富な，メソポタミアのような適当な土地にまくならば，次の夏には種子をさがしに出かけなくてもすむ。こうしてわれわれは

農夫となり，ひいては町をつくって生活することができるようになったのである。

　シリアのウルクは，チグリスとユーフラテスの両川がつくったデルタの中のアシの茂る沼沢地に建設された。現在では，そのあたり一帯は砂漠となっている。ウルクは複雑なつくりの町だった。人々は町の周囲に穀物畑をつくり，ヤギとヒツジの群れを飼った。人々はまた陶器をつくり，あたり一帯からは，現在でも多くの破片が出土する。さらに，町の中心には，編んだアシで補強しながられんがを積み，人工的な山を築いた。定住生活をおくる中で，ウルクの市民はコミュニケーションの技術に決定的な進歩をもたらすことができた。たえず移動しながら生活する人々は，持ちものを必要最小限にとどめておく必要がある。だが，定住した人々は，ありとあらゆる種類のものを蓄積できる。ウルクのある建物の遺構の中から，一面に彫りこみのつけられた粘土板が発見された。それは，現在知られているかぎりでは最古の文字のしるされたものである。その内容を正確に読みとった者はいない。だが，おそらくそれは，食物と，さらにはビールの割当て量の記録だと思われる。さまざまな記号の形は，それが表現しようとするものの外見に基づくようだが，忠実に自然な形を描き出そうとはしていない。そして，これらの記号は単純な形に抽象化されていたにもかかわらず，当時の人々は容易にその内容を理解したにちがいない。

　記号を刻んだ粘土板を焼いた時点で，人間はその進歩の流れを新たな方向に転じた。今や人間は，自分自身の直接的なかかわりや存在とは無関係に，情報を他の個人に伝える手段をもつことになった。当の個人から遠く離れている人も，あるいはずっと後に生まれてくる人も，その人間の成功と失敗，またすぐれた洞察と数々の天才的手腕について知ることができる。もし望むならば，事実の集積の中から意義のある種子のみを選び出し，知識の体系を築くことすらできるのである。

　ウルク以外の場所でも，中央アメリカや中国の共同体が同様の革新をなしとげた。事物をかたどった図形による表現は単純化され，新たな意味が加えられた。すなわち，文字が音を表わすようになったのである。そして，地中海の東端にすむ人々は，それを1つの総合的なシステムにしたてあげた。すなわち，話しことばの音の1つ1つを石に彫り，粘土に刻み，あるいは紙に書くことによって表現するシステムをつくりあげたのである。

　こうして，個人の経験の共有化と知識の伝達によって引き起こされる革命が開始された。さらに，中国人は，約1000年の昔に文字を大量に生産する機械的な方法を発明して，この革命をさらに前進させた。ヨーロッパでは，ずっと遅れてではあるが，中国の発明とは無関係に，ヨハン・グーテンベルクがさしかえることのできる活字をつかう印刷術を開発した。そして今日，かつての粘土板の子孫であるわれわれの図書は，いかなる人間の脳が保持する情報よりも，はるかに多くの情報を記憶する人類共有の脳として働いている。いや，それだけではない，図書は人間の体外にあるDNA，すなわち人間の遺伝による継承物の補完物とみなすこともできる。それは，染色体が人間の体形を決めるのに似た重大な影響力をその行動におよぼしているのだ。人間が，環境の命令に左右される状態から脱却する方法を発明できたのは，まさにこのような知識の蓄積のおかげだった。農耕技術，機械装置，医学，工学，数学，宇宙等々に関するわれわれの知識は，すべて貯えられた経験によっている。そして，もしわれわれが書物から切り離され，荒れはてた島にとり残され

人類

たなら，例外なく採集狩猟民の生活にもどらざるを得ないだろう。

　人間が情報を送り出そうとする情熱，そして情報を受け取ろうとする情熱は，魚にとっての鰭，鳥にとっての翼と同様，種としての人間の成功の鍵であった。われわれはコミュニケーションの対象を，自分の知っている人たちだけにかぎらないのはもちろん，同じ世代の人々にすら限定していない。かつての市民たちが，酋長の誇らしげな家系図や洗濯屋の目録以上にもっと意味のあるメッセージを記録しているのではないか，という可能性をあてにして，考古学者たちはウルクの粘土板を判読しようと努力する。現代の都市では，高官たちが未来の世代にあてたメッセージを核攻撃に耐える頑丈な鉄の筒の中に隠している。さらに科学者たちは，人間のもつあらゆる言語の中で最も洗練され，かつ普遍的なものは，数学のそれだという確信のもとに，永久に認識され得ると彼らの信じる真実，すなわち光の波長に関する式を銀河系のかなたの星に向けて打ち出した。それは，40億年近くにもなる生物進化の産物として，経験を蓄積し，世代をこえて伝達する方法を獲得した生物の存在宣言なのである。

　この章では，ただ1つの種，すなわちわれわれ自身をあつかってきた。このことはあるいは，人間こそあらゆる意味で進化の極致であり，長い進化の歴史はすべて人間を地上に送り出すためのものでしかなかったという印象を与えたかもしれない。だが，そのようなものの見方を支持する科学的な証拠は1つもないし，われわれが恐竜たちよりも長く地球上にとどまれるかどうかもわからない。さらに言うなら，われわれにとってかわる知的な動物が現われるだろうというのも，根拠のない話だ。

　とはいえ，「人間は自然界で特別な地位を占めてなどいない」というのは，永遠という観点からすれば適切かつ奥ゆかしい発言のように聞こえるかもしれない。だが，こうしたもの言いは，われわれに課された責任から逃れる口実としてもちいられる場合もある。今日の私たちの種ほど巨大な支配力を，地球のあらゆる生物と無生物におよぼした種はいまだかつてなかった，というのが逃れようのない事実である。

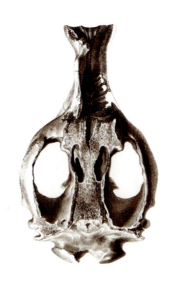

むすび

　種とは永久不変のものではない。種はある動物が食物を手にいれるための，自分の身をまもるための，あるいは繁殖するための独特な手段を進化させたときに生まれる。しかし個々の動物種をとりまく世界は変化しうるものだ。食物を手にいれる新しくて効率的な手段を，ライバルたちが進化させるかもしれない。既存のものより手ごわく危険な敵があらわれるかもしれない。そうなれば，その種にできる対応は，自分のテリトリーの一部を放棄して，生活の場をまだ変化していない領域にかぎるか，あるいは身をまもり食物を手にいれる，より効果的な手段を進化させるかの，どちらかしかない。前者の途をえらぶ種はきわめて長い間存続する。一方，後者の途をえらぶ種は，世代を経るにつれ変化し，最終的には新しい種へと生まれ変わる。どちらもよしとしなければ絶滅するのである。

　しかし，人間という種はこの世にあらわれたときから，例外的な存在だった。利口で抜け目ない人類は，そもそも進化によって生まれ落ちたアフリカの平原で，生き残るために体をつくりかえる必要がなかった。高速で走ることのできる肉体や，獲物として他の動物をとらえ，殺すための鋭い歯がなくてもやっていけた。それを可能にする「武器」をつくることができたから。アフリカの平原より寒い地域をテリトリーとするために，体を改変

アラビアオリックス（*Oryx leucoryx*）。アラブ首長国連邦，アブダビ，シルバニヤス島。

する必要もなかった。殺した動物の皮を着て暖をとることができたから。

　当然の結果として，知的で発明の才にとんだ人類は数をふやし，世界中にひろがっていった。4万年前，氷河期が終わりをむかえるころには，寒さに適応した大形哺乳類——巨大ウシ，サーベルタイガー，マンモス——が地球の温暖化にともなって絶滅したが，ヨーロッパに移った人類がその絶滅に一役買っていたのは疑いない。

　有史時代に入ってはじめてわれわれが絶滅においこんだ動物は，インド洋のモーリシャス島にすんでいた。16世紀のはじめにこの島へ上陸したポルトガルの船員たちが，群れなす飛べない巨大なハトをそこにみいだした。船員たちはその鳥に，「こっけいな」「おろかな」という意味のドードーという名をあてた。というのも，このどたどた歩く巨大な鳥はいともかんたんに仕留められたからである。船員たちが殺して食べた鳥たちは莫大な数にのぼった。聞くところによれば，ドードーの肉は固くて大味だったそうだが，どんなものであれ新鮮な肉類は船乗りが欲してやまないものだった。やがてさまざまな国の船が分け前にありつこうと，定期的にこの島をおとずれるようになった。1690年までには，ドードーの最後の1羽が殺されていた。

　ヨーロッパ人たちはこのころまでに，アフリカ大陸南端の肥沃な島々にも入植するようになっていた。そこで彼らが出会ったのが，ブルーバックとよばれる大形のアンテロープと，鳴き声からその名がつけられたとおぼしい，クアッガとよばれるシマウマの近縁種の一群だった。クアッガは，体の前半分は親類であるシマウマのような縞におおわれているが，うしろ半分は茶一色という動物である。入植者はこの2種の生きものをたわむれに，そして自分たちの飼っていた家畜用の草を食ってしまうからという理由もあって，狩りたててしまった。1883年までにはブルーバックもクアッガも絶滅している。

　オランダ人が南アフリカでこの大きな獲物(ビッグゲーム)に挑みはじめた同じころ，北アメリカではイギリス人農夫たちが，当時数の多さでは右に出るものもないと思われた鳥，リョコウバトへの対処に追われていた。リョコウバトの群れはそれは大規模なもので，一団となって舞いあがると空は一転暗くなり，太陽はおおい隠され，群れが行き過ぎるにも数日かかったと言う。リョコウバトたちが木にとまる夜には，重さで枝が折れてしまった。多数のリョコウバトが殺されたが，ちょっと減ってもまったくこたえていないようだった。最低でも3万羽しとめないと賞をもらえないというような狩猟コンペまで催されている。リョコウバトは群れなして，食物を求めて方々をさまよった。やがて，ところによってはリョコウバトが数年姿をあらわさない，というようなこともあるようになった。そして人々がふと気づくと，リョコウバトは数年もどってきていないどころか，永久に姿を消してしまっていた。最後の生き残りである雌のマーサがシンシナティ動物園のケージの中で息をひきとったのは1914年のことである。

　今から1世紀ほど前までオーストラリアに棲息していた，土着の肉食動物がいた。見た目は縞模様のあるブタに似ているが，カンガルーその他の有袋類のように，子どもを育児嚢におさめてつれ歩いた。*Thylacinus cynocephalus*，すなわち「オオカミの頭をした袋もち」という意味の学名をもつこのフクロオオカミを，たいていのオーストラリア人は

むすび

「Tasmanian tiger」とよんで熱心に狩りたてた。飼っているヒツジを食い殺すからである。生き残ったフクロオオカミは世界各地に送られて公開され，珍しい生物種として人々を驚かせた。やがてその数は，ホバート動物園に残る1頭だけになった。それも1936年に死んでいる。タスマニアのもっとはずれにはもう少し長生きしたのが数頭いたかもしれず，きっとまだいるさ，と楽観視していたナチュラリストがそうした場所や，フクロオオカミがかつて確かにいたとわかっている，より自然に近い環境をさがしつづけた。しかしそれ以降，生存のしるしは1つとして見つかっていない。

ドードーが死滅したあと，われわれが消滅させた種はいくつかある。ほかに90種の鳥類と36種の哺乳類を，ハンターが手をくだすことによって直接，あるいは人間が世界中にひろがるにつれて持ち込んだ捕食動物によって間接的に，われわれは絶滅させた。

20世紀の初めになってようやく，人はわれわれ人類がいかに多大な害をおよぼしているかに気づきはじめた。理屈にあわないようだが，最初にそれをとめようと尽力したうちのひとりが，ヨーロッパのビッグゲーム・ハンターだった。アフリカのより荒々しい自然の横溢する領域の探索にのりだした彼らハンターは，特定の動物がそなえている角で最大のものを獲得しようとしのぎを削ったものだった。だが，彼らがいかに勇猛かつ巧妙に獲物に対峙し，携行するライフルがいかに精度と殺傷力に優れていようと，過去に打ち立てられた記録に肩をならべるのはもちろん，破ることはいよいよ不可能になってきていた。ハンターたちはようやく，ことの重大さに気づきはじめていたのである。自分が称賛してやまないまさにその動物を，みずからの手で死滅へと追い込んでいるのだと。自然の原野とて，無尽蔵ではないと。

1950年代までには，ビッグゲーム・ハンターがことに称賛を惜しまない1つの種が，事実上自然界から姿を消しかけた。アンテロープの一種で，他の何ものにも見ることのできないまっすぐ伸びたエレガントで力強い角をもつ，アラビアオリックスである。それでもまだヨーロッパや中東の動物園に，あるいは私人の所有物が数頭残ってはいた。

ハンターたちは一転，自然保護論者になった。飼育下にあったアラビアオリックスはすべて，この種の土着の環境とさしてちがわない気候条件をもつアリゾナのフェニックス動物園へと集められ，人工繁殖が始められた。動物たちはおのおのアラビア半島の異なる場所から移されてきていたから，新たにつくられた群れは遺伝上の差異が大きく，リスクの大きな近親交配の心配は少なかった。アラビアオリックスの頭数はすぐに増え，1978年までには，一部をアラビア半島に帰して自然の中で放し飼いにできるくらいにまでなった。もともとのふるさとである自然の中で歩きまわるアラビアオリックスは，今日では1000頭をこえるまでになった。

自然保護の気運が高まっていた。当時絶滅が危惧されていたジャイアントパンダが，自然保護の喫緊な必要性のシンボルとしてとりあげられた。ジャイアントパンダを人工繁殖させようという，ヨーロッパとアメリカで行なわれた試みはすべて失敗し，この種がほんとうに絶滅してしまうのではないかという事態が，大いに危惧された。だが，当時飼育下の個体を研究していた中国の動物学者がジャイアントパンダの複雑な繁殖周期を解明して

人工飼育を始め，やがて一部をもともとのすみかである竹林に帰すことのできるほど，その数は増えていった。

　鳥類もまた，一刻も早い助けを必要としていた。ニュージーランドにすむ飛べない大形のオウム，フクロウオウムは，かつてはニュージーランドの北島と南島の全域でよくみられた。だが，19世紀に入りこんできたヨーロッパ人がイヌやネコ，オコジョやネズミを持ち込むようになると，この飛べない大きな鳥はそれらのかっこうの餌食になった。1980年代には，フクロウオウムは絶滅寸前になっていた。しかし1987年のこと，総数37の生き残りが保護され，陸上生の捕食者のいない3つの離れ小島へ移された。風変わりな習性をもつこの鳥の，数を回復させるのは容易ではなかった。フクロウオウムは最も好ましい環境下でも，1回の繁殖で卵を1つ2つ程度しか生まないのである。だから，目下数が増加傾向にあるとはいえ，絶滅をまぬがれるかどうかはいまだ予断をゆるさない。

　史上最も大きな動物で，最大の恐竜をも凌駕する大形クジラも危機的状況にある。19世紀，極洋の低温からクジラの体をまもっている，油の豊富な皮脂層をめあてに，人間は大型クジラを狩りはじめた。当初は外洋でクジラを見つけしとめることのむずかしさが彼らをある程度守っていたが，20世紀になると，ノルウェーの捕鯨業者が先端に爆薬を仕込んだ銛を射出する捕鯨砲を導入，これをくらって生き延びるクジラはめったにいなかった。20世紀に入ってからの50年で，南極海だけで33万頭のシロナガスクジラが殺された。1955年には，目前に破局が迫っているのを見てとった世界の海洋国が一致団結した。クジラ殺しをやめることで合意がなされたのである。今では，大多数の種のクジラの数は回復しつつある。

　しかし悲しむべきは──それにもまして気に病むべきは──自然界になにより広範にひろまっており，じわじわと進行中の危機的事態が，人類がことさらにもたらしたものではなく，知らないあいだにうっかり生じたものであることだ。それが，じつに収拾しづらい事態なのである。18世紀も終わりをむかえるころ，イングランド北部の人々がエネルギー源として，あるいは種々の機械の動力源として，石炭をつかいはじめた。機械とは，布をはじめとする工業製品をつくったり，人や貨物を前代未聞のスピードではこぶ鉄道を敷設したりするためのものだ。のちに世界を席巻する，産業革命の始まりである。石炭を燃やして稼働する機械がはきだす煙霧は田園を汚し，大気を息苦しいものにした。そうした煙霧がやがては大気の化学組成を変え，結果として地球全体の気候にまで影響をおよぼすなど，ほとんどだれも想像しなかった。それでも，動きだしたこの過程はより早いペースでいまも進行中で，荒廃をもたらしつづけている。

　われわれがひきおこした気候変動のせいで，海は温暖化している。われわれが不用意に投棄したプラスティックや毒性廃棄物で深刻な汚染をこうむってもいる海は，旺盛な生産力喪失の危機にさらされている。まさにその海の中で，35億年前に生命が産声をあげた。それから6億年後，その生命は多細胞生物となった。その出現の証拠は，岩石に刻まれたかすかな刻印として残されている。より複雑で多彩な生きものたちが進化し，背骨をもった生きものから魚類が，両生類が，爬虫類が，鳥類が，そして哺乳類が生まれた。

むすび

　かくして，われわれもまだ完全には記載しきれないほど多数の種が，今日あるにいたった。それがどれほど複雑な世界なのか，それら種の間にはりめぐらされた相互依存関係の網の目がいかに広大なものであるかは，ほとんどわれわれの理解の外である。あまりに複雑なものだから，その末端につらなる生きものにあたえられたダメージがどのように波及するかの確かで正確な予測など，無理な話である。しかしこの複雑さをこそ，われわれは全力で守らなくてはならない。その生きものにそうしたダメージからこうむる最悪の影響をのみこんで自己治癒させられるのが，この複雑性であるからだ。

　人類はこの複雑なコミュニティーの一員である。われわれが口にするひとくちの食物も，われわれの肺をみたす空気も，それがえられるかどうかは自然界の恵み次第だ。われわれの健康は自然界の健康に依存している。人類はいまや，これまで地球上に存在した中で並ぶもののない強大な力をもつ種となった。その強大な力には，大きな責任がともなう。地球と，地球を故郷とする他のすべての生きもののことを気にかけるのは，われわれに課せられた義務である。

謝　辞

　本書は1970年代末に制作された，同じく《地球の生きものたち（*Life on Earth*)》というタイトルの13回シリーズのテレビ番組に基づいている。そうしたものをつくろうと思い立ったのは，当時ブリストルを本拠とするBBC自然誌班（ナチュラル・ヒストリー・ユニット）のシニアプロデューサーだったクリストファー・パーソンズ（Christopher Parsons）との対話がきっかけだ。彼がほかの2人のプロデューサー，リチャード・ブロック（Richard Brock）とジョン・スパークス（John Sparks）に声をかけ，4人でそれぞれの回のおおまかなアウトラインをつくった。

　よしこれで行こうと決まったら，各回の台本に描かれる場面を撮影してくれるナチュラル・ヒストリーに強いカメラマン——多くは専門的な技量をそなえた人材だ——を集めていった。このカメラマンたちが，われわれが選んだ生物種の研究にあたる学者の協力を得ながら仕事にあたった。彼らが撮った映像から，私はきわめて多くを学んだ。なかには学術文献が予言するとおりのものが映し出されていたり，専門分野に新たな光を投げかけるような映像もあった。番組の制作途上では，そうしたプロデューサーの誰かしらプラス少人数のクルー——モーリス・フィッシャー（Maurice Fisher），ポール・モリス（Paul Morris）と録音担当のリンドン・バード（Lyndon Bird）といった面々——とともに私は世界中を回り，画面に映り込んではカメラに語りかける映像を撮った。私の語ることばの意味があいまいだと容赦なくダメ出しをしてくれた彼らも，本書への企図せぬ貢献者であると言えよう。

　時は過ぎて，生物学者によって「生命の樹（ツリー・オブ・ライフ）」の全体像についてはそれ以降，おもに1950年代にDNAの分子構造が発見され，それによって遺伝のメカニズムが解明された結果として，大量の新事実が明らかにされている。さいわいなことに，そうした新たな洞察によって生命の樹についてのわれわれの総体的な理解が揺らぐことはなかったが，この「樹」のおのおのの枝に関する知識は更新され，より詳細になった。この最新の理解を反映するにあたって，本書の本文改訂に助力をいただいたマンチェスター大学のマシュー・コッブ（Matthew Cobb）教授に，私は大いに感謝するものである。生物学全般にわたる最新研究の詳細をカバーするコッブ教授の造詣は驚くべきもので，私の平易に語ろうとするがゆえの過ちを見逃さず，丹念に正してくださった。深くお礼申し上げる。

2018年6月
デイヴィッド・アッテンボロー

訳者あとがき

　この本はコリンズ社およびイギリス放送協会（BBC）によって1979年に刊行されたデーヴィッド・アテンボロー著 *Life on Earth* の全訳である。

　BBCの自然誌班（Natural History Unit）は，数年の歳月をかけて世界各地をまわり，実に100万ポンド（5億円に近い）という巨費をかけて，地球上の興味深い生きものたちの姿をテレビ・フィルムに収めた。このフィルムは13回にわたって，やはり *Life on Earth* というタイトルで放映され，イギリスおよび欧州各地の人々に多大の感銘を与えた。本書は，この成果を著者アテンボローがまとめ，さらに詳しい記述を加えることによって生まれたものである。したがって本書の内容は，テレビ・フィルムとほぼ完全に一致し，本書の各章は番組の1回分にそれぞれ対応している。なお，フィルムのほうは，日本でもNHKによって近く放映される予定である。

　実物を手に取ってみればすぐわかるとおり，この本の特色は，まずその豊富なすばらしい写真にある。そのあるものは美しく，あるものはひょうきんで愛着を感じさせるが，そのほとんどが自然環境下の動物の姿である。まっさかさまに水底めがけてもぐってゆくカモノハシや，夜の地上のアルマジロたち，深海魚，そのほか，これまであまり見られなかった写真も多い。袋の中のカンガルーの子のように，たいへん撮りにくいと思われるものもある。

　しかし，この本のすばらしさは写真のみごとさだけにあるのではない。著者アテンボローは，世界のさまざまな動物たちについて，進化という糸をたどりながら，詳しく，またわかりやすく語っている。それはイギリスのナチュラル・ヒストリー（自然誌）の粋ともいえるものである。なぜこのような動物が現われてきたのか，その動物の生きかたにはどこにメリットがあるのか，どこが泣きどころであったのか等々，話はその動物の立場に立って展開される。これはきわめて現代的な態度であり，われわれの生きものへの関心に新たな視点を与えてくれるものである。

　そして，興味深いさまざまな動物が次々と登場してくる叙述は，進化というものを実に生き生きと描きだしている。その点でも本書は，これまでに出版された多くの美しい写真集や体系的な解説書とは一味ちがった得がたい本といえるだろう。

　著者アテンボローは，ケンブリッジ大学で動物学を修めたのち，約27年にわたって，野生生物を一般の人々に紹介する仕事にたずさわってきた。彼は野生生物関係のフィルム制作者，著述家として現代イギリスの第一人者であるとともに，イギリス王立動物学会のフェローでもあり，イギリスを代表する動物学者，自然誌学者としてきわめて著名である。

地球の生きものたち

この本のすばらしいできばえが，才能豊かなジャーナリストであると同時に第一級の研究者であるという彼のきわめて稀な資質に負うものであることはいうまでもない。

　翻訳は，第1章～7章，9章を羽田節子，8章を樋口広芳，10～13章を今泉吉晴が担当し，全体を日高が読んで訳文，訳語の統一をした。また，一部の生物名については，保田淑郎，疋田努，安田富士郎の諸氏をはじめとして専門家のかたがたに教えていただいたが，最終的には日高が全体の文脈の中で適当と思われる形にした。巻末の索引については，項目を生物名に限定し，一般の読者にとって有用と思われる情報をつたえている個所のみをとった。また，目次と重複するような項目，すなわち，昆虫類，魚類，爬虫類，哺乳類等々ははぶいた。

　最後に，早川書房編集部でこの本を担当した宇佐美力氏は，訳稿を実に丹念に検討し，訳文をはじめ多くの点について有益な示唆を与えて下さった。大部の本でもあり，完成までにはやはりかなりの時間がかかった。お世話になった上記のみなさまに心からお礼申し上げるとともに，この本が，生きものの世界を知るよい手引書となることを祈って筆をおく。

1981年8月　日高敏隆
（本書初版よりそのまま転載）

『地球の生きものたち〔決定版〕』について

　本書は2018年末に英米で刊行されたアッテンボロー著 *Life on Earth*，原書刊行40周年記念版の邦訳である。原書の40周年記念版は，判型がひと回り大きくなったことに加え，初版刊行以降の学説の変遷や新発見にしたがって本文が改訂され，写真はほぼすべてが新しいものに差し替えられている。本邦訳版も同じ大きな判型に切り替え，原書の本文改訂を反映させた。故人となられた訳者の担当された章の本文改訂については，著作権継承者の許諾のもと，翻訳者の大田直子，小松佳代子，田沢恭子の3氏に改訂部分の訳を作成していただき，生物学関連の訳書の多い翻訳者，垂水雄二氏の閲読を経て訳文の差し替え・追補を行なった。なお本決定版では，著者名表記を現在流布したものに変更している。

（早川書房編集部記）

索 引

〔ア〕
アイアイ（*Daubentonia madagascariensis*） 302
アヴァヒ 302
アウストラロピテクス（*Australopithecus*） 322, 324
アオアシカツオドリ（*Sula nebouxii*） 224
アオアズマヤドリ（*Ptilonorhynchus violaceus*） 219
アオジタトカゲ（*Tiliqua scincoides intermedia*） 187
アオリイカ（*Sepioteuthis lessoniana*） 52, 53
アカウアカリ（*Cacajao calvus calvus*） 304, 305
アカカンガルー 249
アカゲザル 308
アカメアマガエル（*Agalychnis callidryas*） 162, 163
アグーチ（*Dasyprocta*） 283, 284
アゲハチョウ（*Papilionidae*） 103
アジサイ（*Hydrangea*） 102
アシナシトカゲ 187
アツカツクリ（*Leipoa*） 223
アナウサギ 278, 279, 289
アナツバメ（類）（*Collocalia linchii*） 222, 223
アノマロカリス（*Anomalocaris*） 61
アホウドリ（*Diomedea*） 203
アホロートル（*Siredon/ambystoma mexicanum*） 153, 154
アマガエル 156, 157
アマツバメ類（*Apodidae*） 203
アメリカアリゲーター（*Alligator mississippiensis*） 182
アメリカカブトガニ（*Limulus polyphemus*） 64, 65
アメリカドクトカゲ（*Heloderma suspectum*） 184
アラビアオリックス（*Oryx leucoryx*） 338, 339, 341
アリ（類）（*Formicidae*） 11, 111, 115-117, 184, 202, 232, 247, 257, 259, 262, 273, 318
アリクイ（*Vermilingua*） 257, 262, 273, 275, 291, 297
アリスイ（*Jynx*） 257
アルテンスタインオニソテツ（*Encephalartos altensteinii*） 86, 87
アルマジロ（*Dasypodidae*） 259, 262, 291, 345
アンキオルニス（*Anchiornis huxleyi*） 194, 195
アンコウ（*Lophiiformes*） 141
アンテロープ（類）（*Alcelaphinae*） 111, 119, 179, 181, 188, 279, 283, 293, 294, 322, 340, 341
アンフィウマ 154
アンモナイト（類）（*Ammonoidea*） 16, 17, 49, 55, 180
アンワンティボ（*Arctocebus*） 305
イエスズメ 210
イカ（*Decapodiformes*） 49, 52, 136, 274
イガイ類 47
イガゴヨウ（ブリッスルコーンパイン）（*Pinus aristata*） 88, 89
イグアナ 12, 13, 173, 174, 181, 184
イクチオサウルス類 175, 195, 254

イソギンチャク（*Actiniaria*） 32, 35, 121
イチイモドキ（*Sequoiadendron giganteum*） 87
イチゴヤドクガエル（*Oophaga pumilio*） 160, 161
イヌ（類） 269, 283, 284, 289, 292, 296, 297, 299, 342
イモガイ（類）（*Conidae*） 46
イモリ（*Triturus*） 151, 153, 173
イリエワニ（*Crocodylus porosus*） 182
イルカ（類）（*Delphinidae*） 266, 274
インコ（類）（*Melopsittacus*） 209, 247
インドセンザンコウ（*Manis crasssicaudata*） 258, 259
インドリ（*Indri indri*） 301, 302, 315
インパラ（*Aepyceros melampus*） 294
ウ（類）（*Phalacrocorax*） 13, 202
ウアカリ 306
ヴァージニアオポッサム 238, 244
ヴィスカチャ（*Lagidium viscacia*） 290, 291
ヴェルヴェットモンキー（*Cercopithecus aethiops*） 306
ウオクイコウモリ（*Noctilio*） 269
ウサギ（*Leporidae*） 254, 263, 279
ウスイロホソマウスオポッサム（*Marmosops impavidus*） 238, 239
ウズムシ 43
ウニ（*Echinoidea*） 17, 39, 56
ウマ（類） 291-293, 331
ウミイグアナ（*Amblyrhynchus cristatus*） 12, 13, 172-174, 184
ウミウシ（類）（*Nudibranchia*） 46, 47, 49
ウミエラ（類）（*Pennatulacea*） 34-37, 58
ウミガメ 184
ウミサソリ（*Eurypterida*） 65
ウミザリガニ（*Nephropidae*） 39, 65, 195
ウミシダ（*Comatulida*） 55, 56
ウミツバメ類 224
ウミツボ類 55
ウミトサカ（*Oreaster reticulatus*） 54, 55
ウミヘビ類 191
ウミユリ（類）（*Crinoidea*） 40, 41, 52, 54-56, 58
エイ（類）（*Batoidea*） 129, 134, 136
エスパニョラゾウガメ（*Chelonoidis nigrahoodensis*） 14, 15
エゾバイ類（*Buccinum*） 46
エニシダ（*Cytisus*） 95
エビ 61, 65, 231
エビジャコ（*Caridea*） 39, 65
エミュー（*Dromaius novaehollandiae*） 242
エランド（*Taurotragus*） 294
エレファントフィッシュ 141
エンペラーモス（*Saturniidae*） 110
オウムガイ（*Nautilus pompilius*） 49-52
オウム（類）（*Psittaciformes*） 13, 49, 202, 207, 210, 223, 342
オオアシコモリグモ（*Pardosa*） 77, 78
オオアメリカモモンガ（*Glaucomys sabrinus*） 244, 245
オオアリクイ（*Myrmecophaga tridactyla*） 247, 260-262, 291

オオアルマジロ（*Priodontes*） 262
オオカミ 244, 327, 340
オオコウモリ 269
オオサンショウウオ（*Andria japonicas*） 151-153
オオシャコガイ（*Tridacna*） 47
オオツパイ（*Tupaia tana*） 254
オオトカゲ科 184
オオナマケモノ（*Mylodon*） 291, 326
オオハシ類（*Ramphastidae*） 202
オオフラミンゴ（*Phoenicopterus roseus*） 218, 219
オオミズアオ 105
オカピ（*Okapia johnstoni*） 284
オキアミ（*Euphausiacea*） 65, 273, 274
オグロプレーリードッグ（*Cynomys ludovicianus*） 290
オコジョ 284, 342
オーストラリアツツカッツクリ 223
オニヒトデ（*Acanthaster planci*） 58
オフリス 94, 95
オポッサム（類）（*Didelphimorphia*） 238-242, 244, 249
オランウータン（*Pongo*） 311, 312, 315, 316

〔カ〕
カ（*Culicidae*） 13, 110, 263, 268
ガ 11, 95, 105, 108, 110, 263, 268, 269
カイコガ（*Bombyx mori*） 105
海綿（*Porifera*） 29, 32, 35, 195
カイロウドウケツ（*Euplectella aspergillum*） 32
カエデチョウ類 209
カエル（類）（*Anura*） 113, 156, 157, 160, 163, 164, 166, 167, 169, 170, 175, 182, 238, 269
ガガンボ（*Tipula*） 89
カギムシ（*Peripatus novaezealandiae*） 60, 61
カケス（*Garrulus*） 202
カゲロウ 108
ガゼル（*Gazella*） 293, 294
カタカケフウチョウ（*Lophorina superba*） 214
カタツムリ 45, 67, 219, 278
カタボイワシ（*Sardinella aurita*） 130, 131
カツオ 130
カツオドリ（*Sula*） 224
カツオノエボシ（*Physalia physalis*） 32-34
カッコウ（*Cuculidae*） 224
カニ 49, 59, 62, 65
カブトガニ 62, 65, 123, 195
カベヤモリ（*Tarentola*） 186, 187
カマドリ（*Seiurus aurocapilla*） 223
カミキリムシ（*Cerambycidae*） 90
カメ（類）（*Testudines*） 13, 14, 181, 182, 184
カメノテ 65
カメレオン（*Chamaeleonidae*） 7, 184, 185
カモノハシ（*Ornithorhynchus anatinus*） 230-233, 238, 241, 250
カモ（類）（*Anatidae*） 201, 209, 229
カモメ類 65, 145, 220, 227
ガラガラヘビ（*Crotalus*） 191, 192, 220
ガラゴ（*Galago*） 305, 306
ガラパゴスコバネウ（*Nannopterum harrisi*） 227

347

カラマツ 84
カレイ（*Paralichthys dentatus*） 134
カワセミ（Alcedinidae） 223
ガンカモ類 224
カンガルー（類）（Macropodidae） 246, 247, 249, 250, 334, 340
ガンギエイ（Rajidae） 129, 134
環形動物（Annelida） 58, 59, 65, 67, 123
カンテツ 43
カンムリカイツブリ（*Podiceps cristatus*） 208-210
キーウィ（*Apteryx*） 227, 242
キクガシラコウモリ（*Rhinolophus ferrumequinum*） 264, 265
キクロラナ（*Cyclorana*） 170
キジオライチョウ（*Centrocercus urophasianus*） 210, 212, 213
キジ類 207, 210
キタオポッサム（*Didelphis marsupialis virginiana*） 240, 241
キツツキ（Picidae） 201, 223, 257
キツネザル（類） 8, 297, 301, 302, 305-307
キミガヨラン 95
キムネコウヨウジャク（*Ploceus philippinus*） 224, 225
ギュンタームカシトカゲ（*Sphenodon guntheri*） 175-177
恐竜類 179, 181, 195, 196, 227, 238, 279
キョクアジサシ（*Sterna paradisaea*） 203, 206
棘皮動物（Echinodermata） 55, 56, 58, 59
魚竜類 175, 195, 254
キリギリス 83, 108
キングプロテア（*Protea cynaroides*） 243
ギンバイカ（Myrtaceae） 93
キンミノフウチョウ（*Cicinnurus magnificus*） 214, 215
クイナ類 227
クサリヘビ類 191
クジャク（類） 137, 207
クジラ（類） 65, 252, 259, 270-275, 342
グッピー 220
クモ（類）（Araneae） 11, 75, 77, 89, 110, 115, 134, 162, 163
クモザル（*Ateles*） 307
クモヒトデ（Ophiuroidea） 39, 56
クラゲ（類）（Scyphozoa） 32, 34, 39, 43, 44, 47, 58, 59, 61, 126
グラミー（*Osphronemus*） 133
クロカンガルー（*Macropus fuliginosus*） 251
クロヅル（*Grus grus*） 203-205
クロハサミアジサシ（*Rynchops niger*） 198, 199
グンタイアリ（*Eciton*） 117, 119
齧歯類 11, 246, 254, 263, 278, 283, 288, 289
ケープコブラ（*Naja nivea*） 190, 191
ケワタガモ 201
原猿類 297, 299, 302, 305, 306
原始魚類（Agnatha） 126, 129, 136
コアラ（*Phascolarctos*） 247
コアリクイ 262
コウイカ（Sepiida） 49, 52
甲殻類（Crustacea） 65, 67, 68, 74, 81, 102, 129, 130, 136, 137, 145, 201, 273, 308
後牙類 191

硬骨魚（類） 134, 137, 141
ゴウシュウムシクイ類（*Acrocephalus australis*） 223
甲虫（類）（Coleoptera） 13, 89, 91, 93, 102, 103, 105, 110, 111, 164, 202, 231, 256, 263, 278, 302, 306
コウテイペンギン（*Aptenodytes forsteri*） 201
コウノトリ 203, 224
コウモリ（類）（Chiroptera） 264, 266-269, 272, 274, 275, 297, 305
広翼類 65
コオロギ 83, 103, 108, 263
ゴキブリ（類）（Blattodea） 83, 102, 103, 111, 113, 268
コクマルガラス 202, 219
コクレルシファカ（*Propithecus coquereli*） 300
コケ（類）（Hepaticae） 72, 74, 75, 77, 83, 153, 264, 316
コチドリ（*Charadrius dubius*） 220, 221
コバナテングザル（*Macaca fuscata*） 306
コバネウ（*Phalacrocorax*） 227
コビトキツネザル（*Microcebus*） 302, 305
コブヒトデ（*Pentaceraster cumingi*） 55-57
コブラ類 191
コモチガエル（*Nectophrynoides*） 169, 170
コモチカナヘビ 220
コモリガエル（*Pipa pipa*） 164
コヤスガエル（*Eleutherodactylus*） 169
ゴライアスガエル（*Gigantorana*） 157
ゴリラ（*Gorilla*） 311, 315, 316, 318, 324
コルクガシ（*Quercus suber*） 92, 93
コンゴウインコ（*Ara*） 201
コンパスシロアリ（*Amitermes meridionalis*） 115

〔サ〕
サイ（Rhinocerotidae） 246, 284, 288, 322, 331
サイチョウ類 223
サイホウチョウ（*Orthotomus*） 223
サギ類 202
サクサン（*Antheraea pernyi*） 104, 105
サケ（*Oncorhynchus*） 142, 143, 145
サスライアリ（*Dorylus*） 117
サソリ（類）（Scorpiones） 75, 81, 117
ザトウクジラ（*Megaptera novaeangliae*） 272-275
サナダムシ（Cestoda） 43
サバ 130
サバンナアフリカオニネズミ（*Cricetomys gambianus*） 278
サメ（類）（Selachimorpha） 129, 130, 134, 136, 180, 220
サラサモクレン 91
サル類 157, 247, 280, 290, 297, 299, 305-308, 310, 320
サンゴ（類） 17, 35, 37, 39, 40, 43, 44, 47, 56, 58, 126, 127, 133, 134, 136, 137
サンシキヒルガオ 93
サンショウウオ 153, 154, 175, 187, 220
サンバガエル（*Alytes obstetricans*） 166, 167
サンヨウチュウ（類） 40, 58, 61-63, 65, 67, 102, 123, 124, 136
シアノバクテリア 26
シカ 279, 284, 293, 331, 334
ジギタリス 93
始祖鳥（*Archaeopteryx*） 195, 196, 198, 227

シダ（類）（Pteridophyta） 20, 77, 79, 83, 84, 89, 93, 179, 277, 279, 316
シファカ 301, 302
シマウマ（*Equus quagga*） 293-296, 322, 340
シマテンレック（*Hemicentetes semispinosus*） 255
シミ（類） 81, 82
ジムヌラ（*Echinosorex*） 255
ジャイアントパンダ（*Ailuropoda melanoleuca*） 341
ジャガー（*Panthera onca*） 262, 276, 277, 283, 284
シャクトリムシ（Geometridae） 103
シャクナゲ 93
シャチ（*Orcinus orca*） 274
シャミセンガイ（*Glottidia albida*） 45
獣脚類 175, 196
獣弓類 236
ジュウニセンフウチョウ（*Seleucidis melanoleucus*） 214
シュモクザメ（Sphyrnidae） 136
食虫類 254-257, 263, 266, 299, 307
シーラカンス（類） 148, 149, 151, 153
シレン 154
シロアリ（類）（Isoptera） 111-113, 115-117, 119, 123, 188, 223, 232, 257, 259, 262, 316, 318, 320
シロオビネズミカンガルー（*Bettongia lesueur*） 247, 249
シロナガスクジラ（*Balaenoptera musculus*） 52, 274, 342
真猿類 297, 306, 307
針葉樹（Pinophyta） 84, 87
スイカズラ 93
スイレン 91
スギゴケ（類） 72
ズグロムシクイ（*Sylvia atricapilla*） 206
スズガエル（*Bombina*） 157
スズメガ（Sphingidae） 89
スズメバチ類（Vespidae） 105, 111, 115, 116, 202, 223
スタペリア 93, 95
ストローオオコウモリ（*Eidolon helvum*） 266, 267
スナジャコ 67
スプリッギナ 9, 58
スプリングボック（*Antidorcas marsupialis*） 284, 286, 287, 294
スマトラオランウータン（*Pongo abelii*） 312, 313
スマトラサイ（*Dicerorhinus sumatrensis*） 282-284
スミレ 93
スローロリス（*Nycticebus*） 305
セイヨウイシノミ（*Petrobius maritimus*） 82
セイラン（*Argusianus argus*） 210, 211
セグロアジサシ（*Onychoprion fuscatus*） 203
ゼニゴケ（類）（*Marchantia polymorpha*） 72, 74, 83
セミ（類）（Cicadoidea） 103, 108, 110
センザンコウ（*Manis*） 257, 259, 262
センジュナマコ（*Scotoplanes*） 56
蠕虫 10, 20, 23, 153, 160, 231, 238
ゾウ（Elephantidae） 214, 279, 288, 291, 297, 322
双翅類 89
ゾウリムシ（*Paramecium multimicronucleatum*） 28, 29
ソテツ（類）（Cycadales） 84, 91, 179, 279
ソレノドン 255

索　引

[タ]
ダイオウイカ　52
ダイオウホウズキイカ（Mesonychoteuthis hamiltoni）　52
ダイカー（Cephalophus）　283, 284, 293
体節動物　40, 44, 58, 61, 74, 75, 77, 102, 126
ダーウィンガエル　169
ダーウィンフィンチ類　201
タカアシガニ（Macrocheira kaempferi）　65
タカラガイ（類）（Cypraeidae）　39, 45, 46
タコ（Octopoda）　49, 52, 59, 136
タチアオイ　93
ダチョウ　179, 227, 242
タツノオトシゴ（Hippocampus abdominalis）　132, 133, 220
タテジマキンチャクダイ（Pomacanthus imperator）　137-139
タマゴケ（Bartramia pomiformis）　72, 73
タマリン（Saguinus）　307
多毛類（Polychaeta）　39, 58, 124
ダンゴムシ　67
チスイコウモリ（Desmodontidae）　269, 272
チーター（Acinonyx jubatus）　294
チドリ類　220
チビトガリネズミ　256
チメドリ類　207
チョウ（Rhopalocera）　11, 89, 93, 98, 103, 105, 106, 108, 110
チョウセンアサガオ（Datura sp.）　201
チョウチョウウオ　137, 209
チンパンジー（Pan troglodytes）　274, 297, 311, 316-320, 324, 329, 330
ツカツクリ類　223, 224
ツタノハガイ類　45
ツツボヤ（Clavelina lepadiformis）　120, 121
ツパイ（類）（Scandentia）　253-255
ツバメ　207
ツムギアリ（Oecophylla smaragdina）　116, 119
ツメバケイ（Opisthocomus hoazin）　196, 197
ディアトリマ　227, 228, 242
ティクターリク（Tiktaalik）　149, 151
ディクディク（Madoqua）　293
ディメトロドン（Sphenacodon synapsid）　236, 237
デスマン（Desmanini）　256
テッポウウオ（Toxotes）　141
テナガザル（類）（Hylobates）　311, 315
デニソワ人　326
デンキウナギ（Electrophorus electricus）　142, 143
テンジクネズミ　291
テンレック（Tenrecidae）　255
ドウクツアナツバメ（Collocalia linchii）　222, 223
ドウグロライオンタマリン（Leontopithecus chrysomelas）　308, 309
頭足類（Cephalopoda）　49, 52
トカゲ科（Scincidae）　184, 187
トカゲ（類）（Sauria）　8, 13, 20, 23, 117, 171, 174, 175, 180, 181, 184, 187, 196, 238, 259, 269, 277, 334
トガリネズミ（類）（Sorex）　188, 231, 238, 256, 266, 274, 291, 299
ドクガエル（Dendrobatidae）　167
トクサ（類）（Equisetum）　77, 78, 82, 83, 93, 151, 179

トゲトカゲ（Moloch horridus）　184
トゲトサカ（Dendronephthya）　55, 137
ドードー　340, 341
トビハゼ（Periophthalmus）　146-149, 153
トビムシ（collembolan）　81, 102
トムソンガゼル（Eudorcas thomsonii）　292, 293
トリケラトプス　180, 181
ドリル　308
トンボ（類）（Odonata）　83, 87, 103, 164

[ナ]
ナイチンゲール　207
ナイフフィッシュ　141
ナイルタイヨウチョウ（Hedydipna platura）　6, 7
ナイルワニ（Crocodylus niloticus）　181-183
ナナフシ　111
ナマケモノ（Folivora）　280, 281, 283, 291
ナマコ（Holothuroidea）　56
ナマズ（Siluriformes）　136
ナメクジ　45, 67, 153, 160
ナメクジウオ　123, 124, 136
軟骨魚類　129
軟体動物（Mollusca）　17, 20, 26, 44-47, 49, 58, 59, 67, 123, 126, 129
ナンバット　247, 257
ナンベイアシナシイモリ（Siphonops annulate）　156
ニシキヘビ（Pythonidae）　117, 188
ニシナメクジウオ（Branchiostoma lanceolatum amphioxus）　124, 125
ニシバショウカジキ（Istiophorus albicans）　130, 131
ニホンザル（Macaca fuscata）　297, 308, 310, 311
二枚貝　39, 47, 49, 58
ニワシドリ（類）（Ptilonorhynchidae）　219
ヌー（Connochaetes）　292-296
ヌメリゴチ　133
ネアンデルタール人　325, 326
ネオピリナ（Neopilina）　44, 45, 49
ネコ類　284, 289, 296
ネズミ類（Rodentia）　278, 284
ネズミイルカ類　274
ネズミカンガルー（類）（Hypsiprymnodon moschatus）　247, 249
ノトルニス（Porphyrio hochstetteri）　227
ノミ（Siphonaptera）　202, 243

[ハ]
羽アリ（Lasius niger）　87, 113
ハイイロキツネザル（Hapalemur）　302, 305
ハイエナ（Crocuta）　295, 296, 323, 327
肺魚（類）（Dipnoi）　8, 9, 150, 151, 170
パイク（Esox）　133
ハエ（Diptera）　93, 99, 103, 105, 106, 110, 141, 263
ハエトリグモ　77
バカ（Cuniculus）　283
ハキリアリ（Atta）　116
バク（Tapirus）　284, 291
ハクジラ類　203
バクテリア　21-23, 26, 27, 141, 195, 278, 279
バケツラン（Coryanthes）　95
ハゲワシ類　203

ハコフグ　133
ハサミアジサシ（Rynchopidae）　198, 199, 201
ハタオリドリ（Ploceidae）　223
ハダカデバネズミ（Heterocephalus glaber）　288, 289
パタスモンキー（Eryhtrocebus）　323
ハチ　11, 87, 116
ハチドリ類（Trochilidae）　11, 13, 203, 269
バッタ（Caelifera）　83, 117
ハナアブ（Syrphidae）　93, 105
ハナバチ（類）（Anthophila）　93, 95, 98, 115, 116
ハナムグリ　89
ハネオツパイ（Ptilocercus lowii）　297, 299
ハネジネズミ（Macroscelididae）　255
バーバリーザル　308
パフアダー　117
ハマグリ類　47
ハマトビムシ　67
ハヤブサ　203
バラ　93
ハリネズミ（Erinaceus）　232, 256
ハリモグラ（Tachyglossus aculeatus）　232-236, 238, 241, 250, 257
ハルキゲニア（Hallucigenia）　61
ハワイミツスイ（類）（Drepanididae）　198, 201
パンサーカメレオン（Furcifer pardalis）　184, 185
反芻類　279
盤竜類　236
ヒカゲノカズラ（類）（Lycopodium）　77, 78, 83, 151
ヒキガエル　157, 160, 164
ヒクイドリ（Casuarius）　227, 228, 242
ピグミーマーモセット（Cebuella）　307
ヒゲガラ　210
ヒゲクジラ（類）（Mysticeti）　273, 274
ヒスパヌスコガネオサムシ（Carabus hispanus）　100-102
ビチャー　130, 150, 151
ヒッコリーマツ（Pinus longaeva）　87
ヒト　266, 311, 322, 329
ヒトデ（Echinaster callosus）　39, 56, 58
被嚢動物　59
ヒヒ（類）（Papio）　308, 324
ヒマラヤスギ　84
ヒメアリクイ（Cyclopes didactylus）　262
ヒメアルマジロ（Chalmyphorus）　262
ヒメバチ　110
ヒョウ（Panthera pardus）　284, 286, 287
ヒョクドリ（Cicinnurus regius）　214, 216, 217
ヒヨケザル　263, 264
ヒヨドリ類　207
ヒラシュモクザメ（Sphyrna mokarran）　134, 135
ヒレナガチョウチンアンコウ（Caulophryne jordani）　140, 141
ピレネーデスマン　256
ヒワ類　198
フィリピンメガネザル（Tarsius syrichta）　302, 303
フィンチ類（Fringillidae）　201, 331
フウキンチョウ類　203
フウチョウ類　8, 210, 214, 219
フォッサ（Cryptoprocta ferox）　302
フキナガシフウチョウ（Pteridophora alberti）　214

フクロアマガエル（*Gastrotheca*）169
フクロアリクイ（*Myrmecobius fasciatus*）247-249, 257
フクロウオウム（*Strigops habroptilus*）226, 227, 342
フクロオオカミ（*Thylacinus cynocephalus*）340, 341
フクロガエル 220
フクロネコ（*Dasyurus*）246
フクロハツカネズミ（*Pseudomys*）246
フクロミツスイ（*Tarsipes rostratus*）246
フクロモグラ 247
フクロモモンガ（*Petaurus breviceps*）247, 263
フクロライオン（*Thylacoleo*）246
フサスギナ（*Equisetum sylvaticum*）80, 81
フジツボ 65
ブタオザル（*Macaca nemestrina*）308
フタツユビナマケモノ 281
プテロサウルス類 175, 195, 238, 254, 264
フネダコ 49
ブラザゲエノン（*Cercopithecus neglectus*）306
プラナリア 164
フラミンゴ（類）（*Phoenicopteridae*）201
ブルーバック（*Hippotragus leucophaeus*）340
プレシオサウルス類 175, 254
プレーリードッグ（*Cynomys*）289, 290
糞虫 110
ヘイゲンシマウマ 294
ヘスペロルニス 227
ベッコウバチ 110
ベニザケ（*Oncorhynchus nerka*）144, 145
ヘビ（類）（*Serpentes*）32, 105, 117, 119, 157, 175, 187, 188, 191, 228, 334
ヘビウ類（*Anhinga*）202
ヘビトカゲ類（*Ophidiocephalus taeniatus*）187
ペリングウェイアダー（*Bitis peringueyi*）188, 189
ヘルクレスカブトムシ 111
ベンガルトラ（*Panthera tigris tigris*）284, 285
ペンギン（類）（*Spheniscidae*）201, 209, 210, 227
扁形動物 43, 44, 46, 58
ボア類（*Boidae*）188
ホウボウ（*Trigla*）134
ホエザル（*Alouatta*）307, 312
ホオヒゲオマキザル（*Sapajus libidinosus*）319
ホシバナモグラ（*Condylura cristata*）256
ホシムクドリ 202
ホソバミズゼニゴケ（*Pellia endiviifolia*）74
ホソロリス（*Lorisinae*）305
ポタモガーレ（*Potamogale velox*）255
ポットー（*Perodicticus*）305
ホミニン 322-324
ホモエレクトゥス（*Homo erectus*）324, 325
ホモサピエンス（*Homo sapiens*）321, 325, 335
ホヤ（類）（*Ascidiacea*）121-124
ボルボックス（*Volvox*）29

〔マ〕

マイコドリ類 210
マウンテンゴリラ（*Gorilla beringei beringei*）314, 315
マカクザル（*Macaca*）308, 310
マカジキ 130
マグロ 130
マダガスカルオナガヤママユ（*Argema mittrei*）108, 109
マツ（*Pinus*）84, 90
マツカサトカゲ（*Tiliqua rugosa*）184, 187
マッコウクジラ（*Physeter macrocephalus*）52, 269-271, 274
マッドパピー（*Necturus*）154
マムシ類（*Crotalinae*）191
マメジカ（*Tragulus*）8, 9, 283, 284, 291, 293
マーモセット（類）（*Callithrix jacchus*）307
マレーヒヨケザル（*Cynocephalus variegatus*）264
マンタ（*Manta birostris / alfredi*）128, 129
マンドリル 306, 308
マンバ類 191
マンモス 326, 330, 331, 334, 340
ミジンコ 65
ミズオポッサム 242
ミズガメカイメン（*Xestospongia testudinaria*）29-31
ミスジヤドクガエル（*Ameerega trivittata*）168, 169
ミズナギドリ類（*Puffinus*）207
ミソラカサ（*Patella caerulea*）46
ミツオビアルマジロ（*Tolypeutes*）262
ミツバチ（*Apis mellifera*）93, 105, 115, 116, 241
ミツユビナマケモノ（*Bradypus variegatus*）281, 283
ミドリイシ（*Acropora*）38, 39
ミミズ（類）43, 58, 156, 160, 188, 238, 255-257
ムカシトカゲ 175
ムカデ（類）（*Chilopoda*）75
ムカデエビ綱 81
ムササビ 280
ムシクイ類 209
無足類 154, 156, 157
ムツオビアルマジロ（*Euphractus sexcinctus*）259
無尾類 156, 157, 163, 164
メガネザル（*Tarsiidae*）305, 306
メクラウナギ（*Myxinidae*）125
モア（*Dinornithidae*）227
木性シダ 79, 82, 179
モクメシャチホコ（*Cerura vinula*）103
モグラ 247, 256, 257, 262, 276
モクレン（類）90, 91
モササウルス（*Mosasauridae*）180
モミ 84
モモンガ 280
モンガラカワハギ（*Balistidae*）133, 134

〔ヤ〕

ヤシガニ（*Birgus latro*）66, 67
ヤスデ（類）（*Diplopoda*）67, 74, 75, 81, 83, 111
ヤツメウナギ（*Lampetra*）125, 126, 136
ヤドカリ（*Paguroidea*）67
ヤナギウミエラ（*Virgularia gustaviana*）36, 37
ヤマツパイ（*Tupaia montana*）298, 299
ヤマネ（*Gliridae*）280
ヤモリ類 187
ヤリハシハチドリ（*Ensifera ensifera*）200, 201
有蹄類 283
有尾類（*Caudata*）151, 154, 156
ヨウガンサボテン（*Brachycereus nesioticus*）69-71
翼手目 272
翼竜類 175, 195, 227, 238, 254, 263
ヨザル 305, 306
ヨツメウオ 141
ヨナクニサン（*Attacus atlas*）111
ヨロイトカゲ（*Smaug giganteus*）184
ヨーロッパコウノトリ（*Ciconia ciconia*）203
ヨーロッパヒキガエル（*Bufo bufo*）157, 164, 165
ヨーロッパフタオチョウ（*Charaxes jasius*）106, 107

〔ラ〕

ライオン（*Panthera leo*）294, 295, 323
ライチョウ類 210
ラヴェンダー 93
ラティメリア（*Latimeria*）149
ラフレシア（*Rafflesia keithii*）95-97
ラン 95
藍藻類 26, 27
ランドックサソリ（*Buthus occitanus*）76, 77
リカオン 323
リクイグアナ（*Conolophus subcristatus*）173
リクガメ（ガラパゴスゾウガメ）（*Testudo elephantopus*）14, 171
リス（類）（*Sciuridae*）253, 278, 280, 299, 307
竜脚類 179, 180, 198
緑藻類 26
リングレラ 44, 49
類人猿（*Hominoidea*）14, 297, 311, 312, 315, 316, 319, 320, 322
ルゴソドン 238
ルリボシヤンマ（*Aeshna juncea*）84, 85
レア 227, 242
霊長類 254, 297, 299, 300, 305, 307, 308, 311, 315, 320, 322, 323, 329
ロシアデスマン 256
ロバ 293

〔ワ〕

ワオキツネザル（*Lemur catta*）299-302
ワキマクアマガエル（*Dendropsophus ebraccatus*）163
ワシタカ類 224, 289
ワシ類 203
ワスレナグサ 93
ワニ（類）（*Crocodylinae*）149, 180-182, 184
ワラジムシ 40, 67
ワラストビガエル（*Rhacophorus nigropalmatus*）157-159
ワラビー 249
腕足類 40, 44-47, 59, 124

図版クレジット／PICTURE CREDITS

page 2–Cyril Ruoso/naturepl.com;**page 4**–Georgette Douwma/naturepl.com;**page 6**–Melvin Grey/naturepl.com;**page 9**–Dorling Kindersley/UIG/Science Photo Library;**page 12**–Pete Oxford/naturepl.com;**page 15**–Tui De Roy/Minden Pictures/FLPA RM;**page 16**–Sinclair Stammers/naturepl.com;**page 18**–© Dean Fikar/Getty Images;**page 24**–Floris van Breugel/naturepl.com;**page 28**–Dennis Kunkel Microscopy/Science Photo Library;**page 30**–Jurgen Freund/naturepl.com;**page 33**–Jurgen Freund/naturepl.com;**page 36**–Georgette Douwma/naturepl.com;**page 38**–Brandon Cole/naturepl.com;**page 41**–Doug Perrine/naturepl.com;**page 42**–Franco Banfi/naturepl.com;**page 45**–Visuals Unlimited/naturepl.com;**page 46**–B. Borrell Casals/FLPA RM;**page 48**–Alex Mustard/naturepl.com;**page 50**–Jurgen Freund/naturepl.com;**page 53**–Alex Mustard/naturepl.com;**page 54**–Georgette Douwma/Science Photo Library;**page 55**–Andrew J. Martinez/Science Photo Library;**page 57**–Brandon Cole/naturepl.com;**page 60**–Alex Hyde/naturepl.com;**page 63**–Natural History Museum, London/Science Photo Library;**page 64**–Sean Crane/Minden Pictures/FLPA RM;**page 66**–Pete Oxford/naturepl.com;**page 70**–Kerstin Hinze/naturepl.com;**page 73**–Duncan McEwan/naturepl.com;**page 74**–Alex Hyde/naturepl.com;**page 76**–Stephen Dalton/naturepl.com;**page 79**–Alex Hyde/naturepl.com;**page 80**–Visuals Unlimited/naturepl.com;**page 82**–Robert Thompson/naturepl.com;**page 85**–Robert Thompson/naturepl.com;**page 86**–Dr Neil Overy/Science Photo Library;**page 88**–Kirkendall-Spring/naturepl.com;**page 90**–Stephen Dalton/naturepl.com;**page 91**–Nick Upton/naturepl.com;**page 92**–Roger Powell/naturepl.com;**page 94**–Colin Varndell/naturepl.com;**page 97**–Jouan Rius/naturepl.com;**page 100**–Pascal Pittorino/naturepl.com;**page 104**–Visuals Unlimited/naturepl.com;**page 107**–Paul Harcourt Davies/naturepl.com;**page 109**–Imagebroker/Alexandra Laube/Imagebroker/FLPA;**page 112**–Mitsuhiko Imamori/Minden Pictures/FLPA RM;**page 114**–John Downer/naturepl.com;**page 118**–Ingo Arndt/naturepl.com;**page 120**–Sue Daly/naturepl.com;**page 122**–Visuals Unlimited/naturepl.com;**page 124**–Herve Conge, Ism/Science Photo Library;**page 128**–Doug Perrine/naturepl.com;**page 131**–Doug Perrine/naturepl.com;**page 132**–Alex Mustard/naturepl.com;**page 135**–Alex Mustard/naturepl.com;**page 138**–Georgette Douwma/naturepl.com;**page 140**–David Shale/naturepl.com;**page 143**–Reinhard Dirscherl/Science Photo Library;**page 144**–Michel Roggo/naturepl.com;**page 146**–Fletcher & Baylis/Science Photo Library;**page 148**–© Arnaz Mehta;**page 150**–Ken Lucas, Visuals Unlimited /Science Photo Library;**page 152**–Yukihiro Fukuda/naturepl.com;**page 155**–Jane Burton/naturepl.com;**page 156**–Pete Oxford/naturepl.com;**page 158**–Stephen Dalton/naturepl.com;**page 161**–Visuals Unlimited/naturepl.com;**page 162**–Chris Mattison/naturepl.com;**page 163**–Alex Hyde/naturepl.com;**page 165**–Remi Masson/naturepl.com;**page 166**–Paul Hobson/naturepl.com;**page 168**–Konrad Wothe/naturepl.com;**page 172**–Franco Banfi/naturepl.com;**page 176**–Frans Lanting, Mint Images/Science Photo Library;**page 178**–Juan Carlos Munoz/naturepl.com;**page 183**–Charlie Summers/naturepl.com;**page 185**–Alex Hyde/naturepl.com;**page 186**–Stephen Dalton/naturepl.com;**page 189**–Emanuele Biggi/naturepl.com;**page 190**–Tony Phelps/naturepl.com;**page 194**–Martin Shields/Science Photo Library;**page 197**–Flip de Nooyer/Minden Pictures/FLPA RM;**page 199**–Tony Heald/naturepl.com;**page 200**–Nick Garbutt/naturepl.com;**page 204**–Nick Upton/naturepl.com;**page 208**–Andy Parkinson/2020 VISION/naturepl.com;**page 211**–Juan Carlos Munoz/naturepl.com;**page 212**–Gerrit Vyn/naturepl.com;**page 215**–Tim Laman/National Geographic Creative/naturepl.com;**page 216**–Nick Garbutt/naturepl.com;**page 218**–Tim Laman/National Geographic Creative/naturepl.com;**page 221**–Michel Poinsignon/naturepl.com;**page 222**–Ingo Arndt/naturepl.com;**page 225**–Ingo Arndt/naturepl.com;**page 226**–Brent Stephenson/naturepl.com;**page 230**–Dave Watts/naturepl.com;**page 234**–Dave Watts/naturepl.com;**page 237**– John Weinstein/Field Museum Library/Getty Images;**page 239**–Lucas Bustamante/naturepl.com;**page 240**–ARCO/naturepl.com;**page 243**–Visuals Unlimited/naturepl.com;**page 245**–Stephen Dalton/naturepl.com;**page 248**–Jouan Rius/naturepl.com;**page 251**–Aflo/naturepl.com;**page 254**–Rod Williams/naturepl.com;**page 255**–Pete Oxford/naturepl.com;**page 258**–Yashpal Rathore/naturepl.com;**page 259**–Luiz Claudio Marigo/naturepl.com;**page 260**–Nick Garbutt/naturepl.com;**page 264**–Tony Heald/naturepl.com;**page 265**–Dietmar Nill/naturepl.com;**page 266**–Nick Garbutt/naturepl.com;**page 270**–Tony Wu/naturepl.com;**page 272**–Tony Wu/naturepl.com;**page 276**–Tom & Pat Leeson/Science Photo Library;**page 281**–Suzi Eszterhas/naturepl.com;**page 282**–Cyril Ruoso/naturepl.com;**page 285**–Andy Rouse/naturepl.com;**page 286**–Wim van den Heever/naturepl.com;**page 290**–Huw Cordey/naturepl.com;**page 292**–Denis-Huot/naturepl.com;**page 295**–Frans Lanting, Mint Images/Science Photo Library;**page 298**–Paul Williams/naturepl.com;**page 300**–David Pattyn/naturepl.com;**page 303**–David Tipling/naturepl.com;**page 304**–Roland Seitre/naturepl.com;**page 309**–Juan Carlos Munoz/naturepl.com;**page 313**–Cyril Ruoso/naturepl.com;**page 314**–Andy Rouse/naturepl.com;**page 317**–Anup Shah/naturepl.com;**page 319**–Ben Cranke/naturepl.com;**page 323**–New footprints from Laetoli (Tanzania) provide evidence for marked body size variation in early hominins', Fidelis, T. Masao et al., Figure 7, https://doi.org/10.7554/eLife.19568.012. Creative Commons Attribution 4.0 International;**page 328**–John Sparks;**page 332**–Jouan Rius/naturepl.com;**page 338**–Fabian von Poser/Imagebroker/FLPA RF.

各章見出しの図版／CHAPTER OPENERS

Chapter openers are all from plates and illustrations in Charles Darwin's published works and are reproduced with kind permission from John van Wyhe (ed.), 2002, *The Complete Work of Charles Darwin Online*. (http://darwin-online.org.uk/)

- **p. 7** Tree frogs (*Hyla* spp.): Plate 19 (detail), Darwin, C. R. (ed.), 1842. *Reptiles Part 5 No. 2 of The Zoology of the Voyage of H.M.S. Beagle*. By Thomas Bell. Edited and superintended by Charles Darwin. London: Smith Elder and Co.

- **p. 11** Incrustation deposited on tidal rocks: Page 9, Darwin, C. R., 1845. *Journal of Researches into the Natural History and Geology of the Countries Visited During the Voyage of H.M.S. Beagle Round the World, Under the Command of Capt. Fitz Roy, R.N.* 2nd edition. London: John Murray.

- **p. 39** Shells: Plate IV (detail), Darwin, C. R., 1876. *Geological Observations on the Volcanic Islands and Parts of South America Visited During the Voyage of H.M.S. Beagle*. 2nd edition. London: Smith Elder and Co.

- **p. 68** Galapagos Archipelago: Page 372. Darwin, C. R., 1845. *Journal of Researches into the Natural History and Geology of the Countries Visited During the Voyage of H.M.S. Beagle Round the World, Under the Command of Capt. Fitz Roy, R.N.* London: John Murray.

- **p. 69** Tree fern: Page 10, Darwin, C. R., 1870. *Rejseiagttagelser (1835–6) af C. Darwin. (Tahiti. – Ny-Seland. – Ny-Holland. – Van Diemens Land. – Killing-Øerne.)*. 1st edition. Copenhagen: Gad.

- **p. 99** *Chlorocoelus Tanana* (from Bates): Page 355, Darwin, C. R., 1871. *The Descent of Man, and Selection in Relation to Sex*. 1st edn. London: John Murray.

- **p. 121** Galapagos gurnard (*Prionotus miles*): Plate 6, Darwin, C. R. (ed.), 1840. *Fish Part 4 No. 1 of The Zoology of the Voyage of H.M.S. Beagle*. By Leonard Jenyns. Edited and superintended by Charles Darwin. London: Smith Elder and Co.

- **p. 147** *Uperodon ornatum*: Plate 20 (detail), Darwin, C. R. (ed.), 1843. *Reptiles Part 5 No. 2 of The Zoology of the Voyage of H.M.S. Beagle*. By Thomas Bell. Edited and superintended by Charles Darwin. London: Smith Elder and Co.

- **p. 171** Bibron's Tree Iguana (*Proctotretus bibronii*): Plate 3 (detail), Darwin, C. R. (ed.), 1842. *Reptiles Part 5 No. 1 of The Zoology of the Voyage of H.M.S. Beagle*. By Thomas Bell. Edited and superintended by Charles Darwin. London: Smith Elder and Co.

- **p. 193** Peacock feather: Fig. 53, Darwin, C. R., 1871. *The Descent of Man, and Selection in Relation to Sex*. Volume 2. 1st edn, London: John Murray.

- **p. 229** Platypus (*Ornithorhynchus paradoxus*): Page 528, Darwin, C. R., 1890. *Journal of Researches into the Natural History and Geology of the Various Countries Visited by H.M.S. Beagle etc*. London: Thomas Nelson.

- **p. 253** Vampire bat (*Desmodus rotundus*): Page 37, Darwin, C. R. 1890. *Journal of Researches into the Natural History and Geology of the Various Countries Visited by H.M.S. Beagle etc*. London: Thomas Nelson.

- **p. 277** Ethiopian warthog (*Phacochoerus aethiopicus*): Fig. 65, Darwin, C. R. 1871. *The Descent of Man, and Selection in Relation to Sex*. Volume 1. 1st Edn. London: John Murray.

- **p. 297** Diana monkey (*Cercopithecus diana*): Fig. 76, Darwin, C. R. 1871. *The Descent of Man, and Selection in Relation to Sex*. Volume 2. 1st edn. London: John Murray.

- **p. 321** Fuegia Basket, 1833: FitzRoy, R. 1839. Page 324, *Proceedings of the Second Expedition, 1831–36, Under the Command of Captain Robert Fitz-Roy, R.N.* London: Henry Colburn.

- **p. 339** Top view of the skull of a *Toxodon* sp. (extinct): Fig. III, Darwin, C. R. (ed.). 1838. *Fossil Mammalia Part 1 No. 1 of The Zoology of the Voyage of H.M.S. Beagle*. By Richard Owen. Edited and superintended by Charles Darwin. London: Smith Elder and Co

日本語版翻訳権独占／早川書房　©2019Hayakawa Publishing, Inc.

LIFE ON EARTH

by

David Attenborough
Text © David Attenborough Productions Ltd. 1979, 2018
Photographs © individual copyright holders
Translated by
Toshitaka Hidaka, Yoshiharu Imaizumi, Setsuko Haneda and
Hiroyoshi Higuchi
Originally published in the English language by
William Collins Sons & Co. Ltd.
and BBC Books: a division of BBC Enterprises Ltd. in 1979
This fully updated new edition first published by
William Collins in 2018
First published 2019 in Japan by
Hayakawa Publishing, Inc.
This book is published in Japan by
arrangement with
HarperCollins Publishers Limited
through Tuttle-Mori Agency, Inc., Tokyo.

David Attenborough asserts the moral right to be identified
as the author of this work.

地球の生きものたち〔決定版〕

2019年9月20日　初版印刷
2019年9月25日　初版発行

＊

著　者　デイヴィッド・アッテンボロー
訳　者　日高敏隆・今泉吉晴・羽田節子・樋口広芳
発行者　早　川　　浩

＊

印刷所　株式会社精興社
製本所　大口製本印刷株式会社

＊

発行所　株式会社　早川書房
東京都千代田区神田多町2-2
電話　03-3252-3111　振替　00160-3-47799
https://www.hayakawa-online.co.jp
定価はカバーに表示してあります
ISBN978-4-15-209885-6 C0045
Printed and bound in Japan
乱丁・落丁本は小社制作部宛お送り下さい。送料小社負担にてお取りかえいたします。
本書のコピー、スキャン、デジタル化等の無断複製は著作権法上の例外を除き禁じられています。

◎訳者略歴

日高敏隆（ひだか・としたか）
1930年生。東京大学理学部動物学科卒業。理学博士。京都大学教授，滋賀県立大学学長，総合地球環境学研究所所長などを歴任。京都大学名誉教授。著書に『チョウはなぜ飛ぶか』『動物と人間の世界認識』『春の数えかた』ほか。訳書にローレンツ『ソロモンの指環』（早川書房刊）ほか。2008年瑞宝重光章受章。2009年没。

今泉吉晴（いまいずみ・よしはる）
1940年生。東京農工大学獣医学科卒業。理学博士。都留文科大学文学部教授などをへて，現在都留文科大学名誉教授。動物学者・著述家。著書に『ムササビ』（日本科学読みもの賞受賞）ほか。訳書にソロー『ウォールデン　森の生活』，シートン『シートン動物誌』（日本翻訳出版文化賞受賞）ほか。

羽田節子（はねだ・せつこ）
東京農工大学農学部卒業。翻訳家・動物学者。著書に『キャプテン・クックの動物たち』（日本科学読みもの賞受賞）『恐竜たちの大脱出』ほか。訳書にドーキンス『利己的な遺伝子』，フォッシー『霧のなかのゴリラ』（ともに共訳），モリス『キャット・ウォッチング』，ローレンツ『ローレンツの世界』ほか。2013年没。

樋口広芳（ひぐち・ひろよし）
1948年生。東京大学大学院農学系研究科博士課程修了。農学博士。東京大学大学院農学生命科学研究科教授などを歴任。現在，東京大学名誉教授，慶應義塾大学訪問教授。専門は保全生物学，生態学，鳥類学。著書に『日本の鳥の世界』『鳥ってすごい！』ほか。訳書にワイナー『フィンチの嘴』（共訳，早川書房刊）ほか。